DIE GESCHICHTE DES APFELS

NATUR

Aus *Giardino d'Agricoltura* (1612) von Marco Bussato.

Barrie E. Juniper & David J. Mabberley

DIE GESCHICHTE DES APFELS

Von der Wildfrucht zum Kulturgut

Haupt Verlag

BARRIE E. JUNIPER ist emeritierter Dozent für Pflanzenwissenschaften an der Universität Oxford sowie emeritierter Fellow des St Catherine's College, Universität Oxford.

DAVID J. MABBERLEY ist ehemaliger Leiter des Herbariums, der Bibliothek, der Kunst- und Archiv-Sammlungen der Royal Botanic Gardens, Kew, emeritierter Fellow des Wadham College, Oxford, und außerplanmäßiger Professor an der Macquarie University, Sydney.

Die englischsprachige Originalausgabe erschien 2019 unter dem Titel *The Extraordinary Story of the Apple* bei *The Board of Trustees of the Royal Botanic Gardens, Kew,* UK. Die Erstauflage wurde 2006 unter dem Titel *Story of the Apple* veröffentlicht.

Karten erstellt von Elanor McBay, früher The Drawing Office, Department of Geography, University College London, jetzt bei EM Maps & Graphics, Bournemouth.
Lektorat: Sharon Whitehead
Indexierung: Matthew Seal
Gestaltung: Nicola Thompson, Culver Design
Produktionsleitung: Georgina Hills

Gedruckt in Deutschland

Wir verwenden FSC®-Papier. FSC® sichert die Nutzung der Wälder gemäß sozialen, ökonomischen und ökologischen Kriterien.

1. Auflage: 2022

ISBN 978-3-258-08264-6

Aus dem Englischen übersetzt von Claudia Huber, D-Erfurt
Lektorat der deutschsprachigen Ausgabe: Frauke Bahle, D-Freiburg
Satz der deutschsprachigen Ausgabe: Die Werkstatt Medien-Produktion GmbH, D-Göttingen
Umschlag der deutschsprachigen Ausgabe: Tanja Frey, Haupt Verlag
Umschlagabbildungen der deutschsprachigen Ausgabe: vorne: iStock.com/ivan-96; hinten: iStock.com/Nataleana

Diese Publikation ist in der Deutschen Nationalbibliografie verzeichnet. Mehr Informationen dazu finden Sie unter http://dnb.dnb.de.

Der Haupt Verlag wird vom Bundesamt für Kultur für die Jahre 2021–2024 unterstützt.

Cyril Dean Darlington gewidmet
(1903–1981)

Sherardian-Professor am Fachbereich Botanik der Universität Oxford, der uns durch sein Buch *The Evolution of Man and Society* (1970) gelehrt hat, die Interaktionen zwischen Pflanzen, Tieren und Menschen zu betrachten

Inhalt

«Kirke's Scarlet Admirable Apple» aus Charles McIntosh, *Flora and Pomona* (Tafel 10), 1829.

Vorwort

Der Apfel ist seit Langem eine der wichtigsten Früchte in den gemäßigten Zonen der Erde. Spätestens zur Zeit der Perser, Griechen und Römer war den Menschen klar, dass er eine bemerkenswert vorteilhafte Nahrungsquelle von hohem Nährwert ist. Wir Menschen können selbst kein Vitamin C herstellen, ein unter Säugetieren seltener Mangel. Der Apfel ist nicht nur außerordentlich reich an diesem Vitamin, sondern kann – fast ein Alleinstellungsmerkmal – auch über einen strengen Winter gelagert oder leicht über große Entfernungen transportiert werden. Selbst vollständige Trocknung beeinträchtigt den Nährwert wenig oder gar nicht. Im Gegenteil: Bittere, fast ungenießbare Äpfel werden durch schnelles Trocknen genießbar, können in dieser Form leicht transportiert, gehandhabt und gelagert werden und sind gleichzeitig praktisch immun gegen Kälte, Schädlinge und Krankheiten. Schweizer Pfahlbauten liefern Hinweise darauf, dass der fast ungenießbare europäische Wildapfel *(Malus sylvestris)* entsprechend behandelt wurde, um ihn genießbar zu machen.

Nur wenige Nutzpflanzen ähneln ihren wild wachsenden Vorfahren. Man vergleiche den Kolben einer heutigen Maispflanze mit dem winzigen Fruchtstand seines wilden Vorfahren, der Teosinte. Oder man betrachte die kernlose Banane: Sie ist eine triploide Pflanze, hat also drei Chromosomensätze und ist daher steril, weil sie keine lebensfähigen Gameten bilden kann. Samenlose Früchte, die ohne menschliches Zutun keine genetische Zukunft haben, gibt es reichlich, darunter Feigen vom Smyrna-Typ, die Traube 'Sultana' ('Thompson Seedless') und viele Zitrusfrüchte, beispielsweise Clementinen und Satsumas. Der Mensch züchtete Pflanzen auch im Hinblick auf die Vergrößerung von Wurzeln und Knollen (Zuckerrüben, Karotten, Kartoffeln), Blättern (Salat), Stängeln (Rhabarber, Sellerie), Blüten (Blumenkohl) und Blütenstielen (Artischocke), die Veränderung von Farben (Tomaten und Karotten) oder die Entfernung von Gift (Saubohnen, Maniok). Der moderne Brotweizen mit seinen großen Ähren leitet sich von mindestens drei verschiedenen Vorfahren ab und ist das Ergebnis von zwei Polyploidisierungen (Vervielfachungen der Chromosomensätze). In all diesen Fällen würden wir die wilden Vorfahren der Nutzpflanzen kaum wiedererkennen.

Durch Verdopplung der Chromosomenzahl kann sich eine ursprünglich sterile Hybride über Samen sexuell vermehren. Auch beim Apfel gibt es eine geringe Anzahl relativ moderner steriler oder semisteriler Triploider, darunter 'Ribston Pippin' (Abbildung auf Seite 67), und eine Handvoll kommerziell unbedeutender Tetraploiden. Ansonsten hat der Apfel jedoch seinen ursprünglichen diploiden Chromosomensatz von 2n = 34 beibehalten. In der Tat sind im klassischen *Chromosome Atlas of Flowering Plants* (Darlington und Wylie 1955) beim Kultur-Apfel (*Malus domestica;* Synonym *Pyrus malus*) gerade einmal 18 Triploide aufgeführt. Bei einer neueren Untersuchung von mehr als 2000 Apfel-Akzessionen der UK National Fruit Collection (Ordidge et al. 2018) waren rund 200 triploid und nur 32 tetraploid. Die meisten Äpfel sind immer noch größtenteils voll fertil, während es sich im Gegensatz dazu bei kommerziell angebauten Bananen weitgehend um die sterile Sorte 'Cavendish' handelt.

Seit der Zeit Plinius des Älteren (23–79 n. Chr.) mit seiner *Naturalis historia* haben die Ursprünge der Pflanzen, insbesondere der wichtigsten Nutzpflanzen, viele Pflanzenwissenschaftler fasziniert, darunter Persönlichkeiten wie Charles Darwin (1868), Alphonse de Candolle (1885), Nikolay Vavilov (1926, 1930, 1951, 1992), Elizabeth Schiemann (1932), Peter Ucko und Geoffrey Dimbleby (1969). Paradoxerweise blieb jedoch der Ursprung von *Malus domestica,* anders als der vieler anderer Früchte und Gemüse, lange Zeit unbekannt – möglicherweise, weil sein Herkunftsgebiet sowohl aus geografischen als auch politischen Gründen relativ unzugänglich war.

In der Zeit, die man als wissenschaftliche Periode der Erforschung der Herkunft von Pflanzen bezeichnen könnte, hielt man den Kultur-Apfel lange für das Ergebnis einer Kreuzung zwischen den Wildäpfeln der nördlichen Waldgebiete, nämlich dem europäischen Holz-Apfel (*Malus sylvestris*, einschließlich subsp. *orientalis,* Syn. *M. orientalis,* aus dem Kaukasus und dem Iran) und dem sibirischen Beeren-Apfel *(M. baccata)*. John Loudon (1844) schrieb überzeugt:

> *«Wild in Wäldern und an Wegrändern in Europa. Kultiviert in Gärten, ist er gänzlich oder zusammen mit anderen Arten oder Rassen der Ursprung unzähliger Sorten, die in England allgemein als Kulturapfelbäume und in Frankreich pommiers doux oder pommiers à couteau bezeichnet werden. Wir übernehmen der Bequemlichkeit halber den spezifischen Namen* Malus [das heißt, Pyrus malus, der Name, der seinerzeit für den domestizierten Apfel verwendet wurde], *um das zu bezeichnen, was die eigentliche Form genannt werden könnte, obwohl viele der kultivierten Sorten nicht nur vom Wildapfel in Europa, sondern auch von den sibirischen Wildäpfeln abgeleitet sind.»*

Moritz Borkhausen (siehe Korban und Skrivin 1984) glaubte 1803, dass *M. sylvestris* und die Wildäpfel *M. dasyphylla* und *M. praecox* die Stammväter aller *M. domestica* waren.

Sowohl Loudon als auch Borkhausen haben sich offenbar geirrt. Dies scheint aber auch nicht verwunderlich, denn wie sich noch zeigen wird, ist die Geschichte des Apfels überaus komplex. Als Hilfestellung für die Leserinnen und Leser beginnen die Hauptkapitel jeweils mit einem kurzen Überblick. Im letzten Kapitel wird die gesamte Geschichte zusammengefasst.

Danksagung

B. E. Juniper war ein Leverhulme Emeritus Research Fellow im Fachbereich Pflanzenwissenschaften an der Universität Oxford, als er den größten Teil der Arbeiten für die erste Auflage dieses Buchs durchführte. Er möchte allen den im Folgenden genannten Organisationen und Personen für ihre Beiträge zum Projekt danken:

Dem früheren Leiter des Fachbereichs Pflanzenwissenschaften der Universität Oxford, Prof. Christopher J. Leaver, CBE, FRS, der während des Schreibens der ersten Version dieses Buchs alle Arten von Unterstützung gewährte; der Leverhulme Foundation für die Finanzierung des größten Teils der hier beschriebenen Arbeit; dem Merlin Trust für Reisebeihilfen.

Seiner Tochter Sarah Juniper, die ihn ständig ermutigte, Vorschläge machte und Informationsquellen zur Verfügung stellte; Dr. Julian Robinson von der Dunn School of Pathology, Universität Oxford, der alle DNA-Analysen durchführte; Dr. John C. Smith vom St. Catherine's College, Universität Oxford, und Dr. Philip Durkin vom The Oxford English Dictionary für die Neuübersetzung vieler merkwürdiger Wörter; Dr. J. N. Dimmick, Andrew Eburne, Prof. Peter Franklin, Mr. Brendan McLaughlin, Dr. Gervase Rosser, Prof. Gilliane Sills und Prof. Michael Sullivan (†), St. Catherine's College, für ihre Vorschläge und dafür, dass sie auf viele frühe Texte aufmerksam gemacht und diese übersetzt haben; Prof. Robin Lane-Fox vom New College, Thomas Braun (†) vom Merton College, Dr. Stephanie West vom Hertford College und Matthew Nicholls vom St. John's College, Universität Oxford, für Übersetzungen und dafür, dass sie auf viele andere klassische Quellen aufmerksam gemacht haben; Rabbi Eli Brackman von der Oxford Chabad Society für Beratung bezüglich hebräischer Texte; Stephen G. Haw aus Chipping Norton, Oxfordshire, für die Übersetzung chinesischer Texte; Lucinda Rumsey vom Mansfield College für Übersetzungen aus dem Angelsächsischen; Prof. Rodney Thomson von der Universität von Tasmanien für die Entdeckung und Übersetzung der Beobachtungen von William of Malmesbury; Prof. John G. Dewey und Dr. Harold Reading, Universität Oxford, für die Einführung in die Geologie von Tian Shan; Prof. Andrew Sherratt vom Ashmolean Museum und Dr. Gail Preston vom Fachbereich Pflanzenwissenschaften, Universität Oxford, die beide von Pferden erzählten; Dr. Stephanie Dalley vom Somerville College, Universität Oxford, die über Keilschrift informierte; Dr. Malcolm Coe und Darren Mann vom Fachbereich Zoologie und vom Naturhistorischen Museum der Universität Oxford für Unterricht über Mist- und andere Dung fressende Käfer; Sandra Raphael (†) aus Oxford, die die Aufmerksamkeit auf viele seltene Quellen lenkte; Dr. Charlie Jarvis vom Naturhistorischen Museum, London, für nomenklatorische Beratung; Dr. Jörn Scharlemann für mehrere Übersetzungen aus dem Deutschen und für Informationen über die Familie von Richthofen; Dr. Alastair Robb-Smith (†) und Dr. P. Robb-Smith aus Woodstock für Informationen bezüglich 'Blenheim Orange'; Dr. Oliver Rackham (†) vom Corpus Christi College, Universität Cambridge, für Informationen über die Verwendung von «apple» in englischen Ortsbezeichnungen; Robert Franklin vom All Soul's College, Universität Oxford, der das gesamte Werk sorgfältig gelesen und viele Verbesserungsvorschläge einbrachte.

Dr. Ken Tobutt und den Mitarbeitenden von Horticultural Research International, East Malling, Kent, für vielfältige Hilfe und die Bereitstellung von Wildartenmaterial aus ihren Sammlungen; Frank Alston und Dr. Ray Watkins (†), beide früher H. R. I. East Malling, für vielfältige Hilfe und Ratschläge; Dr. Emma-Jane Lamont, Alison Lean und allen Mitarbeitenden des Brogdale Horticultural Trust für Unterstützung und Ermutigung aller Art. Dank auch an John Lawson aus East Hagbourne, Oxfordshire, für Hinweise auf frühe Texte über den Apfelanbau und deren Bereitstellung; Christopher Fairs von Bulmers und Gerald Fayers aus Gorleston, Norfolk, für viele Informationen und Ermutigungen; den Mitarbeitenden des Agricultural Research Service des US-Landwirtschaftsministeriums, Abteilung für pflanzengenetische Ressourcen, Universität Cornell, insbesondere Prof. Philip Forsline, Prof. Herbert S. Aldwinkle, Dr. Amy Szewc-McFadden und Dr. Warren Lamboy für ihre vielfältige praktische Hilfe und Unterstützung; Prof. Ralph (†) und Prof. Lanna Lewin aus San Diego für vielerlei Rat; Dr. Lisa Karst vom Rancho Santa Ana Botanic Garden für Hilfe bei der Interpretation von Diagrammen; Dr. Anton C. Zeven von der Universität Wageningen und Dr. Janneke Balk, jetzt an der Universität Marburg, für viele Informationsquellen über den Apfel auf dem Kontinent; John Rowe für viele Informationen über den Apfel in Irland; John Scott und Berrin Torolsan von Caique Publishing für vielfältige Informationen über den Apfel in der Türkei.

Prof. Igor Belolipov und Dr. Luisa Samieva von der Universität Taschkent für die Unterstützung bei den Feldarbeiten in Usbekistan, Kasachstan und Kirgisistan; den Mitarbeitenden von LES-iC, dem kirgisisch-schweizerischen Programm zur Unterstützung der Forstwirtschaft, besonders Dr. Kaspar Schmidt und Dr. Sakir Sarimsakov und dem Forstinstitut der Republik Kirgisistan, Jalal-Abad, für die Unterstützung bei den Feldarbeiten; Prof. Nagima Ajtkhozina und Dr. Nazira Ajtkhozina vom Wissenschaftsministerium und der Universität Almaty, Kasachstan, für die Unterstützung bei den Feldarbeiten; Prof. Lin Pei Jun, Prof. Li Jiang, Prof. Tan Dunyan, Dr. Pi Er Dong, Dr. Gao Jien, Liao Kang, Dr. Zhao Jinchun, Dr. Cong Peihua und besonders Dr. Zhi Qin Zhou für die Unterstützung bei den Feldarbeiten in China; Dr. V. V. Ponomarenko vom Vavilov Institut, St. Petersburg, und Prof. Valentina Vereshchagina von der Staatlichen Universität Perm in Russland für die Beratung zur Apfeltaxonomie und Verbreitung von Wildäpfeln in Russland.

Andrew Liddell und John Baker vom Fachbereich Pflanzenwissenschaften und Jamie Keats von St. Catherine's College, Universität Oxford, für die Unterstützung bei der Bearbeitung der gescannten Bilder; Elanor McBay, früher am University College London tätig, für das Anfertigen der Karten. Besonderer Dank gilt Rosemary Wise vom Fachbereich Pflanzenwissenschaften, Universität Oxford, die den größten Teil der künstlerischen Darstellungen beigesteuert hat. Vor allem aber danke ich Dr. Stephen Harris, dem Druce-Kurator der Herbarien der Universität Oxford, Fachbereich Pflanzenwissenschaften, für seine laufende Unterstützung, seinen Rat, die offenen Diskussionen, die Begleitung bei der Feldarbeit und seinen Enthusiasmus.

David J. Mabberley, der am St. Catherine's College, Universität Oxford, bei Barrie E. Juniper studierte und auch beim Umzug von dessen wachsender Apfelbaumsammlung Ende der 1960er-Jahre half, möchte B. E. Juniper für die Einladung danken, an der ersten Fassung dieses Buchs mitzuarbeiten. Er dankt auch Prof. Jane Langdale CBE, FRS, Fachbereich Pflanzenwissenschaften, Universität Oxford, für Informationen über Pfropfhybridisierung; Steven McKay und Nick Howard, beide früher an der Universität von Minnesota, für die Bereitstellung von Informationen über Äpfel in Nordamerika und dafür, dass sie den gesamten Text der neuen Fassung gelesen und Aktualisierungen vorgeschlagen haben; Gennaro Fazio (US-Landwirtschaftsministerium) für Informationen zum DNA-Fingerprinting bei Apfelunterlagen; Tony Kanellos (Santos Museum of Economic Botany, Botanischer Garten Adelaide, Südaustralien)

«Stillleben mit Äpfeln auf einer Schale in Delfter Blau» von Willem de Zwart, 1880–1890.
GABE VON HERRN UND FRAU KESSLER-HÜLSMANN, KAPELLE-OP-DEN-BOSCH. © RIJKSMUSEUM, AMSTERDAM

für Bilder von Apfelmodellen; Luis Laca, Madrid, für Hinweise zu spanischen Apfelnamen; Jim Luby, Universität von Minnesota, für wertvolle Diskussionen über moderne Apfelzüchtung; Rodger McPhail für die Erlaubnis zum Abdruck seines Cartoons (inzwischen in Mabberleys Besitz), der erstmals in Private Eye erschien; Matt Ordidge, Universität Reading, für Informationen zu aktuellen Arbeiten an triploiden Äpfeln; Claudio Pericin für Informationen über Äpfel in Istrien, Kroatien und Sandro Pignatti, Rom, für Information über solche auf Sizilien; Ray Larson und Carrie Cone, Botanischer Garten der Universität Washington, Seattle, für Informationen über «Newtons Apfelbaum» auf dem dortigen Campus und Kevin Hauser von der Kuffel Creek Apple Nursery, Riverside, Kalifornien, für Beobachtungen an Äpfeln, die keinen Kältereiz benötigen; Yong Yang von der Chinesischen Akademie der Wissenschaften, Peking, für das Überprüfen des Abschnitts über chinesische Apfelnamen.

Beide Autoren danken Timber Press Inc., USA, für fachliche Kompetenz und technisches Können bei der Herstellung und Vermarktung der Originalausgabe dieses Buchs, *The Story of the Apple* (2006). Unser besonderer Dank geht an Dale E. Johnson, früher bei Timber Press, für seine ständige Unterstützung und Ermutigung in jeder Phase der Entstehung dieses Werks sowie an Gustavo Renobales (Libros del Jata, Bilbao), der uns ermutigte, das Buch für eine spanische Übersetzung zu überarbeiten, und auch viele eigene Erkenntnisse beisteuerte.

Gina Fullerlove, Lydia White, Georgina Hills und Sharon Whitehead von Kew Publishing haben uns während der gesamten Vorbereitung für diese Neuausgabe ermutigt und angeleitet. Außerdem waren die Mitarbeitenden der Bibliothek von Kew eine große Hilfe, insbesondere Julia Buckley. Nicola Thompson von Culver Design entwickelte mit großem Talent das Layout des Buchs. Wir sind ihnen allen dankbar.

Die Reproduktion von Bildern alter Meister in diesem Buch wurde durch die Großzügigkeit von Marcus Sommer (SOMSO Modelle GmbH, Deutschland) ermöglicht, der auch die Bilder der Apfelmodelle zur Verfügung stellte, die das Unternehmen noch immer produziert (www.somso.de). Dr. Luisa Samieva leistete unschätzbare Hilfe bei der Beschaffung der Dateien und Genehmigungen vom Savitsky Karalkalpakstan Art Museum, Nukus, Usbekistan.

Die Geschichte des Apfels erstreckt sich über ein großes Gebiet. Die Länder, Regionen, Städte, Flüsse und Gebirge des Nahen Ostens und Zentralasiens haben im Lauf der Jahrtausende viele Namensänderungen erfahren. So wurde das ehemalige Vyernyi nacheinander zu Werny, A-lima, Almaly, Alma-Ata und heute Almaty. Die hier im Text und in den Karten verwendeten Namen sind weder endgültig, noch überall und offiziell anerkannt – es sind einfach die gebräuchlichen Namen.

G. Courbet.

KAPITEL I

Was sind Äpfel?

Der Kultur-Apfel wird aktuell als *Malus domestica* bezeichnet und gehört zur Familie der Rosaceae, Tribus Maleae (Pyreae, früher Unterfamilie Maloideae), Subtribus Malinae. Der Subtribus umfasst etwa elf Gattungen (die manchmal alle zur Gattung *Pyrus* zusammengefasst werden) und rund 1000 Arten.

Lange Zeit nahm man an, dass der Tribus Maleae durch Hybridisierung von Arten aus zwei anderen Gruppen entstanden sei. Heute gilt jedoch als erwiesen, dass die Maleae innerhalb der *Spiraea*-Gruppe in Nordamerika entstanden sind und sich westwärts nach China ausgebreitet haben. Dort überlebten einige Arten die Eiszeiten und besiedelten anschließend Nordamerika erneut.

Die Gattung *Malus* entstand vermutlich im Tertiär im südlichen China. Sie breitete sich über einen Korridor gemäßigter Wälder bis ins westliche Europa aus. Dieser Verbindungsweg ist heute deutlich fragmentiert, zu seinen Relikten gehören die Fruchtwälder des Tian Shan in Zentralasien. Die einzigartige Kombination physischer und biologischer Gegebenheiten in diesem Gebiet war vermutlich auch die treibende Kraft für die Evolution von *M. domestica*. Verglichen mit den durch Vögel verbreiteten anderen Apfelarten ist die Frucht des Kultur-Apfels sehr groß, was eine ursprüngliche Verbreitung durch herbivore Säugetiere nahelegt.

Alle Pflanzenarten werden nach einer taxonomischen Hierarchie geordnet, in der sie in größeren Gruppen zusammengefasst oder in kleinere aufgeteilt werden, um Variationen abzubilden. Jede dieser Gruppen hat eine spezielle Bezeichnung. Die taxonomische Hierarchie für den Apfel 'Bramley's Seedling' sieht beispielsweise wie folgt aus: Familie Rosaceae, Unterfamilie Amydaloideae, Tribus Maleae, Subtribus Malinae, Gattung *Malus,* Sektion *Malus,* Serie *Malus*, Art *M. domestica,* Sorte 'Bramley's Seedling'. *Malus*-Arten werden in Sektionen und Serien

«Stillleben mit Äpfeln» von Gustave Courbet, 1871–1872.
SCHENKUNG VON M. C., BARONESS VAN LYNDEN-VAN PALLANDT, DEN HAAG. © RIJKSMUSEUM, AMSTERDAM

zusammengefasst und innerhalb von Arten gibt es oft verschiedene Gruppen: natürlich auftretende Unterarten und Varietäten sowie «kultivierte Varietäten», korrekt als Sorten bezeichnet. Eine aktuelle Klassifikation von *Malus*-Arten ist im Anhang abgedruckt.

Gattungs- und Artnamen werden kursiv gedruckt (Beispiel: *Malus baccata*), bei bekannten oder vermuteten Hybriden wird das Zeichen × hinzugefügt, zum Beispiel *M.* × *floribunda,* bei dem es sich um eine Hybride zwischen *M. toringo* (einschließlich *M. sieboldii*) und *M. baccata* handeln soll. Der korrekte wissenschaftliche Name des Kultur-Apfels wurde übrigens lange Zeit diskutiert – ein Zeichen für die lang andauernde Beziehung zwischen Mensch und Apfel. Schon früh wurde für *M. communis* plädiert (Lamarck & Poiret 1804). In jüngerer Zeit wurden unter anderem die Namen *Pyrus malus, P. malus* var. *paradisiaca, Malus pumila, M. sylvestris, M. sylvestris* subsp. *mitis* und *M. domestica* benutzt, wobei Letzterer manchmal eher als Hybride und weniger als Art betrachtet wurde. Verschiedene Autoren, die sich mit der Evolution der Nutzpflanze beschäftigen, verwendeten lange Zeit den Namen *M. pumila* (z. B. Zohary & Hopf 2000; siehe Mabberley et al. 2001 und den Anhang für weiterführende Diskussion). Der Name *M. domestica* existiert zwar ebenfalls schon länger, kam aber erst vor relativ kurzer Zeit in Gebrauch (Korban & Skirvin 1984).

Äpfel und ihre Verwandtschaft

Heute gibt es drei gut unterscheidbare Unterfamilien der Rosaceae (Kalkman 2004, Potter et al. 2007, Zhang et al. 2017) mit etwa 16 Tribus, die vor rund 60 bis 40 Millionen Jahren erstmals auftraten und sich rasch diversifizierten. Markante Beispiele sind Roseae, darunter die Gattung *Rosa* (Rosen), Rubeae mit *Rubus* (Brombeeren und Himbeeren), Potentilleae mit *Fragaria* (Erdbeeren), Amygdaleae (früher Pruneae; Steinfrüchte wie Mandeln, Kirschen, Pflaumen und Aprikosen), Spiraeae mit *Spiraea* und eben Maleae (früher Pyreae) mit dem Subtribus Malinae (Pyrinae), darunter Apfel, Birne und Quitte – die sogenannten Apfelfrüchte (Huckins 1972, Phipps et al. 1991, Aldasoro et al. 2005, Campbell et al. 2007).

Die Malinae haben radiärsymmetrische (aktinomorphe), zweigeschlechtige Blüten mit je fünf Kelch- und Kronblättern. Die typischerweise zwei bis fünf Fruchtblätter (die Teile des Fruchtknotens, die die Samenanlagen enthalten) sind in eine fleischige Blütenachse (Rezeptakulum) eingeschlossen und werden vom Rest der Blüte gekrönt; es handelt sich also um einen sogenannten unterständigen Fruchtknoten (Phipps et al. 1991). Der Fruchtknoten und das umgebene Gewebe reifen zur charakteristischen Apfelfrucht, dem auffälligsten Merkmal der Gruppe. Diese Frucht wird als eine fleischige, falsche Schließfrucht definiert. Sie geht aus einer echten Frucht hervor, die zur Reife vollständig von der Blütenachse überwachsen wird (Rohrer et al. 1994).

Malus domestica aus der Sammlung der *Libri Picturati*, die aus der zweiten Hälfte des 16. Jahrhunderts stammen. Diese Aquarelle, von denen rund 1860 erhalten sind, sind in 13 in weißes Pergament gebundenen Bänden zusammengefasst. Sie zeigen Garten- und Nutzpflanzen, Wildblumen, Nadelbäume, Moose und Flechten, darunter einige Pflanzen aus der Neuen Welt. Die Künstler – es waren sicher mehrere – sind unbekannt, die Illustrationen entstanden vermutlich auf dem Gebiet des heutigen Belgien. Ihre genaue Geschichte bleibt rätselhaft (Zemanek & de Koning 1998).

Malus domestica
AQUARELL VON ROSEMARY WISE.

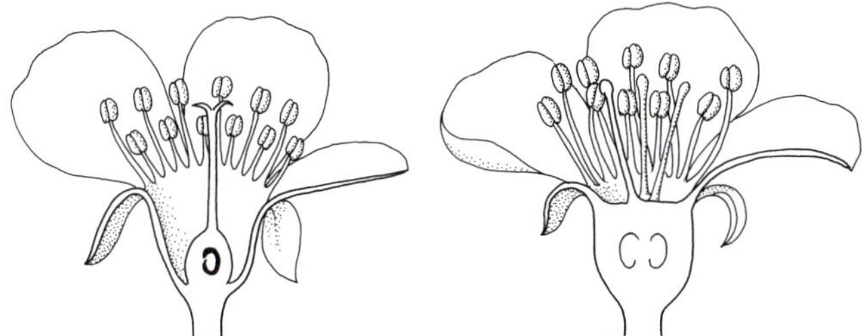

Längsschnitte der Blüten von *Sorbus aucuparia* (links) und *Malus domestica* (rechts).
ZEICHNUNGEN VON ROSEMARY WISE.

Die Malinae umfassen elf Gattungen (Kalkman 2004), wobei die Spanne der anerkannten Gattungen von 1 bis 30 reicht (Aldasoro et al. 2005; Stevens 2018), und wahrscheinlich rund 1000 Arten.

Bei der vollständigen Sequenzierung des Genoms von 'Golden Delicious' entdeckten Velasco et al. (2010) eine genomweite Duplikation (GWD), die bei den Malinae vor weniger als 50 Millionen Jahren stattfand und zur Erhöhung der Chromosomenzahl von ursprünglich neun auf 17 führte. Stevens schreibt:

> *«Die Malinae mit unterständigen Fruchtknoten stellen möglicherweise eine schnelle, aber alte Radiation dar (Campbell et al. 2007, vergleiche teilweise Xiang et al. 2016), die in Zusammenhang stehen könnte mit einer Duplikation des gesamten Genoms in der Stammlinie (es gab eine andere in der Stammlinie der Maleae) und auch mit den Klimaveränderungen, die zwischen Ende des Paläozäns und Anfang des Oligozäns (Xinang et al. 2016) eintraten. Lo und Donoghue (2012) datierten die Stammgruppe Malinae auf das späte Paläozän. Im Eozän und Oligozän erfolgte eine Auseinanderentwicklung, eine beträchtliche Ausbreitung über die Nordhalbkugel, vermutlich über die Beringia-Landbrücke, und eine große Heterogenität in der Größe der Kladen, die unabhängig vom Alter ist.»*

Unter Radiation versteht man die Aufspaltung einer wenig spezialisierten Art in mehrere spezialisierte Arten, die sich an ihre Umwelt angepasst haben. Auf diese Weise haben sich in der Evolution der Maleae zahlreiche bekannte Gattungen von Garten- und Nutzpflanzen manifestiert. Dazu gehören *Amelanchier* (Felsenbirne), *Aronia* (Apfelbeere), *Photinia* (einschließlich *Stranvaesia,* Glanzmispel), *Crataegus* (Weißdorn, vielleicht einschließlich *Mespilus,* Mispel), *Eriobotrya* (Wollmispel), *Malus*, *Pyrus* (Birne), *Rhaphiolepis* (Weißdolde) und *Sorbus* sensu lato (Eberesche, Mehlbeere).

Die Amygdaleae ähneln den Maleae in Habitus, Blattform, Blütenstand und den Merkmalen der Kelch- und Kronblätter mehr als allen anderen Gruppen der Rosaceae. Darüber hinaus bilden die Pflanzen dieser beiden Tribus im Gegensatz zu allen anderen Amygdalin, ein cyanogenes Glycosid. Durch Hydrolyse entsteht daraus Cyanid, das in Mandeln oder Apfelkernen (Samen) vorkommt, aber normalerweise nicht in für den Menschen gefährlichen Mengen. Die Menge kann jedoch genügen, um samenfressende Vögel abzuschrecken. Es gibt allerdings auch morphologische und anatomische Merkmale, in denen die Maleae mehr den Spiraeae ähneln als den Amygdaleae, wie etwa durch das Vorhandensein von zwei bis fünf Fruchtblättern, manchmal mit mehreren oder zahlreichen Samenanlagen (Kalkman 2004; ein umfassender Überblick über ältere Literatur findet sich bei Huckins 1972).

Evans und Campbell (2002) sequenzierten bei *Malus* die DNA eines Gens, das GBSS1 genannt wird und für die Stärkesynthese verantwortlich ist. Dieses Gen ist bei allen Rosaceae

Tabelle 1: Geologische Zeitalter und der Apfel

PERIODE	EPOCHE	MILLIONEN JAHRE	EREIGNISSE
Quartär	Holozän	0,008–0	Postglazial bis heute
	Pleistozän	1,8–0,008	Neolithische Revolution
Tertiär	Pliozän	5,3–1,8	Vereisung und Wüstenbildung, Isolation des Tian Shan
	Miozän	23,8–5,3	Entstehung des Tian Shan
			Fossilien von Vertretern der Maleae in Nordamerika nachgewiesen
	Oligozän	33,7–23,8	
	Eozän	55,5–33,7	Möglicher Ursprung des Tribus Maleae, der Äpfel und ihrer Verwandten
			Indische Platte kollidiert mit der Eurasischen Platte
	Paläozän	65–55,5	Rosaceae in Fossilien erkennbar
Kreide	Paläozän	145–65	Abspaltung der Angiospermen von anderen Samenpflanzen vor rund 120 Millionen Jahren

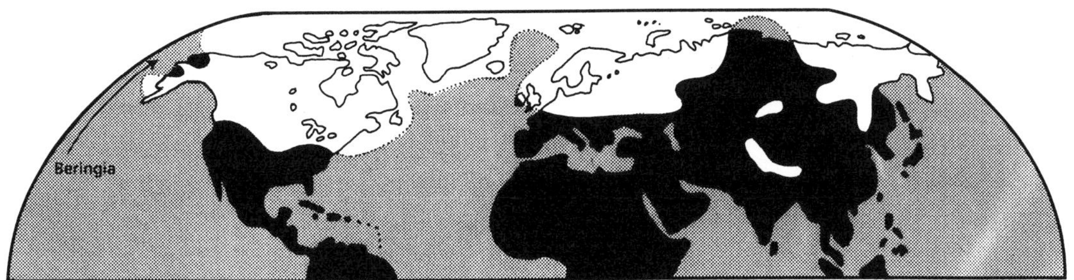

KARTE 1: Die Eisbedeckung während der letzten Eiszeiten ist weiß dargestellt. Die Grenzen von Kontinenten und Seen sind hier fast gänzlich bedeutungslos, aber zur besseren Orientierung eingetragen. Ein eisfreier Korridor, Beringia, die heutige Beringstraße, verband von Zeit zu Zeit Asien und Nordamerika. Siehe auch Karte 2 auf Seite 23.

in mindestens zwei Kopien vorhanden, bei den Maleae in vier. Die Analyse der Struktur der GBSS1-Gene bei den Vertretern der Rosaceae legt eine evolutionäre Verwandtschaft zwischen den Maleae und der Spiraeae-Gruppe, speziell *Gillenia*, nahe. *Gillenia* ist in den südöstlichen Vereinigten Staaten heimisch und hat eine Basischromosomenzahl von x = 9. Evans und Campbell stellten die Hypothese auf, dass in Nordamerika Vorfahren der heutigen *Gillenia* oder mit ihr verwandte Pflanzen zur Bildung der Maleae führten. Wie Kubitzki (in Kalkman 2004) wiesen sie die Theorien der Hybridisierung zwischen Tribus zurück, die die wissenschaftliche Literatur als Erklärung für den Chromosomensatz bei den Malinae so lange dominiert haben.

Wenn Evans und Campbell (2002) recht haben, wanderten vor langer Zeit die frühen Vorfahren der Malinae von Nordamerika nach Westen in einen prä- oder interglazialen Rückzugsraum im heutigen Zentral- und Südchina, vermutlich über die Beringia-Landbrücke (heute von der Beringstraße überflutet; siehe Karten 1 und 2). Wo auch immer sie letztendlich herkamen, das Zentrum der Verbreitung und der jüngsten Evolution, zumindest auf Ebene der Arten, scheint in Zentral- und Ostasien gelegen zu haben. Phipps et al. (1991) argumentierten, dass die wichtigsten Gattungen der Malinae und ihrer Verwandten im Eozän sehr schnell das heutige Aussehen annahmen. Wanderten also Vertreter von Gattungen wie *Amelanchier, Crataegus, Malus* und *Sorbus* mehr als einmal nach Osten, zum Beispiel wieder über Beringia und durch einen Korridor gemäßigter Wälder, der sich einst über die Nordhalbkugel erstreckte? Tatsächlich finden sich fossile Hinweise darauf, dass Arten dieser Gattungen im Miozän, wenn nicht schon im Oligozän, in das heutige Nordamerika vorgedrungen sind (Tabelle 1; Boufford & Spongberg 1983). Die Ausbreitung von Pflanzengattungen oder -arten von einer Landmasse auf eine andere ist jedoch ein höchst strittiges Thema und es ist daher gut möglich, dass zukünftige Erkenntnisse diese Vermutungen widerlegen werden.

Amelanchier, Aronia, Crataegus und *Sorbus* sensu lato scheinen in Nordamerika eine Blütezeit erlebt zu haben und die Zahl der Arten dieser Gattungen nahm stark zu, oft viel spektakulärer als bei ihren Verwandten in Zentral- und Ostasien.

Mespilus dagegen umfasst nur eine Art, die Mispel (*Mespilus germanica* in Europa; die kürzlich entdeckte *M. canescens,* von der nur eine kleine Population in Arkansas bekannt ist (Phipps 2003), ist lediglich eine triploide Hybride zwischen der eingeführten Mispel und einem heimischen Weißdorn.) Von den Maleae sind nur Arten von *Cotoneaster* (nach Afrika), *Hesperomeles* (nach Südamerika) und *Photinia* (nach Java) in beschränktem Maß bis südlich des Äquators vorgedrungen.

Unter experimentellen Bedingungen sind intergenerische Hybriden (Gattungshybriden) zwischen nahezu allen Gattungen der Malinae und ihrer Verwandten möglich. ×*Amelosorbus,* ×*Pyromalus,* ×*Pyronia,* ×*Sorbaronia,* ×*Sorbopyrus* (Rehder 1926, Sax 1931) und andere wurden dokumentiert, sogar Hybriden zwischen Äpfeln und Birnen (Fischer et al. 2014). Die Häufigkeit solcher Hybridisierungen wirft allerdings Zweifel hinsichtlich der Validität der Gattungsabgrenzungen auf (Walters 1961).

Darüber hinaus gibt es seltsame, stabile Pfropfhybriden oder Chimären. Es sind keine echten Hybriden, da hier Gewebe und nicht die Gameten verschmelzen – sie werden daher mit + statt mit × gekennzeichnet. Bei +*Crataegomespilus,* manchmal als Bronvauxmispel bezeichnet, sind Weißdorn *(Crataegus)* und Mispel *(Mespilus germanica)* beteiligt. Die äußeren Gewebeschichten entsprechen denen der Mispel, die Fruchtform der des Weißdorns. Die Gameten (Eizellen und Pollen) stammen ausschließlich von der Mispel. Diese Pfropfhybriden sind mehr als einmal aufgetreten, daher gibt es mehrere Sorten, die durch Stecklinge vermehrt werden können.

Abgesehen von Einschränkungen durch abweichende Blütezeiten gibt es weder für die Hybridisierung zwischen Gattungen der Malinae noch für die zwischen Arten von *Malus* ein offensichtliches Hindernis. Die natürlichen Verbreitungsgebiete überlappen sich. Sowohl spontan entstandene als auch künstliche Arthybriden sind auch bei vielen anderen Nutz- und Zierpflanzen verbreitet, zum Beispiel bei Rosen *(Rosa),* Weizen *(Triticum),* Klee *(Trifolium),* Erdbeeren *(Fragaria)* und Birnen *(Pyrus).* Aber trotz häufiger gegenteiliger Behauptungen scheint interspezifische Hybridisierung für den Polymorphismus des Kultur-Apfels nur eine geringe Rolle gespielt zu haben (Wagner et al. 2004), verglichen mit dem der kultivierten Zieräpfel, darunter andere *Malus*-Arten der Alten Welt (Fiala 1994).

Malus sylvestris und *M. domestica.* Die Kelchzeichnungen zeigen die Unterschiede im Blütenbau.
AQUARELL VON ROSEMARY WISE.

Malus kirghisorum
AQUARELL VON ROSEMARY WISE.

Seit Beginn der Geschichtsschreibung gelangten kleine Populationen von Kultur-Äpfeln Tausende von Kilometern nach Westen. Es hätte also zahlreiche Möglichkeiten für Hybridisierung gegeben, beispielsweise mit den isolierten Arten des Nahen Ostens und Europas, darunter *Malus trilobata* aus dem östlichen Mittelmeerraum, *M. florentina* aus Italien, Griechenland und der Türkei, *M. crescimannoi* aus Sizilien und *M. sylvestris* aus Europa, Letztere einschließlich subsp. *orientalis (M. orientalis)* aus dem Kaukasus und Iran. Es scheint aber so zu sein, dass die evolutionäre Entwicklung dieser Arten – vermutlich zu unterschiedlichen Zeiten – auf isolierten Zweiglinien ins Stocken geriet und sie heute vielleicht nicht mehr in der Lage sind, in großem Umfang mit anderen Arten zu hybridisieren. In Kirgisistan überlappen die Verbreitungsgebiete von *M. sieversii* und des lokal vorkommenden *M. kirghisorum* (Karte 6). Aber obwohl Hybriden gemeldet wurden, scheinen sie selten zu sein und sich nicht auszubreiten.

Im Gegensatz zu den Kultur-Äpfeln sind einige moderne Zierapfelsorten (Kapitel 7) Hybriden. *Malus × soulardii* ist in Missouri in Siedlungsnähe verbreitet und soll eine Kreuzung zwischen einem Kultur-Apfel und dem heimischen *M. ioensis* sein. *Malus × dawsoniana* ist eine Hybride zwischen *M. domestica* und *M. fusca,* dem Alaska-Apfel. Der japanische *Malus × floribunda* gilt als Kreuzung zwischen *M. sieboldii* (heute: *M. toringo*) und *M. baccata.* Der Status anderer Hybriden, an denen mutmaßlich *M. domestica* beteiligt ist, muss noch mit modernen Methoden überprüft werden.

Es wird jedoch behauptet, dass bei der Entwicklung aller Kultur-Äpfel Hybridsierungen eine signifikante Rolle gespielt haben (Borkhausen 1803 bis Li Yunong 1999). Solche Kreuzungen wurden für landwirtschaftliche Zwecke versucht, diejenigen zwischen *Malus domestica* und dem apfelschorfresistenten *M. × floribunda* beispielsweise werden in den USA häufig in Zuchtprogrammen verwendet. Pflanzenzüchter, die mit Pflanzenzüchtung zwischen den beiden Weltkriegen und kurz nach dem Zweiten Weltkrieg vertraut oder direkt daran beteiligt waren, geben jedoch an, dass es zwar Kreuzungsversuche zwischen *M. domestica* und *M. sylvestris* (einschließlich subsp. *orientalis*) gab, diese aber ergebnislos verliefen. Cornille et al. (2012) und Nikiforova et al. (2013) berichteten über «sekundäre» Beiträge von *M. domestica* zum Genom des in Obstgärten kultivierten Apfels. DNA-Untersuchungen in Belgien mittels Fragmentlängenpolymorphismen und Mikrosatellitenmarkern (Kapitel 2) hatten bereits bestätigt, dass Hybriden zwischen dem wilden *M. sylvestris* und angebauten Kultur-Äpfeln trotz der vielfältigen Möglichkeiten selten sind. Auch im nördlichen Großbritannien scheinen wilde *M. sylvestris* mit Genen des eingeführten *M. domestica* kontaminiert zu sein (Ruhsam et al. 2018).

Auto- und Allopolyploidie sind zwar bei vielen Nutzpflanzen verbreitet, in der jüngeren Evolutionsgeschichte der Kulturäpfel scheinen sie aber keine Rolle gespielt zu haben. Viele Apfelsorten, vor allem «Kochäpfel», sind sterile oder semisterile Triploide (3x), die vermutlich alle durch die Verschmelzung eines diploiden Gameten (2x) mit einer bei der Meiose (Reifeteilung) gebildeten normalen haploiden Keimzelle (1x) entstanden sind. Dazu gehören die Sorten 'Baldwin', 'Belle de Boskoop', 'Blenheim Orange', 'Bramley's Seedling', 'Gravensteiner', 'Jonagold', 'Reinette du Canada', 'Rhode Island Greening', 'Ribston Pippin', 'Warner's King' und 'Washington'. 'Baldwin' (1740) ist vermutlich die älteste dieser Triploiden, während 'Bramley's Seedling' (um 1809) und 'Belle de Boskoop' (1856) vergleichsweise neu sind. Ordidge et al. (2018) zeigten, dass 'Roter Stettiner' (1598 ursprünglich 'Vineuse Rouge' genannt) und 'Coeur de Boeuf' (13. Jahrhundert) triploid sind. Es soll auch tetraploide (4x) Mutanten der amerikanischen Sorten 'Rhode Island Greening' und 'Perrine Giant Transparent' geben (Morgan & Richards 1993; Letztere auch als 'Giant Transparent', 'Giant Yellow Transparent' und 'Grandparent' bekannt), außerdem die mit Colchicin induzierte Tetraploide 'Hunter Sandow' aus Ontario, Kanada. Auf dem kommerziellen Markt spielen diese Varianten allerdings kaum eine Rolle und der Ploidiegrad sollte mit modernen Methoden überprüft werden.

Apfelbäume sind Zwitter, die beide Geschlechter in einer Blüte tragen. Sie können sich in der Regel nicht selbst befruchten (selbstinkompatibel): Bei der Bestäubung mit eigenem Pollen wird das Wachstum des Pollenschlauchs im Griffel gestoppt (Janick et al. 1996). Manche Sorten des Kultur-Apfels sind völlig selbstinkompatibel, aber viele setzen nach Selbstbestäubung einige wenige Früchte an. Es gibt Inkompatibilitätsallele (Allele sind unterschiedliche Versionen eines Gens). Sie codieren Proteine, die verhindern, dass Pollen auf der Narbe einer

Pappmaché-Modell von 'Boskoop Red', einer Variante von 'Belle de Boskoop' (Firma SOMSO Modelle GmbH, Deutschland, Modell Nummer 03/21).

Pappmasché-Modell von 'Gravensteiner' (Firma SOMSO Modelle GmbH, Deutschland, Modell Nummer 03/15).

benachbarten Pflanze keimen, wenn diese Pflanze keine Allele besitzt, die zum Genotyp des Pollens passen. Bei den Malinae wird die Inkompatibilität durch eine Reihe genetischer Sequenzen kontrolliert, die als *s*-Allele (Selbstinkompatibilitätsallele) bekannt sind. Besitzt ein Apfel ein *s-1*-Allel, wird er weder erfolgreich einen anderen *s-1*-Träger befruchten noch von einem solchen erfolgreich befruchtet werden. Die erste Arbeit zur Kontrolle der Kompatibilität bei *Malus* und die Identifizierung von elf Allelen stammt von Kobel et al. (1939). Es gibt bis zu 25 solcher Polleninkompatibilitätsallele (Bošković & Tobutt 1999), aber nur ein einziges Griffelinkompatibilitätsallel.

Die heutige kommerzielle Apfelproduktion ist ohne Fremdbestäubung undenkbar. Auf den britischen Inseln gibt es nur bei Sorten wie 'Allington Pippin', 'Lord Grosvenor', 'Stirling Castle' und vielleicht 'Queen Cox' einen nennenswerten Ertrag als Ergebnis von Selbstbestäubung. Im kommerziellen Bereich ist die Pflanze, an der der zu erntende Apfel wächst, von Bedeutung. Die Identität der Pflanze, von der der Pollen stammt (Pollenelter), hingegen ist unwichtig, solange es sich um eine *Malus*-Art handelt. Es gibt allerdings Hinweise auf eine Kreuzinkompatibiliät zwischen 'Cox's Orange Pippin' und Sorten, die durch Kreuzung aus ihm hervorgegangen sind, beispielsweise 'Saint Everard', 'Ellison's Orange' und 'Laxton's Superb' (Hall & Crane 1933; siehe Minamikawa et al. 2010).

Der Tian Shan (auch Tienshan geschrieben), was in Mandarin «Himmlische Berge» bedeutet, ist ein in Zentralasien liegendes Gebirge, das im Süden und Osten durch Wüsten begrenzt wird (Taklamakan, Gobi). Nach Westen wurde es immer wieder durch Gletscher isoliert (siehe Karte 1 auf Seite 7), war aber nie selbst eisbedeckt. Somit stand den Arten im Tian Shan ein ungefähr 1000-mal so langer Zeitraum für die Entwicklung zur Verfügung als den Arten, die nach der letzten Eiszeit beispielsweise Teile Europas und Nordamerikas wiederbesiedelten. Daher könnte man vermuten, dass sich in *Malus sieversii* durch sehr frühe Hybridisierungen Inkompatibilitätsallele angereichert haben. Solche Allele sind evolutionsbiologisch vorteilhaft, denn sie verhindern die Selbstbefruchtung bzw. fördern die Fremdbestäubung und dadurch die genetische Diversität. Dort, wo viele Bäume der gleichen Art wachsen, führen sie daher zu immer weiterer Auskreuzung. Ausbildung von Inkompatibilität in größerem Ausmaß könnte erklären, warum Kultur-Äpfel anders als viele andere Nutzpflanzen einerseits eine solche Diversität zeigen und andererseits so zurückhaltend hybridisieren. Die erstaunliche Diversität und Heterozygotie, die aus einer einzigen Kreuzung von *M. domestica* und *M. domestica*-Sorten resultierte, wurde bildlich dokumentiert (Brown & Maloney 2003, Tafel 3.2). Fast jede Größe, Farbe und Form, die bei kommerziell produzierten Äpfeln zu beobachten sind, ebenso die Vielfalt des Habitus der ausgewachsenen Bäume, gehen auf ein einziges elterliches Ereignis zurück. Eine ähnliche Formenvielfalt ist im natürlichen Fruchtwald des Tian Shan zu finden.

Vielfalt der Fruchtformen im natürlichen Fruchtwald des Tian Shan.

Früchte, Blüten und Samen der Äpfel

Wie die Blüten anderer Vertreter der Malinae sind die Blüten von *Malus* nicht auf die Bestäubung durch eine bestimmte Gruppe von Insekten spezialisiert. Die einfachen, meist (für den Menschen) schwach duftenden und leicht zugänglichen Blüten ziehen eine Reihe von Bestäubern an, die nach Nektar oder Pollen oder beidem als Futter suchen. Bienen sind die wichtigsten Bestäuber von Apfelblüten, aber auch frühe Mücken, einige höhere Fliegen sowie Käfer (v. a. Glanzkäfer) sind regelmäßig als Besucher zu beobachten (Willmer 2011).

Der Tian Shan muss ein Paradies für viele Wildbienenarten gewesen sein. Ihnen stand ein großes Spektrum an Obstbäumen als Nahrungsquelle zur Verfügung, vor allem Vertreter der Familie Rosaceae. Deren Blütezeitabfolge – erst Mandeln, dann Kirschen, dann Birnen und Äpfel – sichert Bienenpopulationen über lange Zeit ausreichend Nahrung. Hinzu kommen Wiesenkräuter, die heute die Grundlage für die Honigproduktion darstellen. Ebenso wichtig für die Bienen könnten auch die noch früher blühenden parasitischen Misteln, *Viscum album,* sein. Sie sind typisch für viele Apfelgärten: Das frühe Pollenangebot regt die Bienenkönigin zur Eiablage an und die Arbeiterinnen, die sich aus den Eiern entwickeln, bestäuben dann die Äpfel (White 2010).

Der Einsatz von Honigbienen (*Apis* spp.) als Bestäuber ist in Obstgärten weit verbreitet, oft wird Zuckerwasser ausgebracht, damit sich die Bienen auf den Pollen in den Blüten konzentrieren. Auch im Bienenstock kann übrigens ein Pollenaustausch stattfinden, sodass Bienen auch Pollen von Bäumen transportieren, die sie nicht selbst besucht haben (Degrandi-Hoffman et al. 1986). In unseren Breiten sind Sandbienen (*Andrena* spp.), Mauerbienen wie *Osmia bicornis* (Syn. *O. rufa*) und Furchenbienen *(Halictus)* gute Bestäuber. Obwohl Bienen der Gattung *Apis* pro Minute doppelt so viele Blüten besuchen wie *Andrena*-Arten, transportieren sie weniger Pollen. In Japan und in den USA mischen Obstbauern manchmal Pollen mit Puder und verteilen die Mischung auf den Blüten. Allerdings hat es sich in Japan herausgestellt, dass der Einsatz von *Osmia*-Bienen die wirtschaftlich vorteilhaftere Lösung ist (Willmer 2011).

An manchen Stellen im Tian Shan fliegen so viele Bienen in der Luft, dass sie dichte Wolken bilden. Die Honigbiene *(Apis mellifera),* die fleißige Arbeiterin, könnte sogar dieser Region entstammen. Sie ist dank ihrer Anpassung an die Bedürfnisse des Menschen heute wahrscheinlich die verbreitetste Bienenart. Es gibt jedoch Hinweise, dass andere Arten, darunter Mauerbienen wie die in Nordwesteuropa heimischen *Osmia bicornis* und *O. cornuta,* in der Vergangenheit eine deutlich größere Rolle bei der Bestäubung der Äpfel und somit in der Evolution gespielt haben.

Honigbienen *(Apis mellifera)* im Ili-Tal in China. Die Völker wurden im Jahr zuvor aus den Bergen heruntergebracht.

Die Honigbiene ist nicht gut an die Bestäubung der Apfelblüte angepasst. Häufig beißen Honigbienen wegen der störenden Staubblätter ein Loch in die Kelchbasis und unterlaufen auf diese Weise die Bestäubung. Im Gegensatz dazu suchen Mauerbienen nur nach Pollen – sie saugen keinen Nektar. Daher kommen sie immer in direkten Kontakt mit den männlichen und weiblichen Blütenteilen. Honigbienen und Hummeln haben sogenannte Pollenkörbchen (Scopae), das sind konkave Oberflächen mit steifen Borsten an den Außenseiten der Hinterbeine. Blattschneider- und Mauerbienen haben Scopae in Form steifer Haare an der Unterseite des Hinterleibs. Das ist für die Übertragung von Pollen in einer Apfelblüte eine weitaus günstigere Position. Außerdem ist *O. bicornis,* die Rostrote Mauerbiene, bereits im Frühjahr aktiv, wenn andere Bienenvölker noch wenig fliegen. Angesichts all dieser Vorteile schätzt man, dass eine Rostrote Mauerbiene die Arbeit von 120 Honigbienenarbeiterinnen verrichten kann (O'Toole 2000). Aber die seltene Fähigkeit von *A. mellifera,* Honig zu produzieren, hat dazu geführt, dass sie praktisch überall auf der Welt die Bestäubungsszene bestimmen.

Was wir Apfel nennen und essen, ist eine fleischige Hülle, die aus Gewebe an der Blütenbasis gebildet wird. Die eigentliche Frucht ist klein und ungenießbar. Es gibt drei bis üblicherweise fünf Fruchtblätter mit je zwei Samen, manchmal ist nur einer ausgebildet. Die Samen haben meist ein dünnes Endosperm, ein Gewebe, das nur bei Blütenpflanzen vorkommt – es hat drei «Eltern», einen männlichen Kern aus dem Pollenkorn und zwei weibliche vom Embryosack, hinterlässt aber keine Nachkommen. *Malus domestica* hat fast kein Endosperm, was die Art von anderen Apfelarten unterscheidet. Man nimmt heute an, dass das Endosperm neben der Ernährung des Embryos noch weitere Schlüsselfunktionen hat, darunter die eines Sensors, der die Befruchtungsprodukte inkompatibler Kreuzungen oder von Kreuzungen zwischen nicht verwandten Arten erkennt und absterben lässt (Costa et al. 2004). Das kaum vorhandene Endosperm bei *M. domestica* könnte ein Grund dafür sein, dass diese Art Hybriden mit anderen *Malus*-Arten bilden kann. Allerdings ist das gesamte Gebiet der genomischen Prägung und Epigenetik immer noch hochspekulativ und bei Äpfeln kaum untersucht.

Die Frucht entwickelt sich auch ohne vollständige Befruchtung, normalerweise aber nur bis zu einem Zwergstadium. Solche Zwergfrüchte werden in der Regel vorzeitig abgeworfen – der sogenannte Junifruchtfall in Obstgärten. Unvollständige Befruchtung führt im Allgemeinen zu missgestalteten Früchten. Parthenokarpie, die Entwicklung einer samenlosen Frucht ohne Befruchtung einer Eizelle, wurde bei Äpfeln bereits 1685 beobachtet (A Lover of Planting 1685, Juniper & Juniper 2003). Es wurden einige wenige samenlose Apfelsorten, wie zum Beispiel 'Wellington Bloomless', 'Spencer Seedless' und 'Rae Ime', gezüchtet, aber insgesamt haben diese Sorten geringen oder gar keinen kommerziellen Wert. Trotzdem bot das finanzielle Ziel eines qualitativ hochwertigen, kernlosen Apfels nach dem Vorbild der verbreiteten und erfolgreichen Bananen-, Mandarinen- oder Tafeltraubensorten Anreize, die genetische Basis dieses Phänomens zu erforschen.

Eines der Proteine, die im zweiten und dritten Wirtel einfacher Angiospermenblüten produziert werden, wandelt Organe, die andernfalls zu Fruchtblättern und Griffel würden, in Blütenblätter beziehungsweise Staubblätter um (Homöose). Bei der gut untersuchten Acker-Schmalwand *(Arabidopsis thaliana)* aus der Familie der Kreuzblütler (Brassicaceae) wird dieses Protein durch das Gen Pistillata codiert, das im entsprechenden Stadium der Blütenentwicklung exprimiert wird. Im Genom von Äpfeln der Sorte 'Granny Smith' fand man eine Region, die diesem Gen ähnelt. Ein zusätzliches DNA-Stück wurde in der korrespondierenden Genregion der Sorte 'Rae Ime' entdeckt und diese zusätzliche DNA macht das Gen Pistillata funktionsunfähig (Yao et al. 2001). Später fand man ähnliche Defekte in der Pistillata-Region von 'Wellington Bloomless' und 'Spencer Seedless', bei denen sich der Apfel ohne Bestäubung durch Bienen entwickelt. Falls diese Defekte auf andere Apfelsorten übertragen werden, könnten irgendwann in der Zukunft Apfelplantagen mit samenlosen Äpfeln, die nicht auf Bienen angewiesen sind, zum Normalfall werden.

Samen vieler Vertreter der Malinae keimen nur, wenn zwei Bedingungen erfüllt sind. Erstens müssen die Samen vom übrigen Gewebe getrennt werden, insbesondere vom Gewebe des Kerngehäuses, das keimhemmende Substanzen enthält; Apfelkerne und Samen vieler anderer Obstbäume keimen nicht, wenn sie im Kerngehäuse verbleiben (Evenari 1949, Herb Aldwinkle pers. Mitt. 2001). Zweitens benötigen die Samen bei vielen Sorten einen beträchtlichen Kältereiz: Der freie Same muss eine ausreichend lange Periode Temperaturen nahe dem Gefrierpunkt ausgesetzt sein, damit Keimung möglich ist. Diese Keimruhe ist ein verbreitetes Merkmal von Gehölzen gemäßigter Breiten und nicht auf Äpfel beschränkt. Es hat offensichtlich einen hohen Überlebenswert in Klimaten, in denen kurze warme Perioden vor Ende des Winters vorkommen. Würde der Same dann bereits auskeimen, wäre der Sämling durch spätere Kältephasen gefährdet.

Bei manchen Pflanzen betrifft die Keimruhe nur Teile des Embryos. Beispielsweise entwickeln die Eicheln eine kurze, unreife, embryonale Wurzel (Keimwurzel), wenn sie direkt nach dem Abfallen gepflanzt werden. Aber das Epikotyl (embryonaler oberirdischer Spross) wächst erst, wenn die Kälteanforderungen erfüllt sind. Andere Pflanzen, wie beispielsweise das Maiglöckchen *(Convallaria majalis),* benötigen eine Kälteperiode, damit die Keimwurzel ausgebildet wird, und eine zweite, um das Wachstum des Epikotyls anzuregen. Folglich zeigen sich Sämlinge dieser Art erst im zweiten Jahr nach der Pflanzung.

Anhaltende Kälteperioden von 60 oder mehr aufeinanderfolgenden Tagen mit einer Temperatur von etwa 2 °C sind in Zentralasien normal. Sie herrschen auch in anderen Schwerpunktgebieten von *Malus*-Arten vor, etwa im Kaukasus oder in Nordamerika (für eingeführte Äpfel). Manche Populationen von *M. domestica* benötigen bis zu 200 Kältetage, um effektiv zu keimen (Forsline et al. 2003). Demzufolge fördern die zunehmend milden Winter in Mitteleuropa die Samenkeimung kaum.

Ausgedehnte Kälteperioden sind auch in den milderen Klimaten des maritimen Westeuropas, an den Küsten von Nordamerika, in Australien oder großen Teilen Südafrikas selten. Daher wurden in jüngerer Zeit gezielt Sorten gezüchtet, die einen geringeren Winterkältebedarf haben. Besonders in Südafrika suchen Apfelzüchter nach Sorten, die kürzere Kälteperioden benötigen (Forsline et al. 2003). Hingegen suchen Züchter in Regionen mit kontinentalerem Klima, zum Beispiel in Russland, nach Sorten, bei denen längere Kälteperioden erforderlich sind, um späterblühende Sorten bereitzustellen, die weniger durch Spätfröste gefährdet sind. Wegen der unterschiedlichen Kälteerfordernisse stehen angehenden Züchtern umfassende schriftliche Anleitungen zur Verfügung (Crossley 1974, Westwood 1995, Palmer et al. 2003, Wertheim & Webster 2003). Stratifikation – das Lagern von Samen in feuchtem Sand, Torf oder Ähnlichem für längere Zeit bei niedrigen Temperaturen – erhöht die Keimrate. Die

Verwendung von Saatgut, beispielsweise in der Produktion von Unterlagen, birgt mehrere Vorteile, beispielsweise werden über Samen fast keine viralen, pilzlichen oder bakteriellen Pathogene übertragen.

Ein anderer Weg, die Keimung zu fördern, ist die Skarifizierung, die allerdings weniger gut untersucht ist. Man versteht darunter das Anritzen oder Ausdünnen der Samenschale (Testa) mittels physikalischer und/oder chemischer Maßnahmen. Dieser Vorgang findet in der Natur im Maul, Kropf, Magen oder Darm verschiedener Tierarten statt. Fast alle Samen mit harter Samenschale profitieren von einem solchen Prozess: Jegliche Reste keimhemmender Substanzen werden entfernt, die Schale wird dünner und für Wasser und Sauerstoff durchlässiger.

Apfelbäume benötigen im Allgemeinen auch längere Zeiträume mit niedrigen Temperaturen für die erfolgreiche Anlage von Knospen, das Brechen der Knospenruhe und die Entfaltung der Knospen. Ausnahmen sind beispielsweise 'Granny Smith' und 'Pink Lady', die in Kalifornien im Winter ihre Blätter behalten und erst im Frühjahr durch neue ersetzen (Kevin Hauser pers. Mitt. 2016). Andernorts wirken anscheinend 7,2 °C am effektivsten, unterhalb –1,1 °C oder über 15 °C tritt keine Wirkung ein. Diese Kriterien scheinen die Verbreitung des Kultur-Apfels zu limitieren – grob kommt er zwischen 25 und 52° nördlicher Breite vor (bis über 53° Nord in Edmonton in Kanada; Steven McKay pers. Mitt. 2005). Allerdings gibt es viele Abweichungen bei Sorten und lokale klimatische Anomalien, die diese allgemeine Regel beeinflussen, daher ist das Thema außerordentlich komplex.

Ausbreitung der Äpfel

Aus der Geschichte von Vergletscherung und Trockenperioden könnte man schließen, dass die sich entwickelnden Apfelstämme den Bergketten und den Ufern der ihnen entspringenden Fließgewässer in die Ebenen folgten. Dementsprechend sind in der Alten Welt Apfelpopulationen unter anderem im Altai von der westlichen Mongolei bis Kasachstan, im Tian Shan, im Himalaja, im Taurusgebirge in der südlichen Türkei, in den Karpaten im östlichen Europa, in den Alpen sowie in den Pyrenäen zu finden (Karten 4, 5, 9 und 10).

Der Europäische Wild-Apfel oder Holz-Apfel, *Malus sylvestris,* ist in Ost-, Mittel- und Westeuropa weit verbreitet, scheint aber nirgendwo häufig zu sein (Remmy & Gruber 1993). In Belgien beispielsweise gilt er als gefährdet (Coart et al. 2003). Auf den Britischen Inseln, wo er genauso selten ist, erreicht er auf den Shetland-Inseln 59° Nord, ebenso wie in Schweden, während er in Finnland sogar auf 62° Nord vorkommt. In Russland erreicht er 60° Nord, wird aber weiter im Osten, in Sibirien und im nördlichen China, durch den Beeren-Apfel,

M. baccata, abgelöst. Es scheint also, als seien 60 bis 62° Nord die äußerste Grenze für alle *Malus*-Wildarten. Die süßen Sorten von *M. domestica* sind dagegen grob auf einen Bereich zwischen 25 und 55° Nord begrenzt.

Der Holz-Apfel, *Malus sylvestris*, und verwilderte importierte *M. domestica* werden oft verwechselt. Der einzige leicht erkennbare Unterschied in der Blüte ist, dass im aufgeblühten Zustand die Kelchblätter von *M. domestica* beidseits deutlich behaart sind, während sie bei *M. sylvestris* nur innen behaart und außen glatt sind (siehe Abbildung auf Seite 9). Mangels eingehender Untersuchungen bezüglich der wilden Vorfahren der Kultur-Äpfel können manche interessante Merkmale des gut untersuchten *M. sylvestris* als Basis für eine Erforschung von Apfelarten im Allgemeinen dienen.

In Teilen des vorlandwirtschaftlichen Europas war *Malus sylvestris* in offenen Wäldern und halbnatürlichem Grasland ein wichtiger, aber seltener Kleinbaum. Auch wenn das Wissen diesbezüglich zugenommen hat, ist nur wenig über die Verbreitung der Art in der Natur bekannt. Feldstudien deuten darauf hin, dass große einheimische Pflanzenfresser die Hauptverbreiter der Samen waren. Zudem sorgten sie für ein geeignetes Saatbett für die Keimung. Rinder, insbesondere die wilden Bisons oder Wisente *(Bison bonasus),* und wahrscheinlich manche großen

Malus baccata **auf dem Gelände des St. Catherine's College in Oxford (England).**

Hirsche scheinen durch Trampeln zum Keimerfolg beigetragen zu haben, denn ihre scharfen Hufe treiben die hartschaligen Apfelsamen durch eine kompakte Grasnarbe. Rehe spielen bei der Ansiedlung von *Fritillaria meleagris* (Liliaceae), der Schachblume, in Stromtalwiesen im nordwestlichen Europa eine ähnliche Rolle.

Wildschweine *(Sus scrofa)* kamen bis vor relativ kurzer Zeit in ganz Westeuropa vor, bis sie in England im 14. und in Schottland im frühen 17. Jahrhundert ausgerottet wurden. Sie streiften im transkontinentalen tertiären Waldkorridor umher und dürften die Ausbreitung der Samen dadurch gefördert haben, dass sie mit ihren Hauern, Schnauzen und Hufen auf der Suche nach Wurzeln und Knollen den Boden durchwühlten und dabei die Grasnarbe wie mit einem Pflug großflächig aufbrachen. Sie trugen indirekt dazu bei, Samen aller Art zu verteilen, wie es andere Schweinearten heute noch in den Tropenwäldern tun (Mabberley 1992: 126–127).

Bei der Erfassung der Keimung und der weiteren Entwicklung von ungefähr 1800 Sämlingen von *M. sylvestris* wurde festgestellt, dass 98 Prozent durch weidende Rinder und Pferde verbreitet worden waren (Buttenschon & Buttenschon 1998), nachdem die Samen deren Darm passiert hatten (Janzen 1982). 20 Prozent dieser Sämlinge überlebten längere Zeit, wenn die Beweidung eingestellt, aber nur wenige, wenn die Beweidung fortgeführt wurde: Trotz der dornigen Bewehrung vieler Arten werden die jungen Triebe von Rosaceae im Allgemeinen von fast allen grasenden oder äsenden Tiere gerne gefressen.

Könnte die Ausbreitung von *Malus sylvestris* Hinweise zur Evolutionsgeschichte von *M. domestica geben?* Angesichts der großen Unterschiede in Geografie, Geologie und Fauna zwischen Nordwesteuropa und Zentralasien ist das eher unwahrscheinlich. In mehrfacher Hinsicht illustriert *M. sylvestris* zwar die typische Biologie fast aller kleinfrüchtiger *Malus*-Arten der nördlichen gemäßigten Zone, aber nicht die von *M. domestica.* Die meisten *Malus*-Arten aus China, Ost- und Westeuropa und Nordamerika sind kleinfrüchtig und werden meist (aber nicht ausschließlich) durch Vögel verbreitet. Die Bäume sind vorwiegend solitär und bilden selten, wenn überhaupt, Haine oder waldähnliche Bestände.

Die Annahme, dass die Ausbreitung durch Vögel der Ausbreitung durch Säugetiere vorausging, wird durch Parallelen bei anderen Pflanzengruppen in verschiedenartigen Lebensräumen unterstützt, bei denen innerhalb einer Gattung eine Reihe von Ausbreitungsmechanismen vorkommt. Beispielsweise sind an der Ausbreitung von Arten der Gattungen *Aglaia* aus der Familie der Mahagoni- oder Zedrachgewächse (Meliaceae) in Südostasien Fische, Gibbons, Schleichkatzen und Vögel beteiligt (Pannell & Kozioł 1987). Auch bei der Gattung *Andira* aus der Familie der Hülsenfrüchtler (Fabaceae) im tropischen Amerika gibt es ein breites Spektrum an Ausbreitungsmechanismen (Pennington 1996). Wie die Bestäubungsmechanismen scheinen sich auch die Ausbreitungsmechanismen in der jüngeren Entwicklungsgeschichte geändert und manchmal sogar umgekehrt zu haben – im Sinne der natürlichen Auslese scheinen solche Veränderungen leicht möglich.

Wie *Malus sylvestris* (subsp. *sylvestris*) sind die Äpfel *M. crescimannoi, M. florentina* und *M. trilobata* seltene Bewohner der alten, nicht landwirtschaftlich genutzten, gemäßigten Wälder Mittel-, Süd- und Osteuropas und des Nahen Ostens. *Malus trilobata* kommt von Palästina nach Norden über Teile der Türkei bis in den Balkan und nach Griechenland zerstreut, vereinzelt und generell solitär vor. *Malus florentina* ist im zentralen und südlichen Italien, aber weder im Norden noch im äußersten Süden des Landes oder auf Sizilien zu finden. Auf Sizilien ist *M. crescimannoi* im submontanen Gürtel der Monti Nebrodi und Madonie nachgewiesen, wo die Art zusammen mit vielen anderen verholzten Rosaceae wächst (Raimondo 2008, di Gristina et al. 2016). *Malus florentina* ist ebenso selten wie *M. trilobata* und wurde früher als Hybride zwischen *M. sylvestris* und *Sorbus torminalis* (*Torminalis clusii,* Elsbeere) angesehen (Browićz 1970); katalogisiert wurde die Art auch als *Crataegus florentina* oder *Sorbus florentina.* Sowohl Chloroplasten- als auch Kern-DNA-Sequenzen sprechen jedoch dafür, dass es sich keineswegs um eine Hybride handelt, sondern um eine echte Wildapfelart (Robinson et al. 2001, Harris et al. 2002, Qian et al. 2008). *Malus sylvestris* subsp. *orientalis* ist im Kaukasus und Iran ein etwas häufigerer Baum; seine kleinen, harten und bitteren Äpfel werden gelegentlich für alkoholische Getränke verwendet.

Vermutlich sind diese drei Apfelarten und in geringerem Maße auch *M. sylvestris* «Ausreißer» aus dem zentralen Gebiet der *Malus*-Arten, aus dem sie sich irgendwann im Präglazial über den durchgehenden Tertiärwald (Karte 2) oder während eines Interglazials verbreitet haben. Ihre taxonomische Zuordnung zu drei verschiedenen Sektionen der Gattung (siehe Anhang) legt nahe, dass sie zu unterschiedlichen Zeiten nach Westen wanderten. Nachdem sie im Nahen Osten oder in Zentral- und Westeuropa angekommen waren, erhielten die vier Arten offenbar nicht die weiteren Stimuli durch geologische oder biotische Faktoren, die auf *M. domestica* einwirkten. So wurden sie zu Relikten der Evolution, nicht einmal in der klassischen Literatur erwähnt und vielleicht sogar zum baldigen Aussterben verurteilt. Die Entdeckung, dass diese Arten als Unterlagen für den immer weiter verbreiteten «süßen» Apfel aus dem Osten verwendet werden können, beschleunigte den Untergang. Sobald ein Wildapfel als Unterlage dient, wird er wahrscheinlich nie wieder seinen Platz in einem natürlichen Züchtungsprogramm einnehmen.

In deutlichem Kontrast zu Europa ist die zentrale und südwestliche Region des heutigen China reich an Apfelarten (Karte 3 und Anhang; Zhang et al. 1993, Zhou 1999). Euan Cox (1945) erwähnte jedoch bei den frühen Sammelreisen in diese Gebiete keine ausgedehnten

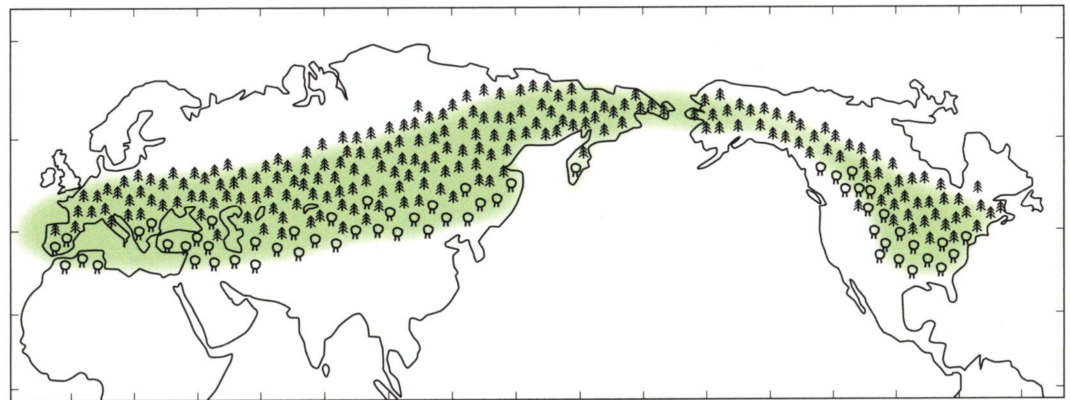

KARTE 2: Durchgehendes Band von tertiärem Nadel- und Laubwald vor der Eiszeit.

Wälder mit Obstbaumarten. Aufschlussreich sind die Aufzeichnungen von Ernest Wilson (1913), der Ende des 19. und Anfang des 20. Jahrhunderts in Sichuan arbeitete, hauptsächlich im Tal des Yuan Jiang oder Roten Flusses (Karte 5), aber Streifzüge über die chinesisch-tibetische Grenze unternahm. Äpfel erwähnte er fast gar nicht, ungeachtet der Zahl der vorhandenen *Malus*-Arten, und schon gar nicht ausgedehnte Fruchtwälder. Es ist unvorstellbar, dass so sorgfältig arbeitende und gut ausgebildete Beobachter wie Cox und Wilson so etwas wie einen Fruchtwald übersahen, zumal sie andere Baum- und Strauchgruppen registrierten.

Seither hat die landwirtschaftlich genutzte Fläche zugenommen, sodass es heute kaum möglich ist, die Reisen von Cox und Wilson zu rekonstruieren. Auch existiert kein Bild von der Vegetation, wie sie zu Zeiten vorherrschte, bevor der Mensch seinen Einfluss ausübte. Jeder Pflanzensammler oder Reisende in diesem Gebiet, damals wie heute, berichtete dasselbe (Howard Bury 1990). David Chamberlain (pers. Information 2000), der in den 1990er-Jahren im südlichen China Pflanzen sammelte, sah keine größeren Gruppen von *Malus*-Bäumen. Wo vorhanden, scheinen die Bäume der zahlreichen *Malus*-Arten einzeln zu stehen oder in sehr kleinen Gruppen. Cong Peihua (pers. Mitt. 1999) berichtet, das *M. baccata* (einschließlich *M. mandshurica*), der in der Nähe seiner Universität in der Provinz Liaoning im nordöstlichen China nicht selten ist, einzeln oder in sehr kleinen Gruppen wächst, nie als Wald. *Malus formosana* (heute zu *M. doumeri* gestellt) soll sehr selten sein und kommt in Gebirgswäldern in Taiwan zwischen 1600 und 2600 Meter Höhe vor (Huckins 1972). Viele der nordamerikanischen Arten scheinen demselben Muster zu folgen, auch wenn Sargent (1922) festhielt, dass der Alaska-Apfel *(M. fusca)* und der Kronen-Apfel *(M. coronaria)* gelegentlich Dickichte bilden. Es bleibt ein Rätsel, warum *M. sieversii* in dieser Hinsicht oft so anders ist und im Tian Shan reiche Fruchtwälder bildet.

«Malus baccata var. *mandshurica»* aus *Icones of the Essential Forest Trees of Hokkaido*, Bd. 2, 1920–1923.

Die heutigen isolierten Vorkommen von *Malus sieversii* in Teilen des Tian Shan stellen vermutlich Inseln dar, die nach dem Rückgang und der Fragmentierung des gemäßigten Tertiärwalds übrigblieben. Doch gibt es selbst innerhalb dieser kleinen Inseln und zwischen ihnen eine ungeheuer große Vielfalt nicht nur bei den Früchten (z. B. Größe), sondern auch bei den Blüten (Farbe der Kronblätter), der Wuchsform (kleine Büsche und hohe Bäume) und der Bewehrung (junge Zweige bedornt oder nicht). Richards et al. (2009) haben gezeigt, dass sowohl über das Verbreitungsgebiet hinweg als auch innerhalb lokaler Populationen eine bemerkenswerte Genotypvariation besteht. Doch auf der grundlegenden botanischen Ebene sind diese Bäume aufgrund kleiner, aber wichtiger Details des Kelchs und der Blütenkrone eine Art. In ihrer außerordentlichen Diversität scheinen sich *M. sieversii* und *M. domestica* von praktisch allen anderen *Malus*-Art zu unterscheiden, die in Wuchsform, Blüte und Fruchtdetails relativ einheitlich sind.

Dieser Polymorphismus, insbesondere der Frucht und der allgemeinen Wuchsform, führte unweigerlich dazu, dass einige Taxonomen immer wieder neue Arten oder Unterarten benannten. Daher sind seit den 1920er-Jahren bis fast in die heutige Zeit immer wieder neue Namen in der Literatur aufgetaucht, zum Beispiel *Malus persicifolia, M. kudrjashevii, M. jarmolenkoi, M. hissarica* und *M. tianschanica,* um nur ein einige wenige zu nennen. Soweit ersichtlich, hat keiner dieser Namen einen wissenschaftlichen Wert (vgl. Brandenburg 1991, Stevens 1991).

Apfelland

Die Gattung *Malus* umfasst rund 36 rezente Arten (siehe Anhang; Likhonos 1974), wobei die Zahl der anerkannten Arten zwischen acht und 79 schwankt (Ponomarenko 1986). Ein Teil des Problems der *Malus*-Taxonomie ist die enge und sehr lange Verbindung zwischen Menschen und Äpfeln. Im Lauf der Jahrtausende verwischte sich die Unterscheidung zwischen wilden und kultivierten Arten hoffnungslos, sodass es schwierig ist, eindeutige Kategorien zu bilden. Darüber hinaus wurde der Begriff «Wildapfel» auf alle *Malus*-Arten außer dem Kultur-Apfel angewendet. Beispielsweise bezieht sich in Europa «Wildapfel» (engl. crab apple) auf *M. sylvestris,* den Holz-Apfel, während diese Bezeichnungen in Nordamerika unterschiedslos auf eine Reihe von Arten angewendet wurden, darunter *M. angustifolia* und *M. coronaria.* Weiter kompliziert wird die Angelegenheit durch die Verwendung von «crab apple» für seltene Hybriden zwischen dem Kultur-Apfel und anderen Vertretern der Gattung *Malus.*

Vermutlich entstand im mittleren oder späten Tertiär (Tabelle 1) irgendwo auf dem Gebiet der heutigen südchinesischen Provinzen Guizhou, Sichuan und Yunnan (Karte 3) ein Vertreter, der einer Art der heutigen Gattung *Malus* entspricht. In der gesamten Region kommen heute bemerkenswert viele Rosaceae vor (Zhou 1999). Etwa 19 Gattungen sind allein im nordwestlichen Yunnan heimisch. Henghuan Shan im nordwestlichen Yunnan ist die Heimat von 13 *Malus*-Arten. Bezeichnenderweise war dieses gesamte Gebiet von den letzten Eiszeiten nicht betroffen.

In den drei genannten chinesischen Provinzen kommen zwei Drittel der wild wachsenden *Malus*-Arten Ostasiens und rund drei Fünftel der Arten weltweit vor. Möglicherweise breiteten sich vor, zwischen und unmittelbar nach den Eiszeiten viele weitere Arten von diesem reichen Zentrum über die Nordhalbkugel aus.

Die meisten Arten, beispielsweise die aus Mittel- und Westeuropa, sind relativ selten. Auch die vier in Nordamerika heimischen Arten (siehe Anhang; Sargent 1922, Phipps et al. 1990) spielten mit ziemlicher Sicherheit in der Evolutionsgeschichte des domestizierten Kultur-Apfels

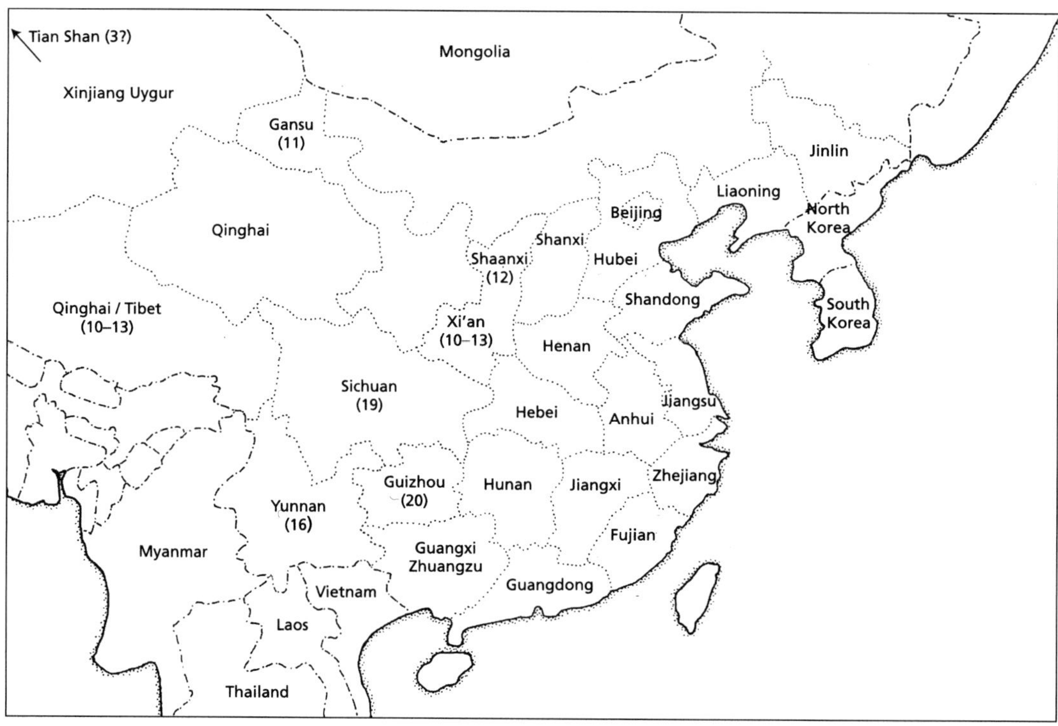

KARTE 3: Zahl der Arten aus der Gattung *Malus,* die nur in ausgewählten Provinzen Chinas vorkommen. Daten vorwiegend aus Zhang et al. (1993).

keine Rolle, auch wenn einige heute begrenzte Bedeutung bei der Züchtung von Ziersorten haben (Kapitel 7; Fiala 1994). Wegen ihrer Verbreitung und der Ähnlichkeiten mit den Schlüsselarten von *Malus* könnten diese nordamerikanischen Arten uns Hinweise bezüglich der Zeiträume liefern, in denen Apfelarten sich auf der Nordhalbkugel ausbreiteten.

Die Landbrücke, die das nordöstliche Asien auf dem Gebiet der heutigen Beringstraße mit Nordamerika verband, scheint im Miozän und möglicherweise auch davor und danach über längere Zeiträume hinweg für den Austausch von Laubgehölzen der gemäßigten Zone (Karte 1) geeignet gewesen zu sein, für Tiere ebenso. Die große Wassermasse des Pazifiks im Süden hielt die Gletscherfront am südlichen Rand von Beringia auf, während das Eis östlich weit nach Nordamerika vordrang. Viele Gattungen bekannter Sträucher oder kleiner Bäume haben zahlreiche Vertreter auf dem asiatischen Kontinent und eine eher geringere Anzahl Verwandter in Nordamerika. Auch wenn es sinnvoll scheint, sich bezüglich der Wanderungsrichtung im Einzelfall nicht festzulegen (Donoghue et al. 2001), scheint es wahrscheinlich, dass diese Gattungen, zu denen *Acer* (Ahorn), *Hamamelis* (Zaubernuss), *Liriodendron* (Tulpenbaum), *Magnolia* (Magnolie) und *Malus* gehören, in Richtung Nordamerika wanderten.

Das Vorkommen ähnlicher und verwandter Pflanzen auf verschiedenen Kontinenten ist in der Waldflora der Appalachen besonders ausgeprägt (Boufford & Spongberg 1983, Wen 1999). Dort gibt es mindestens 65 disjunkte Pflanzengattungen: Sie umfassen geografisch weitgehend getrennte Arten, vorwiegend Bäume und Sträucher, aber auch einige wenige mehrjährige Kräuter. Wanderungen über Beringia scheinen bis vor rund 3,5 Millionen stattgefunden zu haben, bis zum Ende des Pliozäns und dem Beginn der pleistozänen Eiszeiten. Man kann daher spekulieren, dass diese an Pflanzen und Tieren reichen gemäßigten Wälder weiter verbreitet waren und weiter nach Norden reichten als heute.

Höchstwahrscheinlich erstreckte sich zeitweise ein durchgehender Korridor gemäßigter Wälder (Karte 2) vom Atlantik nach Osten über West-, Mittel- und Osteuropa nach Asien und erreichte Nordamerika über Beringia. Im Norden ging der gemäßigte Wald in Nadelwald und schließlich in reine Taiga über und bildete den borealen Nadelwald. Im Süden ging der gemäßigte Korridor sukzessive in subtropische und tropische Wälder über (Karte 4).

Nur noch winzige Fragmente dieses einst ausgedehnten Waldkorridors existieren heute in Teilen von Polen und Belarus. Das eindrucksvollste Gebiet ist vermutlich der Białowieza-Nationalpark, der sich über beide Länder erstreckt. Dort leben Wisente (Europäische Bisons), die heute selten und daher geschützt sind. Die ursprünglichen Wisentherden, die vor der Eiszeit vermutlich einen Großteil des Korridors durchstreiften, starben in den 1920er-Jahren aus. *Cedrus* ist ein Beispiel für eine Baumgattung aus diesem Korridor, von der Atlas-Zeder

Erhaltenes Waldfragment an den unteren Hängen des Tian Shan.

(C. atlantica) im Westen bis zur Himalaja-Zeder *(C. deodara)* im Osten. Diese Zedern werden heute allgemein als eigenständige Arten anerkannt, hybridisieren aber miteinander, sodass manche Wissenschaftler sie lediglich als Rassen oder Unterarten von *C. libani*, der Libanon-Zeder, ansehen. Dies ist ein taxonomisches Schema, das gut auch auf manche Äpfel angewendet werden könnte.

Der große zusammenhängende Waldkorridor wurde höchstwahrscheinlich infolge von Klimaschwankungen und geologischen Hebungsprozessen periodisch fragmentiert und wieder zusammengeführt. Diese Schwankungen könnten die lokal begrenzte Verbreitung seltener westlicher Apfelarten wie *Malus florentina* (Browićz 1970), *M. sylvestris* (einschließlich *M. orientalis*), *M. crescimannoi* und *M. trilobata* erklären, ebenso die Vorkommen von Apfelarten wie *M. kirghisorum,* die durch Vögel und Säugetiere verbreitet werden. Periodische Veränderungen wie der Wechsel von feuchteren und wärmeren Bedingungen könnten auch eine Erklärung für die taxonomisch schlecht definierten süßen Äpfel mit kleinen Früchten liefern, wie sie in der Nähe des Qinghai-Sees (früher Koko Nor genannt, Karte 7), südlich des westlichen Teils der Großen Mauer, vorkommen (Migot 1957). Kleine und bisweilen süße Äpfel (daher nicht *M. sylvestris* subsp. *orientalis,* der sehr bitter ist), die sogenannten Paradiesäpfel, sollen auch im Kaukasus und sogar nördlich bis nach Kursk und Woronesch im europäischen Russland weit verbreitet sein. Es ist aber nicht klar, inwieweit es sich dabei nur um prähistorische Isolierungen oder um Verwilderungen in historischer Zeit handelt. Die Ansicht, dass es sich um Relikte des einst ausgedehnten präglazialen Korridors gemäßigter Wälder handelt, ist jedoch nicht widerlegt.

Der Begriff Zentralasien wird nicht einheitlich verwendet. Im engeren Sinn werden damit Kasachstan, Usbekistan, Turkmenistan, Kirgisistan und Tadschikistan zusammengefasst. Die in diesem Buch verwendete Definition schließt die autonomen Regionen Xinjiang und Tibet in China, die Mongolei sowie die angrenzenden Gebiete mit ein. Zentralasien kann in drei große geografische Regionen eingeteilt werden: die Qinghai-Tibet-Hochebene einschließlich des Himalaja mit dem Mount Everest als höchstem Punkt, die östliche Monsunregion und die nordwestliche Trockenregion (zu der paradoxerweise die bewaldeten Berghänge des Tian Shan gehören) (Karte 5). Es zeigt sich, dass nur in den großen Gebirgsketten des Tian Shan, von Xinjiang im Westen Chinas bis nach Usbekistan, alle geologischen, meteorologischen, tektonischen, bodenkundlichen und ökologischen Bedingungen über sehr lange Zeiträume relativ ungestört gegeben waren, um die Evolution des großen süßen Kultur-Apfels aus seinen kleinfrüchtigen, von Vögeln verbreiteten Vorfahren voranzutreiben.

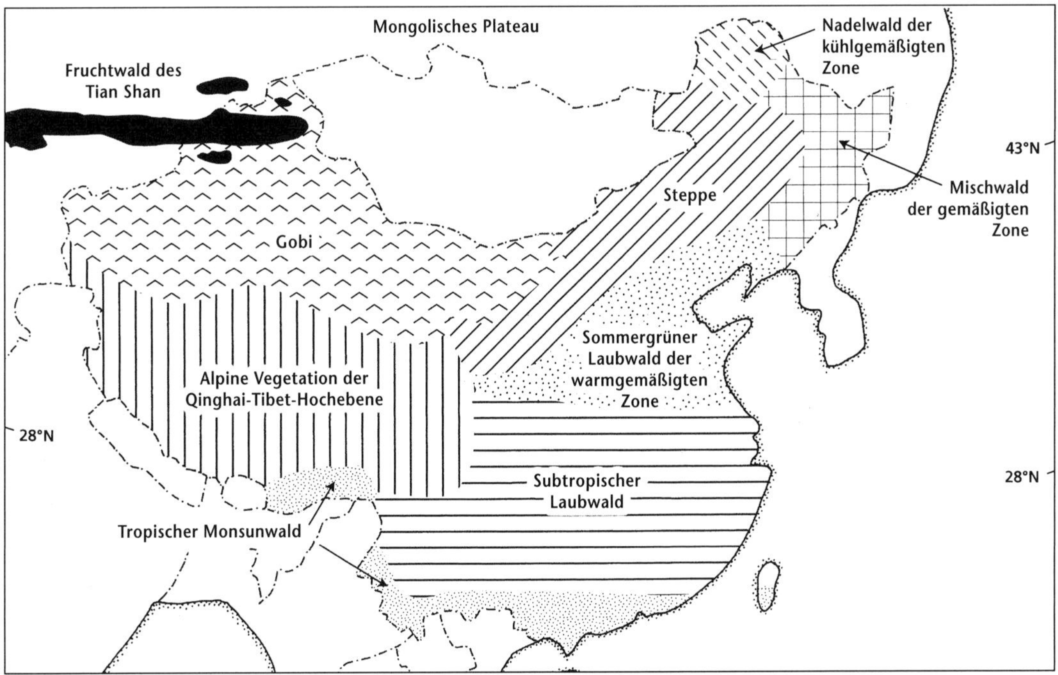

KARTE 4: Geografische Regionen und Vegetationen Chinas und Zentralasiens vor Beginn des Ackerbaus. Der Laubwaldgürtel war im Westen unterbrochen, teils durch Wüstenbildung (Gobi), teils durch geologische Hebung der Qinghai-Tibet-Hochebene über die Baumgrenze.

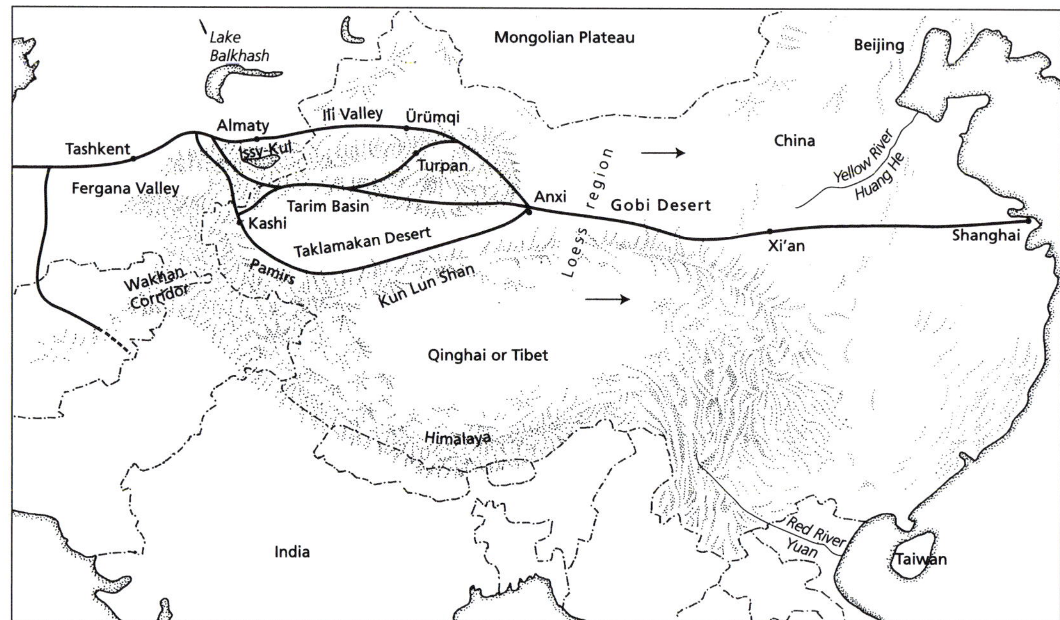

KARTE 5: Löss wird vom mongolischen Plateau und der Hochebene in Qinghai und Tibet vor allem Richtung Osten nach Zentral- und Ostchina verfrachtet.

Hochebene von Tibet und Qinghai

In der späten Kreidezeit wurde der indische Subkontinent von der ostafrikanischen Küste abgetrennt und bewegte sich mit einer Geschwindigkeit von rund zehn Zentimeter pro Jahr nordwärts in Richtung Asien. Auf dem Weg ließ er Inselgruppen wie die Seychellen zurück. Indien kollidierte im mittleren Eozän, vor etwa 45 Millionen Jahren (Tabelle 1), mit Asien. Seitdem ist der Subkontinent in die große nördliche Landmasse hineingedrängt worden und bewegt sich immer noch mit einer Geschwindigkeit von fünf Zentimeter pro Jahr nach Norden. Dies hat dazu geführt, dass ausgedehnte Gebiete wie der Himalaja, die Qinghai-Tibet-Hochebene und das mongolische Plateau angehoben wurden. Die katastrophalen Erdbeben in Pakistan und Kaschmir im September 2005 und in Nepal 2015 sind die direkte Folge dieses Drucks. Die Qinghai-Tibet-Hochebene hat sich um ungefähr 5000 Meter gehoben (Dewey et al. 1988). Vereinfacht ausgedrückt: Irgendwann brach die gesamte subkrustale Basis der Hochebene weg und dieses ausgedehnte Gebiet hob sich wie ein riesiger Tisch. Heute liegt es meist gut 4000 Meter über dem Meer. Der Druck hielt an und in der Folge hoben sich Himalaja, Pamir und schließlich die großen Bergrücken des Tian Shan. Man schätzt, dass der Tian Shan vor etwa zehn bis zwölf Millionen Jahren oder möglicherweise früher zu einem ausgeprägten Gebirge wurde.

Die Qinghai-Tibet-Hochebene und das mongolische Plateau liegen größtenteils über der Baumgrenze und sind relativ trocken. Weil es sich um Plateaus handelt, erhalten sie keine sommerlichen Abflüsse von hochgelegenen Schneefeldern. Außerdem wurden sie stetig durch die jahreszeitlichen Monsunregen erodiert. Für den Ursprung des Apfels spielen von den drei Regionen allerdings nur die östliche Monsunregion und die nordwestliche Trockenregion, zu der auch der Tian Shan gehört, eine Rolle.

Monsunregion

Die östliche Monsunregion ist geprägt von tropischem Monsunregenwald, der in subtropische immergrüne Laubwälder und weiter in die Laubwälder der gemäßigten Zone übergeht. Sie umfasst rund 47 Prozent von Zentralasien. Der Monsun, der vom warmen Wasser des Indischen Ozeans gespeist wird, ist für die Anfänge der Geschichte des Apfels entscheidend und spielt in der Region immer noch eine bedeutende Rolle. Der Einfluss des Monsuns reicht im Norden bis zum mongolischen Plateau. In dieser riesigen Monsunzone variiert die Windrichtung im Lauf des Jahres beträchtlich und die Niederschläge unterscheiden sich von Jahreszeit zu Jahreszeit:

> *«Die Menschen in Yunnan sagen, dass an einem Berghang gleichzeitig vier Jahreszeiten anzutreffen sind und dass über eine Entfernung von 5 Kilometer unterschiedliche Wetterbedingungen herrschen können.»* (Zhang et al. 1993)

Vor der Besiedlung durch den Menschen war Wald die vorherrschende Vegetation, der Rest war hauptsächlich Wüste und Steppe. Vom frühen Tertiär bis fast zu dessen Ende könnten sich diese Wälder, wie oben beschrieben, in einem durchgehenden Band von Europa nach Asien und über die Beringstraße nach Nordamerika erstreckt haben, bevor sie im Westen durch Gletscher und in Asien durch vorrückende Wüsten fragmentiert wurden (Tabelle 1).

Die weichen, fruchtbaren Böden der östlichen Monsunregion sind zum Teil aus enormen Lössablagerungen entstanden. Der Begriff Löss wurde in den 1870er-Jahren von Ferdinand Paul Wilhelm von Richthofen geprägt: Löss ist definiert als windverblasener siliziumreicher Staub mit einem Korndurchmesser von unter 0,06 Millimeter. Er wird über viele Monate des Jahres von der Mongolei, der Qinghai-Tibet-Hochebene und der Wüste Gobi verweht (Karte 5); seit 2,75 Millionen Jahren bedeckt er diese Region mit seinen Ablagerungen. In China liegen 440 000 Quadratkilometer unter Löss und die Schicht ist an manchen Stellen (beispielsweise in der Nähe von Lanzhou am Huang He oder Gelben Fluss) über 300 Meter dick. Der größte Teil dieser östlichen Monsunregion liegt auf weniger als 1000 Meter Höhe, oft sogar unter 500 Meter, mit vielen niedrig gelegenen Schwemmland- und lössbedeckten Ebenen.

Die Kombination von Löss und hohen Sommerniederschlägen macht das Gebiet für Landwirtschaft sehr gut geeignet.

Der Botaniker und Pflanzensammler Ernest Wilson beschrieb dieses riesige Gebiet, das einst von tropischen und gemäßigten Wäldern bedeckt war. Er bedauerte, dass das Gebiet zu Beginn des 20. Jahrhunderts bereits weitgehend seiner natürlichen Vegetation beraubt war. Auch Reginald Farrer bemerkte in *On the Eaves of the World* (1926), wo er von seinen Reisen im Jahr 1914 berichtete:

> *«Das Gesicht des südlichen und zentralen Kansu* [Gansu] *ist ein einziges Auf und Ab jener öden Lösshügel, bis der nach wilden Berglandschaften Jagende jeden Tag kränker wird vom Anblick dessen, was die unerschöpfliche Energie dieser chinesischen Ackerbauern angerichtet hat. Die ganze Welt haben sie für ihre Bedürfnisse bloßgelegt und nirgends Raum für Wildtiere oder Bäume gelassen.»*

Die gesamte Region, die durch die warme Luft und das Wasser des indischen Monsuns geschützt ist, blieb sowohl in der fernen als auch in der unmittelbaren Vergangenheit im Wesentlichen eisfrei, abgesehen von lokalen Gletscherausbreitungen im Himalaja und anderen Gebirgsregionen. Hingegen waren das nördliche Europa und Nordamerika nicht durch die in großen Wassermassen gespeicherte Wärme vor Kälte geschützt. Daher wurden sie bis vor rund 12 000 bis 10 000 Jahren immer wieder von Eis bedeckt. Die Existenz großer warmer Wassermassen im Süden behinderte das Vorrücken des Eises bis nach Zentralasien. Außerdem lag der indische Subkontinent in der Kreidezeit vor der Ostküste Afrikas, sodass sich südlich der asiatischen Landmasse ein noch größeres warmes Meer befand. Ebenso hielt die große Wassermasse des nördlichen Pazifiks das Eis zurück und ermöglichte von Zeit zu Zeit die Bildung einer Landbrücke zwischen Asien und Nordamerika – Beringia. Während der letzten Eiszeit gab es etwa 20 wärmere Zwischeneiszeiten, die letzte, heutige Warmzeit begann vor etwa 10 000 bis 12 000 Jahren.

Seit der letzten Eiszeit haben die Flora und Fauna Europas und Nordamerikas langsam die vom Eis geschliffenen Gebiete wiederbesiedelt (Willis 1996). Im Gegensatz dazu wurde die östliche Monsunregion von Südwestchina bis nach Zentralasien bis zur Ankunft des Menschen zu einem Rückzugs- und Brutgebiet für ein weites und sich ständig veränderndes Spektrum von Tieren und Pflanzen. Entsprechend gibt es in diesem Gebiet heute zehnmal so viele Pflanzenarten wie in Westeuropa. Es ist daher nicht verwunderlich, dass heimische Gärten ihre Pflanzen größtenteils insbesondere jenen Pflanzensammlern verdanken, die das heutige Zentralasien und China bereisten. Die einheimische, nacheiszeitliche nordeuropäische Flora trägt weniger dazu bei.

Tian Shan

Die nordwestliche Trockenregion umfasst mehrere verschiedene aride Gebiete. Für die Geschichte des Apfels ist jedoch nur der Tian Shan, übersetzt das «Himmelsgebirge», relevant. Die große Gebirgskette des Tian Shan erhob sich aus der zentralasiatischen Landmasse. Dann, vor etwa 2,75 Milliarden Jahren, im späten Pliozän oder möglicherweise auch früher, begannen sich Wüsten zu bilden (Tabelle 1). Der Tian Shan erstreckt sich über gut 1600 Kilometer von der autonomen Region Xinjiang im Westen Chinas bis nach Kasachstan, Kirgisistan, Tadschikistan und Usbekistan. Im Osten begrenzen die trockenen Becken des Tarim und des Junggar den Tian Shan. Er besteht aus mehr als 20 parallelen Bergrücken und Tälern, die ungefähr in Ost-West-Richtung verlaufen. Diese vorherrschende Ost-West-Ausrichtung ist wesentlich für unsere Hypothese zur Herkunft des Kultur-Apfels.

Der Tian Shan macht seinem Namen alle Ehre. Mit seinen zerklüfteten, glitzernden, schneebedeckten Gipfeln, bewaldeten Hängen und geschützten Hochweiden – im Frühling mit blühenden Zwiebelpflanzen und Obstbäumen, im Herbst mit einer Fülle an Früchten geschmückt – ist der Tian Shan das Inbild eines begünstigten, uralten Bergkönigreichs. In Alexander Borodins Oper *Fürst Igor* (um 1870) besingen die Polowetzer Tänzerinnen, Sklavinnen aus Kasachstan, ihre Heimat mit Leidenschaft und Trauer:

Die zerklüfteten Berge des Tian Shan von Norden, an der kasachisch-kirgisischen Grenze.
ABGEDRUCKT MIT FREUNDLICHER GENEHMIGUNG VON DR. HARTMUT BIELEFELDT.

«Fliege davon, mein Lied, auf den Flügeln des Windes, in mein teures Vaterland, wo die karmesinroten Rosen in den Tälern blühen und die Nachtigallen süß auf sonnenbeschienenen Weiden singen.»

Es scheint, als habe Borodin, der selbst nie näher an Kasachstan als an Moskau gewesen war, mit kasachischen Mädchen gesprochen, die Offiziere der kaiserlichen russischen Armee in die Hauptstadt mitgenommen hatten. Er entlehnte und adaptierte sowohl ihr Volkslied als auch ihre Erinnerungen an eine ferne Heimat für seine Musik.

Im Lauf der Zeit begannen die Wüsten den Tian Shan in fast allen Richtungen abzuriegeln. Eine allgemeine Bezeichnung für diese östlichen Wüsten ist Gobi. Das Wort Gobi ist der Eigenname des geografischen Gebiets und gleichzeitig verwenden die Mongolen den Begriff für eine bestimmte Kombination geografischer Merkmale, nämlich für ein weites, flaches Becken, das mit Sand, Kieselsteinen oder Schotter bedeckt ist. Die Gobi misst in der Nähe des 104. Längengrads fast 2000 Kilometer von Nord nach Süd und folgt 44° Nord. Im Osten reicht sie bis zum westlichen Hinggan-Gebirge. Sie erstreckt sich über die Wildnis des

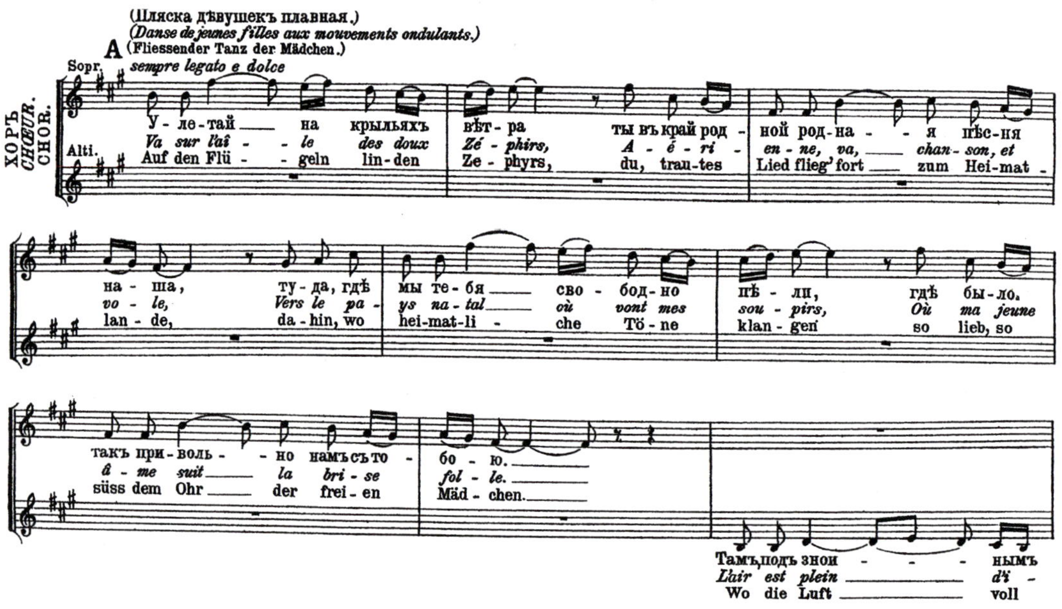

Die Melodie des Polowetzer Tanzes aus der Oper *Fürst Igor* von Alexander Borodin.

Quellen, die den Felsen des Tian Shan in Kirgisistan entspringen (September 2002).

Junggar-Beckens und die Wüsten von Xinjiang, die nur durch den bergigen und fruchtbaren Gürtel des Tian Shan voneinander getrennt sind. Somit reicht die Gobi vom Pamir in Tadschikistan im Westen bis zu den Grenzen der Mandschurei oder der Provinz Heilongjiang im Osten über etwa 5760 Kilometer.

Ein besonders bemerkenswertes Merkmal des Tian Shan ist die uneinheitliche und heterogene Landschaft mit sehr unterschiedlichen Pflanzen und vermutlich auch Tieren. Mehr als 200 Flüsse, darunter der spektakuläre Ili, entspringen der Gebirgskette. Sie fließen aber alle in interne Entwässerungsbecken. Die meisten Bergrücken liegen mehr als 3000 bis 4000 Meter über dem Meeresspiegel und überragen die Wüsten im Norden, Osten und Süden. Die höchsten Erhebungen sind der 7439 Meter hohe Dschengisch Tschokusu und der 7010 Meter hohe Khan Tengri. Im Westen fallen die Berghänge durch Usbekistan in die Wüste und die Steppengebiete Turkmenistans ab. An den nördlichen Hängen, die etwas vor der glühenden, erbarmungslosen Sommersonne geschützt sind, kann die durchschnittliche

Jahresniederschlagsmenge 400 bis 500 Millimeter erreichen. Hier und da tragen Flüsse, Seen und oberflächennahe Grundwasserströme zur Wasserversorgung bei, was den Pflanzenpopulationen in der Umgebung zugutekommt. Solche lokalen Refugien könnten die sporadische Verbreitung der für unsere Hypothese zentralen Apfelart, *Malus domestica,* und ihre auffallend variable Häufigkeit beeinflusst haben.

Gebirgshebungen und massive tektonische Verwerfungen in der gesamten Tian-Shan-Region legen noch immer Gesteinsschichten frei, die gegen Erosion unterschiedlich beständig sind. In manchen Regionen bilden sich Schwemmfächer; die härteren Gesteine bleiben als Bergrücken oder Gipfel bestehen. Viele Teile des Gebirges heben sich bis zu 1,5 Zentimeter pro Jahr. Die gesamte Region ist kreuz und quer von unzähligen Verwerfungslinien durchzogen, die fast alle aktiv sind (Karte 5). Zur Vielfalt der Gesteins- und Bodenchemie trug das Trockenfallen der Überreste des jurassischen Tethys-Meers bei, das den alten Superkontinent Pangäa teilte. Es

Salzablagerungen in der Steppe nordöstlich von Almaty in Kasachstan (September 1999).

erstreckte sich vom heutigen Großbritannien bis nach Zentralchina und hinterließ lokale Ablagerungen von Calciumcarbonat und Salz.

Durch die tektonischen Bewegungen wurde die Landoberfläche der Region nördlich und westlich der Indischen Platte über einen beträchtlichen Zeitraum bis heute deformiert. Dabei gelangten die unterschiedlichsten alten Gesteine an die Oberfläche, neue Schluchten, Steilhänge und Höhlen entstanden, Entwässerungsmuster veränderten sich, frischer Boden wurde freigelegt und die vorhandene Vegetationsdecke zerstört. Das mongolische Plateau und die Qinghai-Tibet-Hochebene wurden dagegen mehr oder weniger ganz als Tafeln angehoben und erfuhren keine oder nur geringfügige Verwindungen und Brüche.

Da die Böden der unteren Hänge der Gebirgsketten, insbesondere die des Tian Shan, ständig neu modelliert wurden, sind sie zumindest lokal sehr fruchtbar geblieben. Insbesondere die schillernden Gipfel des Tian Shan haben, da sie nie vergletschert waren, ihre zerklüfteten Konturen behalten. In der Tat sehen sie wie Berge auf Kinderbildern aus. Andernorts begannen sich die Gletscher vor rund 700 Millionen Jahren über Nord- und Westeuropa und Nordamerika auszubreiten (Tabelle 1). Die Vergletscherung war maßgeblich an der Zerstörung, aber auch an der Verlagerung und Ausbreitung vieler Pflanzen und Tiere in Asien und über die heutige Beringstraße von und nach Nordamerika beteiligt.

In den uralten und vielschichtigen Ablagerungen des Tian Shan haben ober- und unterirdische Bäche, die das ganze Jahr über fließen und von den ausgedehnten Schneedecken genährt werden, große Kanallabyrinthe ausgewaschen. Wenn die Felsen unter dem Druck der tektonischen Bewegungen auseinanderbrechen, werden Höhlen und Tunnel freigelegt, was oft das Bild eines geologischen Gruyère-Käses ergibt. Die Erosion hinterlässt einerseits senkrechte Klippen aus hartem weißem Kalkstein und andererseits Halden aus weichem Sand oder losem Gesteinsschutt, die langsam von Waldvegetation besiedelt werden. Erdrutsche waren und sind häufig. Die Menschen dort können sich erinnern, dass die Begrenzung natürlicher Bergseen wegbrach und Tausende von Quadratkilometern überschwemmt wurden. Ganze Städte, Ackerland und Vegetation wurden weggespült und Überschwemmungsebenen für eine Neuentwicklung entstanden. Gemessen an Maßstäben etwa des geologisch ruhigen Mitteleuropas ist dies keine komfortable Region, aber sie ist auf Schritt und Tritt und zu jeder Jahreszeit optisch atemberaubend und dynamisch.

Fauna und Flora vieler Regionen der Erde sind aus den dargestellten Gründen erstaunlich verarmt. Die Form der Kontinente und die Hindernisse für die Wanderungsbewegungen scheinen weitgehend für die überraschenden Anomalien in der Verbreitung der Organismen verantwortlich zu sein. In Westeuropa löschte der große skandinavische Eisschild, der in Richtung

Alpen vordrang, das Pflanzenleben fast vollständig aus, mit Ausnahme der Flora des heutigen Südwestirlands, Südwestspaniens, Südportugals, des südlichen Balkans und Südgriechenlands. Durch das Mittelmeer an der Weiterwanderung nach Süden gehindert, starben viele an das gemäßigte Klima angepasste und Wärme liebende Arten in Europa aus und konnten, außer durch Wiederansiedlung durch den Menschen, die Region nie wieder besiedeln.

In Ostasien jedoch konnten sich die an das gemäßigte Klima angepassten und empfindlichen Pflanzen des Tertiärs mit von Norden zunehmender Kälte ohne ernsthafte Hindernisse nach Süden zurückziehen und die Gebiete später wieder besiedeln. In der kasachisch-usbekischen Region waren Nutzpflanzen beziehungsweise deren Vorfahren immer noch vorhanden, was den Anreiz dazu gab, dort Pferde zu domestizieren. Gleichzeitig milderte der starke Einfluss des Monsuns das kontinentale Klima bis zu einem gewissen Grad. So konnten Zentral- und Ostasien über viele Millionen Jahre in der Schlüsselperiode der Evolution der Blütenpflanzen, das heißt, ab etwa 100 Millionen Jahren, einen Reichtum an Pflanzen bewahren und neu entwickeln, der Westeuropa und Nordamerika verwehrt blieb.

Frisch freigelegte Kalksteinfelsen mit Höhlen in den Bergen des Tian Shan nördlich von Jalal-Abad, Kirgisistan, im September 2001. Am Fuß dieser Felswände entsteht neuer Wald.

Bei einem Gletschervorstoß werden riesige Wassermengen im Eis gebunden, ein Gletscherrückgang hat den gegenteiligen Effekt. Dadurch ändern sich die Grenzen der Kontinente, die Ausdehnung bzw. Existenz von Binnenmeeren oder großer Seen. Man schätzt, dass der Meeresspiegel während der Vereisungszyklen um bis zu 150 Meter schwankte. Außerdem wäre es nicht richtig, anzunehmen, dass mit dem Beginn der Vereisung an der Grenze zwischen Tertiär und Quartär überall Gletscher vorhanden waren. Das Quartär ist durch Schwankungen in der Ausdehnung des Landeises auf der Nordhalbkugel gekennzeichnet. Es scheint etwa 20 kurze Zwischeneiszeiten gegeben zu haben, alle 100 000 bis 200 000 Jahre eine. Die letzten 160 000 Jahre des Quartärs umfassen den letzten vollständigen Zyklus von Gletschervorstoß und -rückgang. Im Pleistozän vor etwa 120 000 Jahren scheint es dann eine besonders warme Periode gegeben zu haben.

Obwohl das große Gebiet Zentralasien seit dem Ende der letzten Eiszeit zunehmend austrocknete, gab es zumindest kurze feuchtere Phasen. Eine Analyse von bakterienbedingten Änderungen im Mangangehalt des Wüstenlacks deutet darauf hin, dass es in der Gobi zwei Feuchtperioden gegeben haben könnte, die vor etwa 3000 und 8000 Jahren begannen (Zhou et al. 2000). Diese Schwankungen, die zu Veränderungen in der Höhenausdehnung des Fruchtwalds im Tian Shan führten, trugen zur Entwicklung des Kultur-Apfels bei.

Kapitel 2

Ursprung des Apfels

Nikolay Vavilov argumentierte, dass der Kultur-Apfel in Kasachstan entstand, wo die Wildapfelpopulationen sich in Baumform, Blütenfarbe, Fruchtgröße, -farbe, -textur und -geschmack deutlich unterscheiden. Der wilde *Malus sieversii*, der Stammvater von *M. domestica*, entwickelte sich vermutlich aus einer von Vögeln verbreiteten Art, die dem heutigen Beeren- oder Kirsch-Apfel, *M. baccata*, ähnelt. Drei Hypothesen werden vorgestellt, um zu erklären, wie der Wildapfel in den Fruchtwald von Tian Shan gelangte, wo er heute in seiner größten Vielfalt wächst. Als Hauptverbreiter dort erwiesen sich Bären und Pferde.

Mit bemerkenswerter Weitsicht schlug Nikolay Vavilov (1887–1943) vor, dass Wildapfelarten Turkistans (das heutige Turkmenistan, Usbekistan, Kirgisistan, Tadschikistan, südliche Kasachstan, westliche China und nordöstliche Afghanistan) die Vorfahren des Kulturapfels waren. Er verfolgte den gesamten Prozess der Kultivierung des Apfels bis nach Almaty in Kasachstan (siehe Nabhan 2009: 113ff). Da die Früchte der dortigen Wildäpfel denen des Kultur-Apfels ähnelten, schlussfolgerte Vavilov, dass diese Äpfel die wesentlichen Urformen gewesen sein müssen. Seine Ausführungen enthalten jedoch viele Mutmaßungen und nur wenige echte Fakten.

Neuere Feldforschungen in der Region (Forsline et al. 1994, 2003, Forsline 1995, van Soest et al. 1998, Juniper et al. 1999, Luby et al. 2001, Zhou & Li 2000, Robinson et al. 2001, Harris et al. 2002) scheinen die von Vavilov vermutete sehr große Ähnlichkeit zwischen dem als *Malus sieversii* bekannten Wildapfel und dem Kultur-Apfel zu bestätigen, obwohl Vavilov selbst andeutete, dass es zu Hybridisierung gekommen sein könnte. Gemäß Janick ist «*dieses Gebiet, dass wir heute als Innerasien und Teil von Zentralasien ansehen, das Gebiet mit der größten Diversität und das Ursprungszentrum*» des domestizierten Apfels (Janick et al. 1996, Janick 2003). Ähnlich drückt es Vavilov in seiner stark vereinfachten und viel kritisierten Theorie aus, dass das Zentrum der Diversität einer Art der Ort ihres Ursprungs ist (Harlan 1992). Für die Gattung *Malus* bedeutet das, dass das Gebiet mit der größten Artendiversität in Zentral- und Südchina liegt (Karte 3).

«Adam und Eva» von Lucas Cranach dem Älteren (1472–1553).

Malus domestica und seine Verwandten

Der zentralasiatische Wildapfel ist eine überraschend diverse Art mit einem breiten Spektrum an Baumformen, Blütenfarben und Fruchtgrößen, -farben, -texturen und -geschmack (Way et al. 1990, Zhou 1999, Geibel et al. 2000, Fayers 2002: Abb. 3/6). Darüber hinaus ist seine genetische Diversität, gemessen an den Unterschieden in der Struktur der Enzyme einzelner Pflanzen, deutlich größer als die der vier weit verbreiteten nordamerikanischen Wildapfelarten (Dickson et al. 1991, Lamboy et al. 1996).

Malus domestica und *M. sieversii* sind nahe verwandt mit zwei Apfelarten, die kleinere, einheitlicher geformte Früchte haben und sich zudem durch ihr normales Endosperm von ihnen unterscheiden. *Malus baccata,* der Beeren- oder Kirsch-Apfel, hat kleine rote Früchte, die Anfang September reifen und in Büscheln hängen. Die Samen werden von Vögeln verbreitet. Früchte, deren Samen durch Vögel verbreitet werden, hängen in der Regel an langen, flexiblen Stielen. Da sich die Früchte im Wind bewegen, werden sie von Vögeln, die solche

***Malus baccata,* ein durch Vögel verbreiteter Apfel.**
AQUARELL VON ROSEMARY WISE.

Bewegungen gut wahrnehmen, besonders angeflogen. Die Früchte des Kultur-Apfels hingegen hängen an steifen, kurzen Stielen, die selbst vom stärksten Sturm wenig bewegt werden. In dieser Hinsicht scheint die zweite verwandte Art, *Malus kirghisorum* (siehe Abbildung auf Seite 10), zwischen *M. baccata* und *M. domestica* (siehe Abbildungen auf den Seiten 9 und 42) zu stehen. Populationen eines oder möglicherweise mehrerer dieser durch Vögel verbreiteten Apfelarten wurden eventuell lokal isoliert, als der Tian Shan durch den nordwärts wandernden indischen Subkontinent nach oben geschoben wurde und begann, sich aus dem Tethys-Meer zu erheben.

Die Arten der Sektion *Malus* (siehe Anhang) sind offensichtlich die wichtigsten für das Verständnis des Ursprungs des Kultur-Apfels. Allerdings ist die Taxonomie der Arten in der Sektion *Malus* komplex. Die Artabgrenzung ist schwierig, da es nur wenige eigenständige morphologische und anatomische Merkmale gibt, die klar unterschieden werden können, was die Erforschung der Herkunft der Äpfel behindert hat (Rohrer et al. 1994). Solche Probleme führten zu der Aussage, dass es zwecklos sei, anhand der noch lebenden Pflanzen auf das Gebiet zu schließen, in dem die Kultivierung des Apfels begann (Zohary & Hopf 2000). Die Revolution der molekularen Systematik ermöglicht es unterdessen jedoch, konsistente und eindeutige Merkmale für die taxonomische Analyse zu gewinnen.

DNA-Beweise

Zum großen Teil beruht Genetik, die klassische wie die molekulare, auf Fehlern: den Mutationen. Wäre die Replikation der genetischen Information in Raum und Zeit immer perfekt, gäbe es keine Evolution. Mutationen gehören zu den wichtigen Motoren der Evolution. Sie können daher verwandtschaftliche Beziehungen aufzeigen und zur Identifizierung verwendet werden. Der genetische Fingerabdruck, eine von vielen Techniken, die dem Molekulargenetiker heute zur Verfügung stehen, kann nicht nur bei der Identifizierung von verwandten Arten, sondern beispielsweise auch in der Kriminaltechnik mit sehr hoher Wahrscheinlichkeit feststellen, ob ein Verdächtiger am Tatort war oder nicht.

Pflanzen tragen in jeder Zelle drei DNA-Typen, die einzeln oder in Kombination dazu verwendet werden können, anhand ihrer Mutationen Verwandtschaftsbeziehungen aufzudecken: nukleäre DNA oder Kern-DNA (nDNA), Chloroplasten-DNA (cpDNA) und mitochondriale DNA (mtDNA) (die letzten beiden bilden zusammen die cytoplasmatische DNA). Die DNA enthält molekulare Marker, die von den Eltern an die Nachkommen weitergegeben werden und wichtige Hinweise bezüglich des Ursprungs von Kulturpflanzen liefern. Gut untersuchte Beispiele sind Bohnen (Bitocchi et al. 2012), Kartoffeln (Spooner et al. 2005), Maniok (Isendahl 2011) und Zitruspflanzen (Wu et al. 2014).

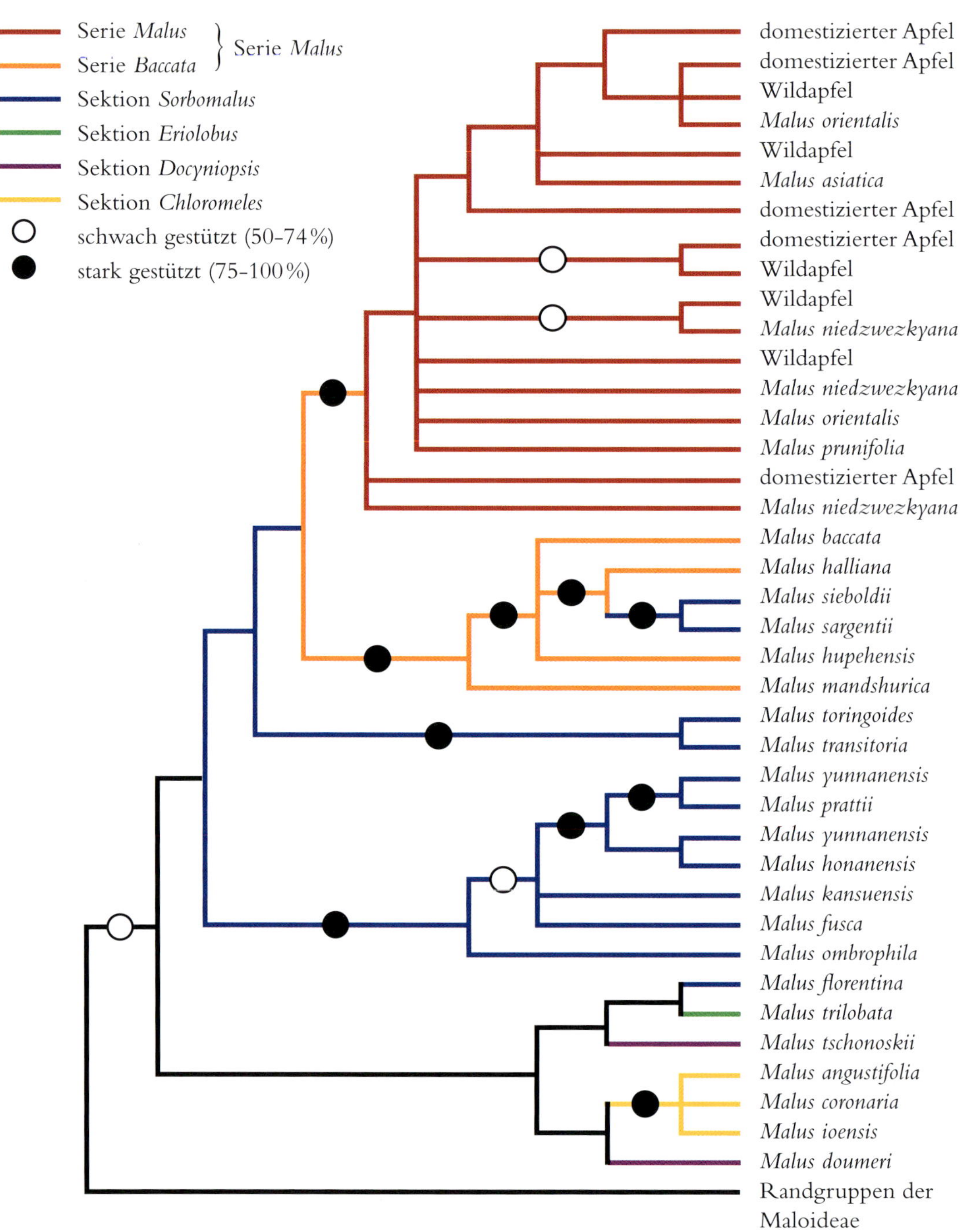

Phylogenetischer Stammbaum. Eine Version dieser Abbildung erschien erstmals in Harris et al. 2002 (für diese Ausgabe auf Deutsch übersetzt).

Die cpDNA liefert Informationen über die evolutionären Beziehungen der mütterlichen Linie, da die Chloroplasten über die Eizellen (in den Samenanlagen) an die nächste Generation weitergegeben werden und nicht über die Spermien (aus den Pollen). Bei *Malus* werden die Chloroplasten und auch die Mitochondrien ausschließlich in der weiblichen Linie weitergeben, was nicht unbedingt für alle Pflanzen gilt (Ishikawa et al. 1992). Die nDNA, die von beiden Eltern in mehr oder weniger gleichen Mengen vererbt wird, liefert weitere Daten, die in Kombination mit der cpDNA Aufschluss über den Ursprung der domestizierten Äpfel geben können. Man geht davon aus, dass Hybridisierung und Introgression (der Genfluss zwischen genetisch unterschiedlichen Gruppen durch Hybridisierung und Rückkreuzung) bei der Entwicklung der domestizierten Apfelsorten eine Rolle spielten. Daher ist es wichtig, möglichst alte Sorten zu verwenden, um die frühesten Ursprünge des domestizierten Apfels molekulargenetisch zu bestimmen.

In einer Studie an Äpfeln aus der gesamten Gattung *Malus* lieferte matK, eine cpDNA-codierte Region von rund 1800 Basenpaaren Länge (von denen 1341 sequenziert wurden), lediglich 16 phylogenetisch informative Merkmale, das heißt, Fehler im Code, die Hinweise auf Evolutionslinien geben können. Bis zu einem gewissen Grad kann das Wissen über die Fehlerwahrscheinlichkeit und die Art, in der Basenpaare vertauscht werden, Aufschluss über die Richtung der Entwicklung und über deren zeitlichen Ablauf geben. Die Daten aus dieser Studie lieferten jedoch keine eindeutigen Hinweise auf die Richtung der Evolution im phylogenetischen Stammbaum. Aber es wurden 39 Basenpaare vom 3‘-Ende (das Ende der Sequenz, von dem aus der Code abgelesen wird) der matK-codierenden Region entfernt zwei Duplikationen gefunden (Robinson et al. 2001, Harris et al. 2002).

Eine Duplikation ist eine Region des Gens, die entweder genau (perfekte Duplikation) oder ungenau (imperfekte Duplikation) repliziert wird. Beide Formen von Duplikationen können für die Klärung evolutionärer Stammbäume wertvoll sein. Bei «Duplikation 1» handelt es sich um eine unvollkommene, acht Basenpaare lange Duplikation, die sich in der Codierung des Thymin-Rests unterscheidet und bei *Malus*-Arten aus den Sektionen *Malus* und *Sorbomalus* vorkommt. «Duplikation 2» ist perfekt und 18 Basenpaare lang; sie kommt sowohl im zentralasiatischen Wildapfel als auch im domestizierten Apfel vor. Dies deutet darauf hin, dass der asiatische Wildapfel der wichtigste mütterliche Beitrag zum domestizierten Apfel sein könnte (Watkins 1995).

Ergebnisse von DNA-Sequenzanalysen vollständiger Kerngenome von Arten der Sektion *Malus* stützen ebenfalls die Hypothese, dass der domestizierte Apfel seinen Ursprung in *M. sieversii* hat (Velasco et al. 2010, Micheletti et al. 2011). Coart et al. (2006) untersuchten die Verteilungen von Mutationen in der cpDNA und argumentierten, dass der europäische Holz-Apfel

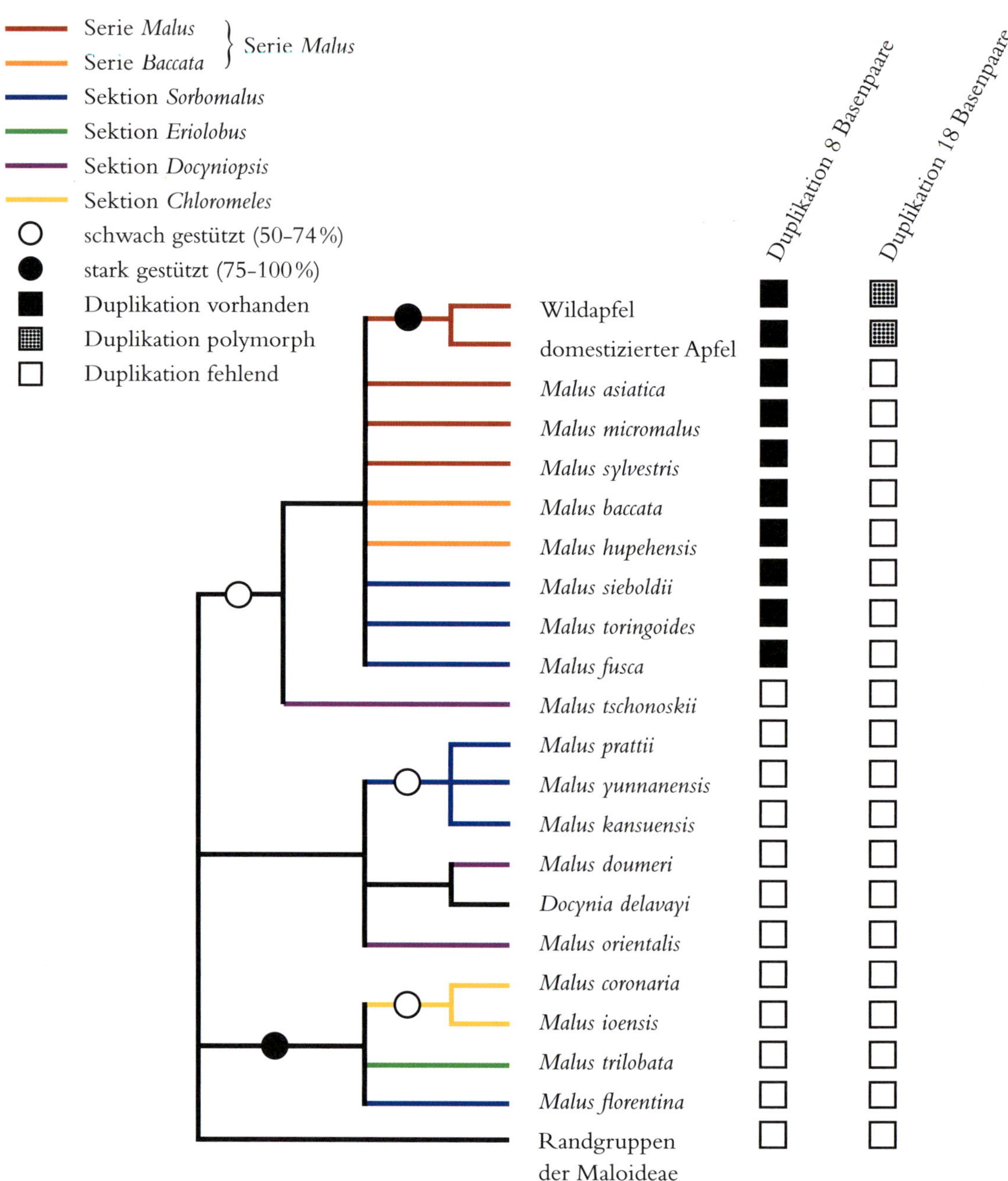

Phylogenetischer Stammbaum, basierend auf dem Vorhandensein von zwei Duplikationen, die 39 Basenpaare vom 3'-Ende der matK-codierenden Region entfernt liegen. Eine Version dieser Abbildung erschien erstmals in Harris et al. 2002 (für diese Ausgabe auf Deutsch übersetzt).

(M. sylvestris) zur mütterlichen Abstammung einiger moderner Apfelsorten, zum Beispiel 'Gala' und 'Golden Delicious', beigetragen haben könnte (Nikiforova et al. 2013). Aber es scheint nicht klar zu sein, ob, und wenn ja, welche morphologischen Merkmale von *M. sylvestris* in diesen Sorten zu finden sind. Nach Duan et al. (2017) ist die Introgression neueren Datums. Obwohl unseres Wissens bisher keine experimentellen Kreuzungen durchgeführt wurden, um diese Schussfolgerungen zu überprüfen, gibt es Hinweise darauf, dass natürliche Populationen von *M. sylvestris* im nördlichen Großbritannien, Deutschland und Luxemburg mit *M.-domestica*-Genen «kontaminiert» wurden, was die Reinheit von *M. sylvestris* dort bedroht (Wagner et al. 2014; Ruhsam et al. 2018).

Duan et al. (2017) argumentieren auch, dass Kreuzungen von *Malus baccata* und *M. sieversii* sowohl *M. asiatica* als auch *M. prunifolia* entstehen ließen, Äpfel, die seit Langem in China kultiviert werden. Allerdings gibt es auch hier keine experimentellen Kreuzungen, die dies belegen. Nichtsdestotrotz waren *M.-baccata*-Kreuzungen in jüngerer Zeit sicherlich an der Entstehung einiger nordamerikanischer Apfelsorten beteiligt (N. Howard, pers. Mitt. April 2018). Außerdem könnten bestimmte nordamerikanische Apfelsorten, wie zum Beispiel 'Maypole', vom Kronen-Apfel *(M. coronaria),* aus den östlichen Vereinigten Staaten abstammen. Solche Hybriden werden als *M.* × *heterophylla* bezeichnet und waren insbesondere in den amerikanischen Zuchtprogrammen für die Erzeugung einer kleinen Anzahl neuer Sorten wie 'Santana' mit wirtschaftlich wichtigen Merkmalen von Bedeutung.

Andere Hinweise von Sorten

Viele Tausend Apfelsorten werden als Tafelapfel, Kochapfel und für die Herstellung von Cider verwendet. Diese Sorten werden seit Hunderten von Jahren in Europa, Asien, Nordamerika und seit Kurzem auch auf der Südhalbkugel vegetativ vermehrt. In Großbritannien soll es rund 2500 Sorten geben, davon allein 2138 in Brogdale in Kent, wo sich die National Fruit Collection befindet. Eine ähnliche Anzahl könnte es in den USA und Kanada geben; wahrscheinlich umfasst die Apfelsammlung in Geneva, New York, in der Nähe der Cornell University mehr als 2500 Sorten (Way 1976, Forsline et al. 2003, Volk et al. 2015). Auf dem Gebiet der ehemaligen Sowjetunion gibt es möglicherweise bis zu 6000 Sorten. Insgesamt existieren auf der Welt wahrscheinlich bis zu 20 000 benannte Sorten. Die meisten werden ebenso wie Wildarten in nationalen Sammlungen als genetische Ressourcen für die Züchtung erhalten, insbesondere als Quellen für Resistenzen gegen Apfelschorf (verursacht durch den Schlauchpilz *Venturia inaequalis*; Manganaris et al. 1994), Echten Mehltau (den Schlauchpilz *Podosphaera leucotricha*) und bakteriellen Feuerbrand *(Erwinia amylovora).* Mit umfangreichen Programmen, die sowohl konventionelle Methoden der Pflanzenzüchtung als auch Gentechnik nutzen, wird versucht, diese Krankheiten zu bekämpfen (Geibel et al. 2000, Lespinasse & Aldwinckle 2000, Norelli & Aldwinckle 2000, Luby et al. 2001, Ko et al. 2002, Ferree & Warrington 2003).

Mit alten etablierten Obstgärten und Apfelsammlungen hat es das Schicksal nicht gut gemeint. In der berühmten Baumschule und großen Baumsammlung von Simon Louis-Frères (1896) in der Nähe von Metz in Frankreich wurden viele alte Sorten gezogen, viele Apfelsorten und andere Obst- und Zierpflanzen stammen von hier. Leider geriet sie im Ersten Weltkrieg zwischen die Fronten der alliierten und deutschen Truppen und wurde zerstört. Im Zweiten Weltkrieg wurde die letzte große Panzerschlacht zwischen der Roten Armee und der Wehrmacht im Juli 1943 im Apfel- und Obstanbaugebiet in der Region Kursk im europäischen Teil Russlands ausgetragen. Darüber hinaus wurde die Mendelsche Vererbungslehre in der Sowjetunion abgelehnt und Trofim Lysenkos bizarre Vererbungstheorien, die von Stalin unterstützt wurden, lähmten die Genetik und Pflanzenzucht in der Sowjetunion von den späten 1930er- bis in die 1950er-Jahre hinein. Sie trugen zu einer weit verbreiteten Nahrungsmittelknappheit bei und führten zur Entlassung oder durch medizinische Vernachlässigung sogar zum Tod vieler Genetiker (darunter ein Held der Geschichte des Apfels, Nikolay Vavilov). Genetiklabore wurden geschlossen, Obst- und Getreidesammlungen aufgelöst und zerstört (Harman 2004). Viele dieser Sammlungen und Obstgärten hatte Vavilov in der ersten Hälfte des 20. Jahrhunderts angelegt. Auch Maos Rote Garden zerstörten Aufzeichnungen und Bibliotheken in den Jahren 1966 bis 1976, was den Gartenbau in China nicht eben beförderte.

Wie bei den Wildarten ist auch die Taxonomie der Apfelsorten problematisch, unter anderem aufgrund von umwelt- und entwicklungsbedingten Variationen und der begrenzten Zahl morphologischer und chemischer Merkmale, anhand derer eine Unterscheidung möglich ist (Rohrer et al. 1994, Watkins 1995). Darüber hinaus unterlaufen zunehmende Sammlungsgrößen, steigende Betriebskosten und sinkende Budgets das Ziel einer reichhaltigen und leicht zu nutzenden Sammlung ohne Redundanzen. Das macht molekulargenetische Marker potenziell wertvoll: Sie helfen, Duplikate zu identifizieren (und Sortensynonyme zu erkennen), falsch bestimmte Pflanzen korrekt zu benennen und Sammlungen zu verkleinern, ohne die genetische Variation zu verringern (Nybom et al. 1990, Savolainen et al. 1995, Noiton & Alspach 1996, Wünsch & Hormaza 2002).

Zu den molekularen Markern, die einige Loci mit hohem Informationsgehalt identifizieren, gehören Mikrosatelliten oder SSR (Simple Sequence Repeats; Guilford et al. 1997). Beispielsweise konnten mithilfe von SSR die Sorten 'Golden Delicious', 'Jonathan', 'Red Delicious' und 'Rome Beauty' eindeutig unterschieden werden (Nybom 1990a, b, Nybom & Schaal 1990, Nybom et al. 1990). Acht Apfel-SSR (sieben Dinukleotid-Repeat-Loci und ein Trinukleotid-Repeat-Locus) wurden verwendet, um Genotypen im Kernbestand einer Sammlung von

66 domestizierten Apfelsorten zu identifizieren (Szewc-McFadden et al. 1995, 1996, Hokanson et al. 1998). Bis auf sieben Paare von Akzessionen (fünf davon mit einer Mutation oder einem Vorläufer) konnten alle 2145 möglichen paarweisen Sortenkombinationen unterschieden werden. Die Wahrscheinlichkeit, dass zwei beliebige Genotypen an einem Locus zufällig übereinstimmen, lag in dieser Studie zwischen 0,027 und 0,970 und sank bei Vergleichen an multiplen Loci (mehrere Positionen auf einem Chromosom) auf $0{,}56 \times 10^{-8}$. Aktuelle Untersuchungen mit neueren Methoden werden sich bei der Entschlüsselung der Abstammung moderner Sorten vermutlich als effizienter erweisen.

Kleinere Studien an Apfelsorten haben bereits zwei cpDNA-Mutationen identifiziert, die zusammengenommen Hinweise auf den Mehrfachursprung der mütterlichen Komponente des kultivierten Apfels liefern – was nicht überrascht, da Apfelsorten fast ausschließlich vegetativ vermehrt werden. Eine Untersuchung an 40 Sorten zeigte, dass sie in zwei cpDNA-Haplotypen (einzigartige Kombinationen von genetischen Markern in einem einelterlich vererbten Genom) aufgeteilt werden können, abhängig von einer Cytosin-Thymin-Transition an Position 17 des atpB–rbcL-Spacers (Savolainen et al. 1995). In ähnlicher Weise zeigte eine Studie an neun Sorten, dass sie auf der Basis des Auftretens einer 18-Basenpaar-Duplikation in der matK-3‘ trnK-Spacer-Region in zwei Gruppen eingeteilt werden können (Robinson & Harris 2000). Die Duplikation wurde nur im domestizierten Apfel gefunden und in einem zentralasiatischen Wildapfel, den B. E. J. in Usbekistan gesammelt hatte. Da die Ziele dieser beiden Studien unterschiedlich waren, wurden leider keine komplementären Sorten einbezogen. Die Kombination der beiden Marker in einer Studie könnte es jedoch ermöglichen, die wichtigsten Abstammungslinien bei Kultur- und Wildäpfeln zu identifizieren.

Vorläufige Schlussfolgerung zum Ursprung des Apfels

Die molekularen Daten zeigen, dass die Mitglieder der Sektion *Malus* (siehe Anhang), insbesondere der Wildapfel Zentralasiens, *M. sieversii,* bei der Entstehung des Kultur-Apfels von überragender Bedeutung waren. Bis heute ist die außerordentliche morphologische, biochemische und molekulare Variation innerhalb von *M. sieversii* nicht vollständig verstanden. In Anbetracht der großen, aber unterbrochenen Verbreitungsgebiete treten Untersuchungen alter Apfelsorten mithilfe hochvariabler molekularer Marker in den Vordergrund. Sie könnten eine umfassende taxonomische Darstellung der gesamten Gattung ermöglichen und zusätzliche Hinweise auf die menschliche Nutzung von Äpfeln in Zentralasien und im Nahen Osten liefern.

Wann und auf welchem Weg wanderten der oder die Vorläufer von *Malus domestica* in die aufsteigende Tian-Shan-Region ein? Wurden sie dort isoliert und an Ort und Stelle durch die Auswirkungen der Landmassenhebungen infolge der indischen Orogenese verändert? Aus den Hochburgen von *Malus*-Arten weiter im Osten und Süden und vielleicht entlang des Gansu-Korridors könnte eine Wildapfelart, die *M. baccata* ähnelt, gekommen sein. (Der Gansu-Korridor ist ein fruchtbarer Streifen am Fuß des gebirgigen Quilian Shan an der Grenze der Provinzen Qinghai und Gansu, der das mongolische Plateau und die Gobi von der Qinghai-Tibet-Hochebene trennt und nach Nordwesten in Richtung Tian Shan zieht; Karte 6.) Es ist jedoch unmöglich zu sagen, wann dies geschehen sein könnte, die Besiedlung kann zu einem beliebigen Zeitpunkt nach der Entstehung des Tian Shan bis vor etwa drei Millionen Jahren oder sogar noch vor Beginn der Vergletscherung erfolgt sein.

Man sollte nicht davon ausgehen, dass die Gattung *Malus* der einzige Wanderer war. Heute sind im Tian-Shan-Gebiet die meisten Früchte der gemäßigten Zone der nördlichen Hemisphäre vertreten, darunter Arten von Birne *(Pyrus)*, Eberesche *(Sorbus)*, Weißdorn *(Crataegus)*,

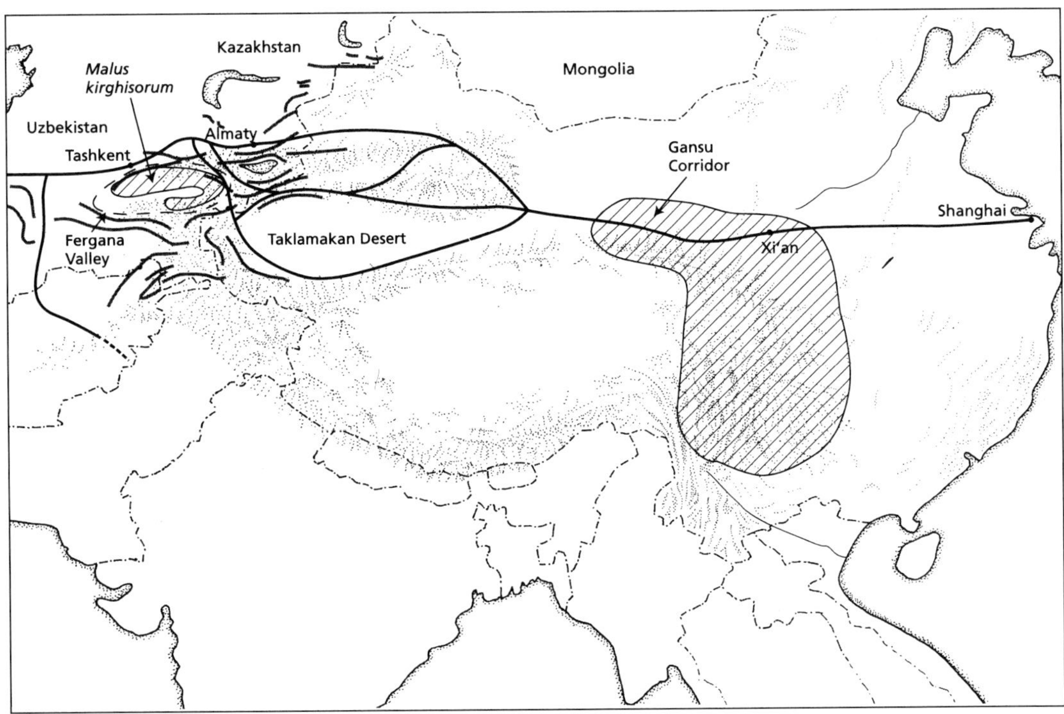

KARTE 6: Das große schraffierte Gebiet, das Xi'an und den Gansu-Korridor im Westen umfasst, ist das Gebiet mit hoher Konzentration an *Malus*-Arten. Das kleinere schraffierte Gebiet um das Fergana-Tal zeigt die Verbreitung von *M. kirghisorum* an. Es ist umgeben von Fruchtwaldgebieten mit *M. domestica*. Die ursprünglichen Wanderrouten der Tiere, die später zu den Ost-West-Handelswegen wurden, sind als durchgezogene Linien dargestellt. Man beachte, dass die Handelswege durch Regionen führen, in denen verschiedene Apfelarten vorkommen.

Zwergmispel *(Cotoneaster)* und Quitte *(Cydonia)*. Diese wachsen häufig neben Wildarten von Aprikose, Kirsche und Pflaume (*Prunus* – rund 40 wilde Obstbaumarten; Yang et al. 2003), kleinbeerigen Pflanzen wie Heidelbeere und Preiselbeere *(Vaccinium)*, Brom- und Himbeere *(Rubus)*, Johannisbeere *(Ribes)*, Weinrebe *(Vitis)* und Erdbeere *(Fragaria)*. Stellenweise kommen auch Holunder *(Sambucus)*, Maulbeere *(Morus)* und Sanddorn *(Hippophae)* sowie Mandel *(Prunus dulcis)*, Pistazie *(Pistacia)*, Hasel *(Corylus)* und Walnuss *(Juglans)* vor. Der Begriff «Fruchtwald» ist daher nicht schlecht gewählt. Es ist auch kein Wunder, dass der gesamte Tian Shan mit seinen Bergwiesen heute eine riesige kommerzielle Honigfabrik ist.

Wann, wie und mit welchem Vektor frühe Äpfel oder ihre Samen in den Fruchtwald des Tian Shan gelangt sein könnten, ist unbekannt. Es lassen sich aber drei Hypothesen formulieren. Der Tian Shan ist mindestens zehn bis zwölf Millionen Jahre alt, jung für ein Gebirge, und er hebt sich immer noch. Wie in Kapitel 1 erläutert, gibt es in diesen Bergen Gebiete, die sich innerhalb eines Jahres etwa 1,5 Zentimeter heben. Aufgrund der unzähligen Verwerfungslinien befindet sich die Region geologisch in ständigem Umbruch.

Hypothese 1: Irgendwo im heutigen Zentralchina vor etwa zehn bis zwölf Millionen Jahren muss es einen Urahn des Apfels gegeben haben, etwa im Gebiet um Xi'an, Shaanxi, vielleicht in dem großen Korridor des gemäßigten Tertiärwalds, und dieser war vermutlich weiter verbreitet als heute. Dieser Urapfel, der mit ziemlicher Sicherheit von Vögeln verbreitet wurde, könnte mit seiner nördlichen und westlichen Verbreitung bereits im günstigeren Klima der Tertiärwälder, die bis zum Tian Shan reichten, existiert haben. Als der Tian Shan sich hob, verlor dieser Urapfel sowohl in geophysikalischer als auch in evolutionärer Hinsicht den Kontakt zu seinen chinesischen, russischen und künftigen nordamerikanischen Verwandten. Stattdessen begann er seine einzigartige Entwicklung in einer geologisch aktiven Umgebung, durch Gletscher isoliert. Dies ist die Vikarianz-Hypothese.

Hypothese 2: Die Ausbreitungshypothese legt nahe, dass der Tian Shan erst sekundär durch einen oder mehrere Uräpfel besiedelt wurde, lange nachdem sich seine charakteristischen und geologischen und klimatischen Merkmale ausgebildet hatten. Vögel, insbesondere die Azurelster *(Cyanopica cyanus)*, verbreiten die Samen einiger der heutigen Äpfel (aber wahrscheinlich nicht die von Kultur-Äpfeln). Apfelsamen, die von Vögeln im Kropf oder an Füßen oder am Gefieder klebend transportiert werden, könnten hier und da entlang der Zugrouten abgelagert worden sein und auf diese Weise in entlegene und geeignete Lebensräume gelangt sein.

Hypothese 3: Die dritte Hypothese schließt die beiden anderen nicht aus, sondern ist eine Weiterentwicklung von Hypothese 1. Durch die Abfolge von Warm- und Eiszeiten erweiterten beziehungsweise verkleinerten sich die Verbreitungsgebiete von Pflanzen. Gleichzeitig hob sich der Tian Shan und wurde dabei deformiert. Dabei wurden die frühen Apfelpopulationen des Tian Shan in geografisch getrennten Lebensräumen isoliert. Als diese disjunkten Populationen wieder zusammenkamen (vielleicht mehr als einmal) und sich erneut kreuzten, wirkte die natürliche Selektion (Einflüsse von Klima, Boden etc.) auf ihre Nachkommen. Das gesamte Potenzial der Evolution kam in diesem kleinen Gebiet zum Tragen, allerdings über einen enormen Zeitraum hinweg. Dies ist die Refugien-Koaleszenz-Hypothese, die offenbar durch Erkenntnisse von Richards et al. (2009) über die Genotypen gestützt wird.

Unabhängig von den skizzierten möglichen Evolutionsmustern wäre der Urapfel, vielleicht über das Ili-Tal (Karte 5) in den aufsteigenden Tian Shan kommend, auf ein Kontinuum von Lebensräumen im Westen gestoßen. Aber im Osten versperrten hohe Gebirge die potenziellen Wanderrouten, auch wenn es wenige Samen über die hohen Gebirgspässe geschafft haben.

Wildpferde und Wildesel könnten Samen über ihren Kot oder an Hufen anhaftend verbreitet haben. Gelangten die Samen auf diese Weise nach Osten oder Süden, fanden sie in den sich ausbreitenden Wüsten Gobi und Taklamakan unwirtliche Bedingungen vor. Auch die trockene, salzige Turpan-Senke, die sich weit nach Norden, Osten und Süden erstreckt, bot schlechte Keimbedingungen. Lediglich im Westen hatte sich ein Tor geöffnet, das bis heute offengeblieben ist.

Der Fruchtwald

Die Apfelwildpopulationen erfasste 1793 der deutsch-russische Botaniker Johann (oder Ivan) Sievers auf seinen Reisen durch das gebirgige Khrebet Tarbagatay im südöstlichen Kasachstan (Karte 7). Hier finden sich immer noch kleine, aber inzwischen bedrohte Fruchtwälder. Sievers plötzlicher Tod verhinderte, dass er die Art, die er entdeckt hatte, selbst beschrieb. Erst 1830 benannte Carl Friedrich von Ledebour die Art zu Ehren von Sievers *Pyrus sieversii* und beschrieb sie in seiner *Flora Altaica* (die ein weites Gebiet einschließlich des äußersten Ostens von Kasachstan und Teile der Mongolei, Chinas und Russisch-Sibiriens abdeckt). Max Roemer stellte die Art schließlich in die Gattung *Malus*, daher der heutige Name *Malus sieversii* (Likhonos 1974).

Die Ursprünge von *Malus domestica* liegen in den Bergen Zentralasiens, vor allem im Tian Shan. Wildäpfel wachsen in den Wäldern, die als sehr alte, unvergletscherte, isolierte «Inseln» in den feuchtesten Regionen dieser Berge liegen. Eine lange Zeit der Isolation und heftiger natürlicher Selektionsdruck sind die einzigartigen Merkmale des Fruchtwalds, der im Tian Shan 47.30° Nord erreicht (Forsline 1995). An manchen Stellen überlappt das Verbreitungsgebiet mit dem des Beeren-Apfels, *M. baccata;* B. E. J. hat *M. baccata* bis 44.00° gesehen.

Nur wenige Reisende mit botanischen Kenntnissen durchquerten diese Regionen in früher geschichtlicher Zeit, darunter der chinesische Reisende und hohe Beamte Ye-lü Tch'u-tsai (1190–1244; manchmal Yeh-lü Ch'u-ts'ai oder Yelü Chucai geschrieben), der Dschingis Khan bei seinem Versuch, den Westen zu erobern, begleitete. Kriegsberichterstatter der Goldenen Horde zu sein, muss ein interessanter, aber riskanter Auftrag gewesen sein. Aber er überlebte und schrieb ein Buch über seine Reisen, *Si-yu-lu* (manchmal *Xi You Lu* geschrieben; dt. *Ein Bericht über eine Reise nach Westen;* eine Übersetzung einiger Passagen aus diesem Buch ist in Schuyler (1876) zu finden). Darin heißt es:

> *«Im darauffolgenden Jahr (1219) wurde eine große Armee aufgestellt und nach Westen in Marsch gesetzt. Der Weg führte durch den Kin-shan* [chinesisch Altai Shan oder östliches Ende des Tian Shan]. *Selbst im Hochsommer liegen in diesen Bergen Massen von Eis und Schnee. Die Armee, die diese Straße passierte, musste sich einen Weg durch das Eis bahnen. Die Kiefern und Lärchen* [wahrscheinlich Fichten und Tannen] *sind so hoch, dass sie den Himmel zu erreichen scheinen; die Täler (im Altai) sind alle reich an Gräsern und Blumen. Die Flüsse westlich des Kin-shan fließen alle nach Westen und münden schließlich in einen See* (Nor Zaisan [möglicherweise der heutige Balchaschsee]). *Südlich des Kin-shan liegt Bie-shi-ba (Bishbalik, Urumtsi* [Ürümqi]), *eine Stadt der Hui-hu (Mohammedaner, Uiguren). Es gibt eine Tafel aus der Zeit der T'ang-Dynastie …*
> *Nachdem man die Wüste durchquert hat, erreicht man in mehr als 1000 li* [etwa 500 km] *die Stadt Bu-la* [nicht identifiziert]. *Südlich dieser Stadt liegt der Berg Yin-Shan, der sich von Osten nach Westen 1000 li und von Norden nach Süden 200 li erstreckt. Auf dem Gipfel des Berges befindet sich ein See (Sairam Nor* [Sayram Hu]), *der einen Umfang von 70 oder 80 li hat. Das Land südlich des Sees ist mit Apfelbäumen bewachsen, die so dichte Wälder bilden, dass Sonnenstrahlen sie nicht durchdringen können. Nach Verlassen des Yin-Shan erreicht man die Stadt A-li-ma (Almalyk* [Almaty]*). Das westliche Volk nennt den Apfel a-li-ma (alma), und da alle Obstgärten rund um die Stadt reich an Apfelbäumen sind, erhielt die Stadt diesen Namen. Acht oder neun weitere Städte und Orte gehören zu A-li-ma. In diesem Land gibt es viele Weintrauben und Birnen. Die Menschen bauen die fünf Getreidesorten an, wie wir es in China tun. Westlich von A-li-ma befindet sich ein großer Fluss, der I-lie (Ili) genannt wird.»*

Diese Passage ist etwas schwierig zu interpretieren, nicht zuletzt wegen der vielen Änderungen der Ortsnamen. Aber es scheint, dass Dschingis Khan und seine Armee aus dem heutigen Xinjiang durch die heutige Stadt Ürümqi gezogen sind. Wenn man weiter spekuliert, nahm die Armee die «Straße des Nordens» (Kapitel 5), wo in der kalten Jahreszeit Eis und Schnee bis in tiefere Lagen alles bedeckten und den Pfad stellenweise sogar im Frühling oder Herbst versperrten. Die Stadt Bu-la kann heute nicht mehr identifiziert werden, aber der See Sayram Hu liegt etwa 100 Kilometer nördlich der heutigen Stadt Yining (das alte Kuldja) und unmittelbar östlich der russisch-chinesischen Grenze. Westlich von Almaty hatte die Armee nicht den Ili überquert, ein erhebliches Hindernis, sondern die Nebenflüsse dieses riesigen Flusssystems, die alle nach Norden und Westen in den heutigen Balchaschsee fließen. Heute gibt es südlich von Sayram Hu keine Fruchtwälder mehr, nur noch ein riesiges Gebiet mit intensiver Landwirtschaft. Die Obstgärten um Almaty könnten aus veredelten Obstbäumen bestanden haben, wahrscheinlicher ist jedoch, dass man Sämlinge von Bäumen auswählte und anpflanzte, die sich selbst versamt hatten und deren Fruchtqualität bekannt war. Aus Samen gezogene Bäume mit hervorragenden und lokal geschätzten Fruchteigenschaften sind auch heute noch in dieser Region zu finden.

Aus jüngerer Zeit existiert ein Bild, das dem ursprünglichen, intakten Fruchtwald sehr nahe kommen könnte. Dieses Bild entstammt dem aufschlussreichen Tagebuch von Paul Nazaroff (1993), einem Bergbauingenieur und Geologen, der unmittelbar nach der Revolution 1917 auf der Flucht vor der russischen Geheimpolizei, der gefürchteten Tscheka, Zuflucht in einem zentralasiatischen Fruchtwald suchte. Glücklicherweise war er ein sehr aufmerksamer Beobachter, breit interessiert und gut informiert. Nazaroffs Zufluchtsorte sind heute schwer zu lokalisieren, sie lagen irgendwo in der Nähe von Fergana, einem Verwaltungsbezirk des heutigen Usbekistan südöstlich von Taschkent. Er beschrieb später einen seiner am Hang gelegenen Lagerplätze als *«einen abgelegenen Ort in einem Tal eines der Nebenflüsse des Choktal* [Chatkal]*»:*

> *«Es ist schwer zu sagen, was der Ursprung dieser Fruchtwälder war. Walnussbäume sind in den Bergen Turkestans sehr weit verbreitet. Sie sind zweifellos Überbleibsel der riesigen Wälder, die das Land und die kirgisische Steppe im Pliozän fast bis zum Ural bedeckten. …*
> *Es ist nicht leicht, die Äpfel in diesen Wäldern zu erklären, denn seit Menschengedenken gab es dort, wo sie jetzt wachsen, keine Gärten. Ihre Früchte stehen den kultivierten Sorten im Geschmack in nichts nach. … Daraus kann man nur schließen, dass es sich um einen natürlichen Wildapfel handelt. Die Form der Früchte ist sehr unterschiedlich: klein und rund, länglich, braun, gelb und rot. Oft sind die Früchte viel zu sauer, um genießbar zu sein, manchmal aber auch süß und saftig, gar außergewöhnlich. … Einige reifen Ende Juni, andere im Juli und August und es gibt auch Wintersorten, die bis zum Frost an den Bäumen hängen. Diese sind voll im Geschmack.»*

Seit den frühen 1920er-Jahren sammelte das Ehepaar Mikhail Popov und Galina Popova, dessen Werk Vavilov ausführlich zitiert, im Gebiet von Chimgon oder Tchimgan (Popova & Popov 1925, Popov 1929). Chimgon liegt 80 Kilometer östlich von Taschkent an den nördlichen Hängen des Chatkalskiy Khrebet (Tschatkalgebirge). Das Ehepaar fand große Flächen mit Wildäpfeln und stellt fest, *«dass es dort keine zwei Apfelbäume gibt, die sich vollständig gleichen»*. Es ist interessant, dass sie den süßen Wildapfel des Tian Shan als *Pyrus malus* (heute *Malus domestica*) und nicht als *M. sieversii* bezeichneten. Vavilov schreibt in seinem Aufsatz von 1930:

> *«Nicht weit von Tashkent entfernt kann man ganze Wälder aus Wildäpfeln sehen. ... Die Wildäpfel im Kaukasus sind ziemlich klein, die Wildäpfel Turkestans dagegen, besonders die in Semiretschje, vergleichsweise groß. Die Hauptstadt heißt Alma-Ata, was «Stadt der Äpfel» bedeutet, da die gesamte Stadt von Wäldern aus Wildäpfeln umgeben ist. Wenn der Reisende die Grenzen des nördlichen Tian Shan überquert, kommt er über weite Strecken durch Wälder mit wilden Apfelbäumen. Einzelne Bäume tragen Früchte, die in ihrer Qualität den kultivierten Formen nicht nachstehen. Einige sind von erstaunlicher Größe und außergewöhnlicher Produktivität.»*

Später schrieb Vavilov (1992):

> *«Rund um die Stadt* [Almaty] *konnte man riesige Flächen mit Wildäpfeln sehen, die die Vorberge als Wald bedeckten. Im Gegensatz zu den sehr kleinen Wildäpfeln in den kaukasischen Bergen* [Kaukasus] *haben die kasachischen Wildäpfel sehr große Früchte und sie unterscheiden sich nicht von den kultivierten Sorten. Es war im Jahr 1929, am ersten September, die Äpfeln waren fast reif, da konnte man mit eigenen Augen sehen, dass dieser schöne Ort der Ursprung des Kulturapfels war.»*

Es ist heute schwierig, die Verbreitung der prähistorischen Äpfel zu rekonstruieren, da praktisch das gesamte Gebiet durch Abholzung, Landwirtschaft, Kriege und Urbanisierung zerstört wurde (siehe Nabhan 2009). Was sich aber abzeichnet, ist, dass die Äpfel, auch bevor der Mensch eingriff, nur sporadisch verbreitet waren. Die Ursachen für diese lückenhafte Verbreitung sind noch unklar, aber es lassen sich einige Vermutungen anstellen.

Heute sind Wildäpfel beschränkt auf wenige kleine intakte Wälder von höchstens einigen Hundert Hektar Fläche im Tian Shan, an der kasachisch-chinesischen Grenze und im gebirgigen Khrebet Karatau im südlichen Kasachstan. Hinzu kommen kleinere Wälder im Süden Kirgisistans. Westlich von Almaty ist nach den ethnischen Säuberungen unter Stalin und Chruschtschow und infolge der Umwandlung großer Flächen in landwirtschaftliche Nutzflächen nur noch wenig Fruchtwald übrig (Valikhanov in Akhmetov 1998). Es sind jedoch kleine intakte Flächen im Khrebet Tarbagatay im südlichen Kasachstan erhalten (Karten 6 und 7; Hokanson et al. 1997, 1999). Es existieren Fragmente gemischter Fruchtwälder mit Walnuss *(Juglans regia)* und gelegentlich *M. kirghisorum,* hauptsächlich in Kirgisistan. Diese Relikte zeigen die frühere Ausdehnung des Fruchtwalds und die Vielfalt der mit den süßen Wildäpfeln vergesellschafteten Baumarten. Pomarenko (1990) berichtete, dass er 1983 im zentralen Teil des Kopet-Dag fünf neue Standorte von *«M. sieversii turkmenorum»* entdeckte (Karte 9). Dieses Gebirge liegt westlich von Aşgabat in Turkmenistan, an der Grenze zum Iran und in der Nähe des Kaukasus. Dieses mögliche Verbreitungsgebiet vermerkte auch Vavilov (1930). Die Apfelhaine fanden sich in einer Höhe von 1600 bis 2000 Metern, weitere kleinere Bestände weiter südwestlich im

Zagros-Gebirge entlang der iranisch-irakischen Grenze werden vermutet. Aufgrund politischer Turbulenzen war eine eingehende Untersuchung dieser Gebiete bisher kaum möglich.

Gründlicher wurde der Fruchtwald in Kasachstan untersucht (Dzhangaliev et al. 2003). Dort sind Dsungarischer Alatau und Kopet-Dag die Hochburgen. Diese Gebiete liegen über oder in der Nähe großer Verwerfungslinien. Der Apfel kommt hier manchmal zusammen mit Granatapfel *(Punica granatum)* und Feige *(Ficus carica)* vor. Wahrscheinlich gab es auch im heutigen Xinjiang in China, im Ili-Tal und hinunter bis zur Stadt Ürümqi, beachtliche Fruchtwälder, aber davon ist heute nur noch wenig übrig. In all diesen Gebieten wachsen jedoch sporadisch und in sehr unterschiedlicher Häufigkeit süße Wildäpfel.

In den warmen Regionen des Pamir im südlichen Tadschikistan kommen süße Wildäpfel in Höhen von bis zu 3040 Meter vor (Ponomarenka 1990). Weiter nördlich jedoch begrenzen niedrigere Temperaturen das Vorkommen in größerer Höhe und im Khrebet Zailiyskiy Alatau, südlich von Almaty, ist die Höhengrenze schon bei etwa 1900 Metern erreicht. Allgemein scheint die Höhengrenze, mit vielen kleinen lokalen Abweichungen, bei 900 bis 1600 Metern zu liegen. Oberhalb 2700 Meter wachsen Fichten *(Picea schrenkiana)* und Tannen (*Abies sibirica* subsp. *semenovii*) und darüber bilden mehrere Arten von Wacholder *(Juniperus)* dichte Gebüsche bis zur Baumgrenze. Nur selten wachsen Apfelbäume in den höher gelegenen Fichten- und Tannenwäldern und nur sehr selten in der Nähe der Wacholderwälder.

Im westlichen Tian Shan kommt der Süßapfel hauptsächlich in den Walnusswäldern Kirgisistans vor, wo er zusammen mit *Juglans regia* bis in 2400 Meter Höhe wächst. Seine Verbreitung überschneidet sich auch mit der von *Malus kirghisorum*. Die Äpfel bilden Wälder zusammen mit Ahornen (*Acer platanoides* subsp. *turkestanicum* und *A. tataricum* subsp. *semenovii*), Eschen (*Fraxinus raibocarpa* und *F. sogdiana*), Zürgelbaum (*Celtis australis* subsp. *caucasica*), Birnen (*Pyrus bretschneideri, P. korshinskyi, P. turcomanica* und *P. × vavilovii*), mehreren Weißdornarten *(Crataegus)* und Kirschpflaume *(Prunus cerasifera),* aber nur gelegentlich mit Aprikose *(Prunus armeniaca).* Manchmal kommen auch Pistazie *(Pistacia vera),* Mandeln (*Prunus dulcis* und *P. ulmifolia*), Sanddorn *(Hippophae rhamnoides)* und Weinrebe *(Vitis vinifera)* vor. Hier und da finden sich kleine Pappelreinbestände *(Populus euphratica).*

Manchmal erreicht der wilde Süßapfel im Fruchtwald Dichten von bis zu 80 Prozent, aber oft wird er von Weißdornen (*Crataegus songarica* und *C. almaatensis*), Aprikosen und dem Ahorn *Acer tataricum* subsp. *semenovii* begleitet, was seinen Anteil verringert. Das Bemerkenswerteste ist die Vielfalt der begleitenden Baum- und Strauncharten. Im nordöstlichen Kasachstan und nordwestlichen China (Xinjiang) ist der wilde Süßapfel im Allgemeinen nicht nur mit der Aprikose, sondern auch mit Wildbirnen (*Pyrus* spp.) und Wildkirschen (*Prunus* spp.) vergesellschaftet.

Der Fruchtwald im Dsungarischen Alatau, Kasachstan.

Wilfried Thesiger (1979) sah kleine, offenbar natürliche Wälder mit immergrünen Eichen *(Quercus)*, Oliven- *(Olea europaea)* und Walnussbäumen bis nach Nuristan, der gebirgigen Provinz im Osten Afghanistans südlich des Hindukusch, und bis nach Badachschan im äußersten Nordosten des heutigen Afghanistans (Karte 7). Er verzeichnete jedoch keinen Wildapfel. Zudem gibt es Hinweise auf kleine Reliktwälder, die Überbleibsel der alten ausgedehnten Tertiärwälder sein könnten.

In einem kleinen Gebiet wächst der wilde Süßapfel zusammen mit *Malus kirghisorum*, hybridisiert mit diesem aber anscheinend selten. Es gibt auch Hinweise darauf, dass er in einem entlegenen Gebiet im Wakhan-Korridor im Nordosten Afghanistans zusammen mit Aprikose und Schwarzer Maulbeere *(Morus nigra)* wächst. Der einzige gemeinsame Faktor in diesem Fruchtmischwald, der sich mit Unterbrechungen von Ost nach West über mehr als 1600 Kilometer

Der Tian Shan in der Nähe des Sees Tian Chi in Xinjiang (China). Man beachte die Tian-Shan-Fichten *(Picea schrenkiana)*.
ABGEDRUCKT MIT FREUNDLICHER GENEHMIGUNG VON DR. ALAN WHITTEMORE.

und von Nord nach Süd über etwa 400 Kilometer erstreckt, scheint der Apfel zu sein. Eine solche Verbreitung zusammen mit so unterschiedlichen kodominanten Arten lässt vermuten, dass es sich in der für die Pflanzenevolution relativ günstigen heutigen Zeit um ein Wiederzusammenwachsen von Fruchtwaldgruppen handelt, die durch frühere Perioden mit ungünstigem Klima voneinander getrennt worden waren.

Die Mobilität des tropfenförmigen Apfelsamens, der den Darm von Pferd, Schwein oder Bär praktisch unbeschädigt passiert, trägt vermutlich zu seiner universellen und relativ schnellen Ausbreitung bei. Es scheint, dass andere Sträucher und Bäume mit anders geformten Samen sich meist langsamer ausbreiten.

Heute gibt es im Aman-Kutan-Naturreservat bei Urgut, Usbekistan, nur noch vereinzelte Bäume und in allen Höhenlagen findet intensive Beweidung statt. Auf der Nordseite des Fergana-Tals sind in der Nähe der Grenze der Nadelwaldzone einige wenige verstreute Apfelbäume zu finden. Bären sind in der Region immer noch anzutreffen und können durch Fruchtfraß im Herbst zur Ausbreitung der Samen beitragen. Selbst in manchen der speziellen Schutzgebiete stehen nur noch vereinzelte Bäume und es gibt wenige oder gar keine Anzeichen für Naturverjüngung. Aber in den degradierten Gebieten, in denen keine Rinder und

Schafe mehr weiden, beobachtete B. E. J., dass Apfelsämlinge wie Unkraut aus dem Boden schossen. Das Potenzial für die Wiederherstellung eines samenbasierten Fruchtwalds scheint noch immer vorhanden zu sein.

Ein internationales Team unter der Leitung von L. J. M. van Soest (1998, pers. Mitt. 2002) sammelte 1997 in Usbekistan flächendeckend. Sein Eindruck und der seines Sammlerteams war, dass keine natürlichen Fruchtwälder vorhanden waren (auch wenn kleine, zum Teil angelegte Obstgärten mit *Malus domestica* nicht ungewöhnlich waren). Wenn es in Usbekistan, wo seit langer Zeit Landwirtschaft betrieben wird, noch einen Fruchtwald gibt, muss dieser in einem sehr kleinen, isolierten, nach Norden ausgerichteten Tal liegen, fernab von Weide- und Sammelgebieten. Weit im Osten, in der Nähe von Almaty, Kasachstan, findet man überhaupt keine Wildapfelhaine, sondern nur einige wenige verstreute Exemplare. Die Wildaprikose jedoch, die intensive Beweidung etwas besser zu ertragen scheint, ist noch recht häufig.

Wie in Kapitel 1 erläutert, müssen Apfelsamen vom umgebenden Gewebe gelöst und Kälte ausgesetzt werden, manchmal bis zu 200 Tage lang, damit sie keimen können. Zudem müssen sie in irgendeiner Weise die Grasnarbe durchdringen. Das Überleben der Sämlinge hängt von einer Reihe weiterer Faktoren ab, darunter Lichtverhältnisse zur Zeit der Keimung, Klima, Nährstoffverfügbarkeit und Verbiss. Anders als die Samen des europäischen Holz-Apfels *(Malus sylvestris)* fallen die Samen der wilden Süßäpfel in den Bergen des Tian Shan normalerweise nicht auf Grasland, sondern werden entweder in der Nähe des Mutterbaums in schattiger, aber gemischter Waldvegetation oder an Waldwegen deponiert.

Im Tian Shan sah B. E. J. beträchtliche Flächen, die für Rinder, Schafe und Ziegen unzugänglich waren und wo Verjüngung durch Apfelsämlinge stattfand. In bestimmten Gebieten wurde jedoch festgestellt, dass sich der Apfel *«hauptsächlich durch Wurzelschösslinge die Berghänge hinauf und hinunter verbreitet. So bilden sich Haine mit bis zu 600 ausgewachsenen Bäumen»* (Alexander Sychov, pers. Mitt. 1998). Weder aus dem Dsungarischen Alatau, noch aus Xinjiang, Kirgisistan oder dem Walnusswald nordöstlich von Jalal-Abad sind solche sich vegetativ ausbreitenden Haine bekannt. Sie wurden auch von keiner der Expeditionen der Cornell University gemeldet (siehe Arbeiten von Aldwinckle, Forsline und Hokanson im Literaturverzeichnis).

Die merkwürdige Verbreitung wilder Süßäpfel hat zu der Vermutung geführt, dass die isolierten Vorkommen der Fruchtwälder durch menschliche Intervention entstanden sind. Es gibt jedoch keinen Hinweis darauf, dass es in diesen Hochtälern und an diesen steilen Felshängen in prähistorischer oder historischer Zeit nennenswerte menschliche Aktivitäten gab. Auch wenn es für diese Region kaum archäologische oder schriftliche Zeugnisse gibt, ist davon auszugehen, dass es für Nomaden mit ihren großen Herden von Weidetieren wie Pferden und Schafen wenig oder gar keinen Anreiz gab, sich in diese Hochtäler zu wagen. Nur gelegentliche Jäger auf der Jagd nach Wildschweinen, Hirschen oder Bären und Honigsammler drangen dorthin vor. Da sie in Jurten wohnten, hatten solche Gesellschaften kaum Bedarf am Holz der Fichten und Tannen der höher gelegenen Wälder. Für die Wollfilzjurte wird hauptsächlich Weidenholz verwendet, das problemlos an den Unterläufen der vielen Bäche und Flüsse, die an den Nordhängen des Tian Shan entspringen, gesammelt werden konnte.

Im Gegensatz zum europäischen Holz-Apfel, *Malus sylvestris,* wurde die Populationsstruktur des Fruchtwalds kaum untersucht. Nur wenige Bäume in natürlichen Lebensräumen wurden über längere Zeit beobachtet. Im Tian Shan wachsen viele Exemplare vielstämmig. Zumindest in Kultur können einige Bäume eine beträchtliche Höhe und ein beachtliches Alter erreichen, obwohl der Apfel im Vergleich zu vielen anderen Bäumen weder besonders groß noch besonders langlebig ist. Das größte Exemplar, das im Tian Shan beobachtet wurde, ist 16 Meter hoch. In Virginia dagegen erreichte ein aus einem Samen entstandener Apfelbaum eine Höhe von 20 Meter und einen Durchmesser von 3,6 Meter (de Witt 2000). Die meisten wild wachsenden Bäume im Tian Shan scheinen fünf bis acht Meter groß zu werden, wenige Exemplare sind über zehn Meter hoch und sehr selten findet sich ein herausragender Riese mit zwölf Metern. Kleinwüchsige Exemplare sind insbesondere auf ärmeren Böden nicht ungewöhnlich.

Sehr viele der im Westen angebauten Bäume haben ein Alter von 100 Jahren erreicht – der 'Bramley's Seedling', der bei Nottingham in England wächst, ist etwas 200 Jahre alt, trägt heute aber nur noch wenige Früchte und ist eindeutig überaltert (https://www.telegraph.co.uk/news/2017/10/18/first-ever-bramley-apple-tree-dying-now-university-has-plan). Den am besten verbürgten Altersrekord hält ein Baum, den Peter Stuyvesant 1647 in seinem Obstgarten in Manhattan pflanzte. Er war 1866 immer noch gesund und trug Früchte, als er von einem entgleisten Zug getroffen und zerstört wurde. Ein Alter von bis zu 300 Jahren scheint bei Bäumen sowohl in der Natur als auch beim Anbau unter optimalen Bedingungen nicht unwahrscheinlich zu sein.

Im Tian Shan dauert die initiale vegetative Wachstumsphase nach der Keimung vermutlich sechs bis acht Jahre, gefolgt von steigender Fruchtproduktivität im Alter von zehn bis zwölf Jahren. Die maximale Samenproduktion findet sich im Alter von 25 bis 30 Jahren und nimmt mit 65 Jahren deutlich ab, wobei einige Bäume bis zu 100 Jahre alt werden können (Dzhangaliev 2003). Die spätere Fruchtproduktion und das Alter des Baums hängen von seiner Position im Bestand (zentral oder am Rand) und der Stabilität des Bodens ab. Große Bestände von wilden Süßäpfeln finden sich normalerweise an extrem steilen Hängen, die vermutlich nie längerfristig besiedelt waren. Geht die Lebenserwartung des heutigen *Malus domestica* von in der Regel etwas mehr als 100 Jahren darauf zurück, dass die Tian-Shan-Region über lange Zeit aufgrund

Eine Jurte in Kasachstan: das für alle Jahreszeiten geeignete, zerlegbare Zelt aus Wollfilz.

der geologischen Störungen instabil war? Ein Jahrhundert – oder etwas mehr – könnte ein evolutionär bestimmter Kompromiss zwischen maximaler Samenproduktivität und wahrscheinlicher Standortstabilität sein. Diese relativ kurze Lebenserwartung und damit verbundene relativ schnelle Reproduktion könnten zur großen Vielfalt des Apfels beigetragen haben.

Unter den kontinentalen Klimabedingungen des Tian Shan werden oft gewaltige Mengen Samen produziert, die bei eingeschränkter Beweidung in enormer Zahl keimen. Unter kontrollierten Bedingungen lassen sich Unterschiede im Keimungserfolg von Wildbäumen und ausgewählten Sorten ermitteln. Die beste Keimrate mit 33,5 Prozent erreichten Wildbäume, dagegen lag die Keimrate von Samen kultivierter *Malus domestica* bei 23,5 Prozent und bei Samen der Sorte 'Niedzwetzkyana' betrug sie nur 20,2 Prozent. Betrachtet man die Anzahl von Apfelbäumen pro Hektar dort, wo Samen üppig keimen und Bäume viele Wurzelschösslinge produzieren, kann die anfängliche Häufigkeit mit 3500 bis 4000 Exemplaren pro Hektar erstaunlich hoch sein. Aber nach zwei bis drei Jahren sind nur 1000 bis 1500 Bäume pro Hektar übrig und die Dichte sinkt auf etwa 500 bis 600 pro Hektar, wenn der Fruchtwald reift (Dzhangaliev 2003).

Innenansicht einer Jurte im Dsungarischen Alatau, Kasachstan. Der leichte Weidenrahmen ist gut zu sehen.

Neben der hohen Samenproduktion ist auch die vegetative Vermehrung von wilden Süßäpfeln in manchen Gegenden weit verbreitet. Der wilde Süßapfel breitet sich hauptsächlich über Wurzelschösslinge und in gewissem Umfang durch Stammsprosse und Adventivwurzeln aus (Dzhangaliev 2003; Dzhangaliev et al. 2003). Eine solche Vermehrung erfolgt teilweise als Folge von Beschädigungen des Stamms, der Triebe oder Wurzeln. Es wurde aber beobachtet, dass sich auch gesunde, kräftige, unbeschädigte Bäume vegetativ vermehren. Große Populationen besiedeln extrem steile Hänge und die dort ständig drohende Instabilität könnte im Laufe der Evolution die vegetative Vermehrung begünstigt haben. Die laufende Freilegung neuer Fels- und Bodenoberflächen kann, ähnlich wie Brände in mediterranen und australischen Wäldern, in den ansonsten dicht bewachsenen Gebieten Platz für Jungpflanzen schaffen.

Wenn sich Wurzelschösslinge entwickeln, können auch Wurzelpfropfungen zwischen Bäumen auftreten. Das Wachstum der Wurzelschösslinge wird gehemmt, wenn der Mutterbaum mit seiner beschattenden Krone gesund und leistungsfähig bleibt. Fällt der Mutterbaum jedoch um, können einige Wurzelschösslinge zu Bäumen hochwachsen. Unter eher seltenen Bedingungen kommen horizontale untere Äste von Apfelbäumen auf dem Boden zu liegen und bilden dort

Sehr großes Exemplar eines wilden Apfelbaums, wahrscheinlich mehr als zwölf Meter hoch, im Dsungarischen Alatau, Kasachstan.

Vergleich der Fruchtgrößen von 'James Grieve' und vier anderen *Malus*-Arten.
AQUARELL VON ROSEMARY WISE.

Wurzeln. Mindestens zwei gut belegte Fälle wurden bei Äpfeln in Großbritannien beobachtet. Diese vegetative Ausbreitung ist übrigens bei der Schwarzen Maulbeere *(Morus nigra),* deren Ursprungszentrum nicht weit von dem des Apfels entfernt liegen dürfte, mit ihren im Alter sich neigenden oder liegenden Stämmen häufig zu beobachten.

Die Wildapfelbäume des Fruchtwalds bringen sehr verschiedenartige Früchte hervor. So gibt es im Fruchtwald einzelne Apfelbäume mit sehr großen, süßen Früchten, die man fälschlich für Sorten des Kultur-Apfels halten könnte. In unmittelbarer Nähe können andere mit ansehnlichen, aber sehr sauren, adstringierenden Früchten vorkommen. Die Größe fast aller Apfelfrüchte des Fruchtwalds liegt weit außerhalb der Spanne der Früchte fast aller anderen Wildapfelarten, die in der Regel einen Durchmesser von 5 bis 30 Millimetern haben. Bei vielen Nutzpflanzen haben sich Größe, Alkaloidgehalt, Farbe und Süße in historischer Zeit drastisch verändert. So unterschiedliche Früchte, Samen und Knollen wie von Mais *(Zea mays),* Kartoffel *(Solanum tuberosum),* Tomate *(S. lycopersicum)* und Bananen (*Musa* spp.) haben sich manchmal innerhalb nur weniger Jahrhunderte gegenüber jenen ihrer Vorfahren fast bis zur Unkenntlichkeit verändert. Der domestizierte Apfel ist insofern ungewöhnlich, als seine Früchte praktisch identisch mit denen seiner Ahnen sind.

Wie die Fruchtgröße genetisch kontrolliert wird, ist in vielen Fällen bekannt. Bei der Tomate wurde eine DNA-Region identifiziert, die als quantitativer Merkmalslocus bezeichnet wird und die Fruchtgröße bestimmt (Frary et al. 2000). Dieses DNA-Segment wurde mittels gentechnischer Methoden in die Urformen der Tomate transferiert und rief nachweislich dramatische Größenänderungen hervor. Ursprünglich hatte die Tomate ein Gewicht von nur wenigen Gramm, einen Durchmesser von weniger als einem Zentimeter und wurde vermutlich von kleinen Nagetieren und Vögeln verbreitet. In wenigen Hundert Jahren entwickelte sich daraus eine Frucht mit einem Gewicht von bis zu einem Kilogramm und einem Durchmesser von bis zu 15 Zentimetern. Wenn solche Veränderungen in weniger als 6000 Jahren durch Selektion durch den Menschen möglich waren, weil die großen Früchte bevorzugt wurden, dann ist es wahrscheinlich, dass sich die Äpfel des Tian Shan in den Millionen von Jahren, die ihnen zur Verfügung standen, ähnlich weitreichend verändert haben. Man vergleiche die Früchte von *Malus baccata, M. hupehensis* und *M. transitoria* (siehe Abbildung) mit denen eines modernen Kultur-Apfels, beispielsweise der Sorte 'Discovery'. Worin könnte der Selektionsdruck bestanden haben und warum scheint er in dieser Region auf süße Äpfel beschränkt gewesen zu sein?

Weidetiere mit ihrer Vorliebe für süßere, größere Früchte könnten den Selektionsdruck in Richtung großer süßer Äpfel verschoben haben. Aber es gibt auch viele bittere Äpfel im Fruchtwald. Sie lassen sich unter dem Aspekt einer Selektion durch naschhafte Säugetiere nur schwer erklären, könnten jedoch in späteren Zeiten für die Cider-Produktion (Kapitel 7) bevorzugt worden sein. Eine Erklärung liefern Untersuchungen an Früchte fressenden Vögeln, beispielsweise Graubülbül *(Pycnonotus barbatus)* und Mönchsgrasmücke *(Sylvia atricapilla),* im Buschland in Palästina (Izhaki & Safriel 1989). Reife Früchte verschiedener Arten enthalten häufig Tannine, chemische Verbindungen, die bitter schmecken, sich mit Proteinen verbinden und die Aufnahme des in der Nahrung enthaltenen Stickstoffs erschweren. Tiere, die sich von tanninreichen Früchten ernähren, können ihren Nährstoffbedarf also nicht decken und sind gezwungen, ihr Nahrungsspektrum zu erweitern. Gibt es in einem Fruchtwald Früchte mit unterschiedlichem Tanningehalt, könnte dies dazu führen, dass die sie verbreitenden Tiere ein breiteres Nahrungsspektrum nutzen als Tiere in einem Wald aus Bäumen, deren Früchte einheitlich tanninarm und zuckerreich sind.

Die drei Apfelreifeklassen

Auf ein weiteres Merkmal des Fruchtwalds könnten westliche Lebensmittelgeschäfte hindeuten: Während einer Vegetationsperiode gibt es drei Phasen, in denen die verschiedenen Apfelsorten reifen. Man spricht von Reifeklassen. Auch die Bezeichnungen Sommerapfel (= Reifeklasse 1), Herbstapfel (= Reifeklasse 2) und Winterapfel (=Reifeklasse 3) oder Früh-, Herbst- und Lagersorte sind gebräuchlich.

Die drei Reifeklassen bei Äpfeln. Reifeklasse 1 (links, 'Discovery'), Reifeklasse 2 (Mitte, 'Goldparmäne') und Reifeklasse 3 (rechts, 'Leathercote').
AQUARELLE VON ROSEMARY WISE.

'Discovery', ein Apfel der Reifeklasse 1.

'Winston', ein Apfel der Reifeklasse 2.

'Ribston Pippin', ein Apfel der Reifeklasse 2. Obwohl es sich um eine triploide Sorte handelt, ist ihre Frucht nur mittelgroß.

AQUARELLE VON ROSEMARY WISE.

Äpfel der Reifeklasse 1: In der Regel sind frühe Apfelsorten leuchtend gefärbt und haben oft eine glänzende Schale. Diese ist häufig überwiegend rot oder rot auf leuchtend gelbem Grund, manchmal blaugrün und trägt vielfach eine feine, körnige Wachsschicht. Solche Wachsschichten sind zum Zeitpunkt der perfekten Reife auch auf den Schalen anderer Früchte zu finden (Juniper 1995). Äpfel der Reifeklasse 1 sind weich und dünnschalig und bekommen leicht Druckstellen, sodass sie schwerer zu vermarkten sind. Sie sind nicht sehr geschmacksintensiv, im Allgemeinen aber sehr süß und saftig. Das Fruchtfleisch hat manchmal einen roten Schimmer oder ist sogar komplett rot gefärbt. Vor allem aber duften diese Äpfel auffallend. Beispiele sind 'Beauty of Bath' ('Schöner aus Bath'), 'Discovery', 'Irish Peach', 'James Grieve', 'Lady Sudeley', 'Laxton's Early Crimson', 'Stark's Earliest', 'Worcester Pearmain', 'Gravensteiner', 'Primerouge' und 'Galmac'. Ebenfalls in diese Gruppe gehören die bemerkenswerten «transparenten Äpfel» (Kläräpfel), die ein intensiv duftendes und sehr saftiges durchsichtiges Fruchtfleisch haben. Beispiele sind 'White Joaneting', in England vor 1600 bekannt, und 'Grand Sultan' (= 'Papirovka' laut N. Howard, pers. Mitt.) aus Sankt Petersburg, der in den USA in 'Yellow Transparent' umbenannt wurde (Hanson 2005). Echte Reifeklasse-1-Äpfel halten sich nicht gut und die meisten sind so weich, dass sie nie auf den Markt kommen. 'Braeburn', 'Delicious' und 'Gala' kommen in ihren Eigenschaften Äpfeln der Reifeklasse 1 nahe.

Äpfel der Reifeklasse 2: Später im Jahr sind die Äpfel weniger lebhaft gefärbt. Sie haben nur selten einen Wachsüberzug, werden hartschaliger und duften weniger, sind aber geschmacksintensiver und haben ein festeres Fleisch. Bei richtiger Lagerung halten sie sich einen bis mehrere Monate. Beispiele sind 'Allington Pippin', 'American Mother', 'Blenheim Orange', 'Goldparmäne', 'Laxton's Superb', 'Lord Lambourne', 'Orléans Reinette', 'Ribston Pippin', 'Winston', 'Cox Orange Pippin', 'Elstar', 'Rubinette, 'Boskoop' und 'Gala'.

Äpfel der Reifeklasse 3: Gegen Herbst reifen Äpfel, die oft sehr geschmacksintensiv sind, aber weniger Zucker enthalten, meist nicht duften und ein relativ trockenes Fruchtfleisch haben. Ihre Schale ist hart, dunkel und trägt korkartige Auswüchse. Die Früchte fallen oft vom Baum, ohne dabei beschädigt zu werden. In diese Gruppe gehören 'Ashmead's Kernel', 'Belle de Boskoop', 'Brownlee's Russet', 'Claygate Pearmain', 'Cornish Gilliflower', 'D'Arcy Spice', 'Duke of Devonshire', 'Granny Smith', 'Hambledon Deux Ans', 'Ida Red', 'King's Acre Pippin', 'Leathercote' (siehe Abbildung auf Seite 66), 'Norfolk Beefin' (siehe Abbildung auf Seite 69), 'Rosemary Russet', 'Sturmer Pippin', 'Golden Delicious', 'Idared', 'Maigold', 'Glockenapfel' und 'Kanada Reinette'. Äpfel der Reifeklasse 3 sind kaum im Handel zu finden, da ihnen der anscheinend bevorzugte Glanz fehlt. Äpfel der Reifeklasse 3 können sich von recht schweren Verletzungen erholen, anders als fast alle Äpfel der Reifeklasse 1, die sofort verfaulen. Sie können bis weit ins neue Jahr am Baum hängen bleiben und halten sich im Allgemeinen viele

'Norfolk Beefin', ein Apfel der Reifeklasse 3.

'Sturmer Pippin', ein Apfel der Reifeklasse 3.

AQUARELLE VON ROSEMARY WISE.

Monate, oft bis in den Sommer des folgenden Jahres. Viele dieser Sorten sind kälteresistent und überstehen Temperatur bis –6 °C ohne Schaden.

Wenn sich dieses Muster in den natürlichen Fruchtwäldern Zentralasiens bereits zeigte, wie etwa Paul Nazaroff schon andeutete, können wir über die evolutionäre Bedeutung der drei Reifeklassen wie folgt spekulieren: Frühe Früchte dienten vor allem dazu, Verbreiter anzulocken. Dabei handelt es sich hauptsächlich um Bären (*Ursus arctos isabellinus,* die auf der Roten Liste stehende Tian-Shan-Unterart des Braunbären). Bären klettern, vor allem, wenn sie jung sind, oft auf untere Äste. Es ist daher ein evolutionärer Selektionsvorteil, noch nicht an diese Nahrung gewöhnte Pflanzenfresser, wie zum Beispiel die Jungbären im ersten Lebensjahr, anzulocken. Die Anziehung muss visuell und olfaktorisch über geringe Entfernung erfolgen, sodass helle, leuchtende Farben, Glanz, Duft und Saftigkeit vorteilhaft sind. Alle natürlichen Verbreiter von Apfelsamen gehören übrigens zu den sogenannten Dichromaten, das sind Tiere, deren Farbensehen auf das rote Ende des Spektrums beschränkt ist (Regan et al. 2001). Echte Trichromaten mit uneingeschränktem Farbensehen – Menschen und manche Altweltaffen – scheinen in der frühen Evolution des Apfels keine Rolle gespielt zu haben. Daher bleibt der Grund für die intensive Färbung bei Äpfeln der Reifeklasse 1 rätselhaft.

Mit fortschreitender Jahreszeit und Gewöhnung der Tiere an diese Nahrungsquelle können andere Faktoren an Bedeutung gewinnen. Äpfel, die von den Bäumen fallen, sind zum Beispiel länger verfügbar. Ihre Robustheit und relative Frostbeständigkeit sorgen dafür, dass sie in der Regel unbeschädigt auf die sich ansammelnde Laubstreu fallen. Sie stehen dann für Bären zur Verfügung, die kurz vor dem Winterschlaf stehen, aber alt genug und vielleicht auch so gut genährt sind, dass sie nicht unbedingt mehr auf Bäume klettern müssen, um an Nahrung zu kommen. Die Äpfel sind auch für Pferde, die am Waldrand weiden, zugänglich sowie für andere im Wald lebende Säugetiere, die keinen Winterschlaf halten und nicht klettern können, wie etwa Wildschweine und Hirsche. Liegen die Äpfel in der Laubstreu verborgen und vielleicht durch eine frühe Schneebedeckung vor Kälte geschützt, halten sie sich dort oft bis weit ins neue Jahr hinein. Ein breites Spektrum an Tieren wird sie beizeiten aufspüren und die Samen verbreiten.

Durch Selektion winziger Veränderungen in seiner jahreszeitlichen genetischen Vielfalt werden die Attraktivität des Apfels und damit sein Erfolg maximiert. Eine solche saisonale Anpassung der Frucht an potenzielle Verbreiter kann jedoch nur dort stattgefunden haben, wo eine bestimmte Art in sehr hoher Individuendichte vorkommt. In bestimmten Gebieten des Tian Shan sollen wilde Äpfel fast 80 Prozent des Kronendachs ausmachen. Bei fast allen anderen *Malus*-Arten, die fast ausschließlich solitär oder in kleinen Gruppen vorkommen, wäre ein solcher Selektionsprozess irrelevant.

Frische Äpfel in der Auslage eines Supermarkts.
FOTO VON OLEKSANDR LUTSENKO/DREAMSTIME.COM.

Weit entfernt vom Tian Shan sind sich die Verantwortlichen in den Supermärkten der Attraktivität der farbenfrohen, süßen, glänzenden, duftenden, saftigen Äpfel der Reifeklasse 1 für die Konsumenten sehr wohl bewusst. Die Anforderungen des Langstreckentransports führten jedoch zur Entwicklung von Sorten, die die oberflächlichen Merkmale der Reifeklasse 1 mit den härteren Schalen und der zumindest teilweisen Erholung von Schäden (siehe oben) der Reifeklassen 2 und 3 kombinieren.

Verfügen andere Pflanzen über ähnliche Mechanismen zur Maximierung ihres Ausbreitungspotenzials wie der Wildapfel? Veränderungen im Bestäubungsverhalten sind recht häufig, wie das Beispiel des duftlosen europäischen Hain-Veilchens, *Viola riviniana,* zeigt. Seine zu Beginn der Saison chasmogamen Blüten, die sich zur Bestäubung öffnen, wandeln sich gegen Ende der Saison zu cleistogamen Blüten, die zur Selbstbestäubung geschlossen bleiben, wenn die übliche Fremdbestäubung fehlgeschlagen ist (Richards 1986). Aber gibt es auch Beispiele für Veränderungen bei Früchten und Samen? Nur wenige Arten von Samenpflanzen erreichen in der freien Natur Dichten, die mit denen von Süßäpfeln vergleichbar ist. Das einzige bisher beschriebene Beispiel scheint die Zunahme des Energiegehalts der Samen und der Härte der Samenschalen zu sein, die bei einer Reihe von Kiefern zu beobachten ist (Lanner in Schmidt

& Holtmeier 1994, Lanner 1996). Der Energiegehalt der Samen sowohl der Weißstämmigen Kiefer *(Pinus albicaulis)* als auch der Biegsamen Kiefer oder Nevada-Zirbelkiefer *(P. flexilis)* nimmt im Lauf der Saison deutlich zu (Mattson et al. 2000). Am 22. Juli wurden bei Samen der Weißstämmigen Kiefer 4800 Kilokalorien ermittelt, Mitte August waren es 7000 Kilokalorien. Man kann vermuten, dass der Hauptverbreiter des Samens, der Kiefernhäher *(Nucifraga columbiana)*, durch den relativ hohen Nährwert und die weiche Hülle angelockt wird und als wertvoller Verbreiter über die Wintermonate erhalten bleibt.

Die Domestizierung fast jeder Nutzpflanze nach der neolithischen Revolution wurde von einer drastischen und rasanten Größenzunahme von Frucht, Samen und gesamter Pflanze begleitet. Wenn sich der Kultur-Apfel völlig unabhängig vom Menschen entwickelt hat, welche Besonderheiten des Tian Shan gegenüber allen anderen Regionen der gesamten nördlichen Hemisphäre, in denen andere *Malus*-Arten vorkommen, führten dann zur Entwicklung dieses Apfels? Was trat an die Stelle der Selektion durch den Menschen?

Während sich der Tian Shan hob, begann sich seine Besonderheit zu manifestieren. Die Grenzen seiner Vegetation waren diffus und änderten sich an den meisten Orten, als sich die Niederschlags- und Temperaturmuster eines Jahrs oder eines längeren Zeitraums änderten. Präglazial gab es wahrscheinlich einen von Ost bis West durchgehenden gemäßigten Wald. Danach entwickelte sich eine Nahtstelle zwischen der Waldvegetation der Gebirgsausläufer und der Steppe, wobei Letztere in Wüstenbuschland und schließlich in Wüste überging.

Der Tian Shan ist insofern eine Besonderheit, als er ein vergleichsweise isoliertes Gebiet darstellt, das von klar definierten Gebieten mit lebensfeindlichen klimatischen Bedingungen – im Wesentlichen Wüsten – umgeben ist. Die umliegenden Gebiete wurden durch das Einsetzen der letzten Eiszeit vor rund 1,75 Millionen Jahren sogar noch lebensfeindlicher (Maslin et al. 1998). Andere Regionen mit großer Apfelvielfalt – zentrales und östliches Nordamerika, zentrales und südöstliches China und zentrales und westliches Europa – weisen keine solch klaren Grenzen auf. In einem anderen Zusammenhang wird argumentiert, dass Grenzen bei der Evolution von Arten besonders wichtig sein können (Schneider & Moritz 1999, Schneider et al. 1999). Auf der Basis von Belegen aus mitochondrialen DNA-Sequenzen bei einem Skink wird die Hypothese aufgestellt, dass evolutionäre Gradienten und nicht, wie allgemein angenommen, Isolation die Quelle evolutionärer Neuerungen und möglicherweise neuer Arten sein könnten. Tatsächlich war das gesamte Gebiet des Tian Shan im Quartär (Tabelle 1) reich an sich verändernden Gradienten und Begrenzungen jedweder Art.

Relativ neue Untersuchungen können sowohl einen potenziellen Verbreiter als auch eine grobe Schätzung des Zeitpunkts der Verbreitung von Apfelsamen gleich welcher Art liefern.

Die Azur- oder Blauelster, *Cyanopica cyanus.*
AQUARELL VON ROSEMARY WISE.

Es gibt, sehr disjunkt verbreitet, ein Mitglied der Familie der Rabenvögel, die Azur- oder Blauelster *(Cyanopica cyanus).* Dieser Vogel kommt in Südwesteuropa vor, hauptsächlich an den Küsten Portugals und Westspaniens, wo man ihn oft im Kronendach der Kiefernwälder fressen sehen kann. In Asien, auf den südlichen Inseln Japans, in Korea sowie im östlichen und südlichen China bis zum Gansu-Korridor, ist die Art in kleinfrüchtigen Bäumen häufig anzutreffen. Die beiden weit voneinander entfernt vorkommenden Populationen scheinen ansonsten identisch.

Früher war man davon ausgegangen, dass es sich bei der Azurelster um eine ostasiatische Art handelt, die zu einem frühen unbekannten Zeitpunkt, vielleicht durch den Kapitän eines portugiesischen Schiffs, auf der Iberischen Halbinsel eingeführt wurde und sich etabliert hat. Seit dem 16. Jahrhundert trieben die Portugiesen Handel mit Asien, auch im Verbreitungsgebiet der Azurelster. Fossile Knochenfunde in Gibraltar deuten jedoch darauf hin, dass der Vogel dort bereits im Pleistozän vorkam. Fossile Knochen wurden auch in China gefunden und zeigen, dass die Art dort über einen langen Zeitraum hinweg heimisch war (Cooper & Voous 1999, Cooper 2000).

Inzwischen sind Beweise für eine frühere Verbindung dieser beiden Populationen aufgetaucht. Untersuchungen der Sequenzen der mitochondrialen Cytochrom-b- und ND5-Gene beider Vogelpopulationen deuten darauf hin, dass sie zwar in Kontakt standen, sich aber bereits vor drei Millionen Jahren auseinanderentwickelt haben könnten (Cardia et al. 2002, Fok et al. 2002). Wenn diese beiden Populationen im späten Pliozän getrennt wurden, kann man vermuten, dass zumindest im Westen die Verbindung mit Asien in der letzten Eiszeit unterbrochen wurde. Die Iberische Halbinsel blieb in jeder Eiszeit ein Rückzugsraum für Tiere und Pflanzen (Willis 1996). Der Tian Shan wurde isoliert, und zwar nicht durch Gletscher (Karte 1), sondern durch die fortschreitende (und anhaltende) Trockenheit, was zur Bildung der Wüsten Gobi und Taklamakan führte.

In den früchtereichen Herbstmonaten kann man die Azurelster (Abbildung siehe Seite 73) zwitschernd und gefräßig an kleinfrüchtigen *Malus*-Arten beobachten, darunter *M. baccata (M. mandshurica), M. hupehensis, M. transitoria* und *M. yunnanensis.* Auch größerfrüchtige moderne Sorten, einschließlich derer von *M. domestica* und Arthybriden, lässt sie sich schmecken. Der Vogel kommt heute nicht im Tian Shan vor, möglicherweise tat er das nie (Taylor 1999), obwohl die verwandte Elster *(Pica pica)* dort häufig ist. Man kann jedoch spekulieren, dass die Vorfahren der Azurelster und vielleicht ähnliche fruchtfressende Vögel den Waldkorridor (Karte 2) besiedelten, der sich im späten Tertiär und frühen Quartär von Westeuropa bis nach Ostasien erstreckte. Ein solcher Korridor stünde auch mit der Verbindung nach Nordamerika über Beringia in Einklang. Im Westen wurde der durchgehende Korridor, durch den die Azurelster wanderte, schließlich durch das vorrückende Eis unterbrochen, im Osten durch fortschreitende Austrocknung. Der Tian Shan hob sich und lag damit über der natürlichen Höhengrenze der Azurelster und ihrer Vorfahren.

Heute werden die Äpfel im Tian Shan fast ausschließlich von Säugetieren, vor allem von Bären und Pferden, verbreitet. Diese Ausbreitung ist gut dokumentiert. In Nordwesteuropa mag es unmittelbar nach den Eiszeiten nicht ausreichend Steppe oder Grasland gegeben haben, um das Wildpferd wieder anzulocken. Aber könnten manche Apfelarten, zumindest in Nordwesteuropa, vielleicht durch Wildrinder verbreitet worden sein? Rinder waren möglicherweise besser an die Mischwälder, Moränen und feuchten postglazialen Flussniederungen der Region angepasst. Gibt es Hinweise darauf, dass es Rinder im frühen postglazialen Großbritannien und nördlichen Europa gab? Haben solche Rinder irgendeine Bedeutung für die Ausbreitung und Evolution von Kultur-Äpfeln?

Ein etwa 90 Tiere umfassender Restbestand der alten, großen, weißen Rinder hat in Großbritannien überlebt und ist als Chillingham-Herde oder White Park Cattle bekannt. Diese kleine Herde gibt es in Chillingham in Nordthumberland vermutlich seit 700 Jahren. Die Rinder wurden vermutlich von den Eigentümern von Chillingham Castle im 12. Jahrhundert eingehegt und sind dann in den Besitz der Chillingham Wild Cattle Association übergegangen. Kleine Subpopulationen der Herde leben heute auf Ländereien von Königin Elizabeth II in der Nähe des Moray Firth im nordöstlichen Schottland; eine weitere Herde wurde in den USA begründet. Einige Merkmale legen nahe, dass die Chillingham-Rinder zwar keine echten Nachkommen der Auerochsen, aber eng mit diesen verwandt sind. Diese Wildrinder durchstreiften Europa bis zum Beginn der neolithischen Revolution in der Landwirtschaft bis vor rund 10 000 Jahren. Es gibt archäologische Beweise dafür, dass es in Großbritannien noch zu Beginn des Baus von Stonehenge in Wiltshire vor etwa 4300 Jahren kleine Herden von Auerochsen gab.

Das Word Kuh beschwört wohl bei den meisten das friedliche Bild einer grasenden Milchkuh herauf, aber nichts könnte weiter von der Realität entfernt sein, wenn es um das Chillingham-Rind geht. Diese Tiere sind für ihre Wildheit bekannt und waren für den Tod mehrerer Menschen verantwortlich – um Haaresbreite hätte auch König Richard I von England dieses Schicksal erlitten. Sie besitzen lange, leierförmige Hörner, die sie auch zum Kampf einsetzen. Sie verteidigen sich und ihre Jungen gemeinschaftlich, daher hätten sie keinerlei Schwierigkeiten gehabt, sich gegen kleinere Fleischfresser – Wolf, Fuchs, Wildkatze, vielleicht sogar den gelegentlichen Bären – des paläolithischen, neolithischen und bronzezeitlichen Europas zu schützen.

Zwischen und unmittelbar nach den Eiszeiten war das wilde Rind, zusammen mit dem wilden Bison, vermutlich in ganz Europa bis an die Grenzen zu Asien verbreitet. Allerdings gibt es keine Belege dafür, dass sie je im Tian Shan vorkamen.

Auftritt des Bären

Als sich der Tian Shan zu heben begann, muss seine Geologie ein Paradies für Bären und andere tierische Waldbewohner gewesen sein. Die nicht vergletscherten Berghänge unterhalb der Schneekappe stellen einen perfekten Lebensraum da, insbesondere dort, wo Höhlen im Kalksteinfelsen entstanden, die der Bär gerne für seinen Winterschlaf nutzt. Im Gegensatz dazu bieten die dick mit Löss bedeckten Hügel und niedrigen Berge West-, Zentral- und Südostchinas oder die Plateaus von Qinghai, Tibet und der Mongolei keine solchen Möglichkeiten. Tiefgründige, weiche Lössböden sind für die Landwirtschaft geeignet, bieten aber weder sichere, stabile Höhlen für den Winterschlaf, noch die riesige Vielfalt an Lebensräumen, auf die allesfressende Tiere angewiesen sind. Ebenso bietet ein topologisch wie bodenmäßig einförmiger Lebensraum, so reich er im landwirtschaftlichen Sinn auch sein mag, wenig Anreiz für die kontinuierliche Weiterentwicklung einer Art.

Der Tian-Shan-Bär.
ZEICHNUNG VON ROSEMARY WISE.

Forschungsergebnisse zeigen, dass sich Bären im Tertiär sehr vielfältig ernährten. Mit ihren Krallen war es ihnen möglich, Fische zu fangen, Bienennester zu öffnen oder Früchte zu ernten. Die pleistozänen Kurznasenbären *(Arctodus simus)* des östlichen Beringia fraßen gemäß einer Isotopenanalyse ihres Knochenkollagens hauptsächlich Fleisch (Matheus 1995). Die heutigen Bären der Gattung *Ursus,* darunter Grizzlies (*U. arctos horribilis*, der in manchen Gebieten mit *A. simus* koexistierte), sind über die gesamte nördliche Hemisphäre verbreitet. Der Malaienbär *(U. malayanus)* drang in subtropische und tropische Gebiete südlich bis zum Äquator vor. Ausnahmslos scheinen *Ursus* umfassend omnivor zu sein. Diese Bären ernähren sich zumindest im Frühjahr und Herbst von einem breiten Spektrum an Pflanzenmaterial, darunter Wurzeln, Knollen, Blätter, Nüsse und Samen sowie fast immer Beeren und andere Früchte. Im Frühjahr kann man die Bären des Tian Shan dabei beobachten, wie sie wilden Rhabarber und

Wacholderbeeren fressen (Anna Pavord pers. Mitt. 2003). Wenn entsprechende Quellen verfügbar sind, stopfen sich zum Beispiel Braunbären *(U. arctos)* auch ausgiebig mit Bienenlarven, Waben und Honig voll.

Nordamerikanische Schwarzbären *(U. americanus)* und Grizzlys, die im Spätherbst vor der Winterruhe Wildfrüchte zur Energiegewinnung verzehren, sind durch mehrere Faktoren eingeschränkt: Sie fressen langsam, verwerten die Nahrung schlechter und nehmen langsamer an Körpermasse zu (Welch et al. 1997). Um schnell an Gewicht zu gewinnen, scheinen Bären auf große Früchte oder große Fruchtbüschel angewiesen zu sein. Wenn man diese Ergebnisse interpretiert, scheint es evolutionär von Vorteil zu sein, Obstbäume ausfindig zu machen, dort zu fressen und sich an diese Standorte zu erinnern. Wenn die Überlegungen zu den drei Reifeklassen von Äpfeln richtig sind, dann würden sich eine solche Selektion bei den Wildschweinen und die Selektion in Richtung der nährstoffreicheren Früchte der Reifeklasse 3 ergänzen.

Bärenfelltrophäe *(Ursus arctos isabellinus)* in einer Jurte in der Nähe von Almaty, Kasachstan.

Junger Braunbär in einem Apfelbaum in einer Obstplantage bei Hope in British Columbia, Kanada, im September 2015.
FOTOGRAFIERT VON KEN RAMKEESON.

Der im Tian Shan vorkommende Braunbär ist in fast seinem gesamten Verbreitungsgebiet gesetzlich geschützt. Trotzdem bleibt er ein Ziel für Trophäenjäger. Braunbären klettern auf Bäume. Wie in der Sierra Nevada in Kalifornien häufig zu beobachten, werden normalweise die jüngeren und agileren Mitglieder der Braunbärengruppe von ihren Müttern dazu gebracht, auf der Suche nach Früchten auf Bäume zu klettern. Eine reizvolle Illustration dieser Arbeitsteilung schuf um 1570 ein unbekannter Künstler in *Abenteuer des Amir Hamza,* gemalt für Akbar, Mogul von Indien: Ein Malaienbär-Muttertier *(U. malayanus)* hält Früchte, während ein jüngeres Mitglied der Familie auf den Baum klettert (Lucie Smith 2001).

Von den Braunbären von Montana weiß man, dass sie die süßen Früchte veredelter Apfelbäume (importierte *Malus domestica*) in Obstplantagen fressen und die Samen mit ihrem Kot verteilen (McGahan 2001). Samen vieler Pflanzenarten passieren die Eingeweide von Säugetieren weitgehend unbeschadet. Bei weniger als einem Prozent der ausgeschiedenen Samen aus Früchten wurde eine Beschädigung festgestellt (Herrera 1989). Die Passage von 73 Pflanzenarten durch den Magen-Darm-Trakt von 28 Arten nicht fliegender Säugetiere aus 18 verschiedenen Familien wurden überprüft (Traveset & Wilson 1997, Traveset 1998), ebenso die Passage von Samen, die nicht von Früchten stammten (Pakeman et al. 2002). Zusammengefasst lässt sich sagen, dass die Mehrheit der Samen entweder eine neutrale oder eine erhöhte Keimungsrate zeigte.

Die Dauer der Darmpassage beträgt im Schnitt rund 48 Stunden, variiert aber stark. Sie kann mehrere Tage betragen, bei Pferden gelegentlich Monate (Janzen 1982). Beim Braunbären scheint die Spanne von mehreren Stunden bis zu einem Tag zu reichen (Traveset & Wilson 1997, Traveset 1998). Möglicherweise bleiben auch einige Samen im Darm eines Winterruhe haltenden Bären, da die Bären während der Winterruhe ihren Darm nicht entleeren.

Generell passieren kleine Kerne den Darm schneller. Daher könnte man vermuten, dass dicke Apfelsamen, die in der Regel überlebensfähiger sind, am weitesten vom Mutterbaum entfernt ausgeschieden werden. In Bärenkot kann man mitunter auch kleine Äpfel finden, die Maul und Darm unversehrt passiert haben (Herb Aldwinckle pers. Mitt. 2001). Die darin enthaltenen Samen keimen mit ziemlicher Sicherheit nicht. Die Samen der größeren Äpfel dagegen werden im Zuge der Verdauung vom Plazentagewebe getrennt und mit dem Kot über

An Apfelkernen reicher Bärenkot im Dsungarischen Alatau, dem Hochgebirge zwischen dem östlichen Kasachstan und dem nordwestlichen Xinjiang, China.

weite Gebiete des Tian Shan verteilt. Es gibt daher eine positive Selektion für größere, süßere Früchte von *Malus sieversii* und das vermutlich schon seit Jahrmillionen. Allerdings liegen die Apfelsamen im Tian Shan auf dem Waldboden. In den Bergen gibt es keine großen Huftiere mit scharfen Hufen, wie zum Beispiel Rinder, die die Samen in den feuchten Boden drücken könnten. Das Wildschein mit seiner Gewohnheit, das ganze Jahr über den Boden zu durchwühlen und nach Wurzeln, Zwiebeln und Knollen zu suchen, könnte hingegen dazu beitragen haben, die Samen unter die Erde zu bringen. Wie auch immer der Mechanismus ausgesehen haben mag: Die Keimrate so verteilter Samen kann enorm sein, wie man dort gut sehen kann, wo der Waldboden vor Beweidung geschützt ist.

Auftritt des Pferds

Die Familie der Pferde (Equidae) entwickelte sich in Nordamerika und erreichte die Alte Welt erst vor rund 200 Millionen Jahren in einem der Zeitabschnitte, in denen die Landbrücke über die Beringstraße (Beringia) existierte. Das Vordringen der Gletscher nach Westen löschte die Vegetation aus und große Mengen Wasser wurden im Eis gebunden. Die damit einhergehende Ausbreitung der Wüsten führte zum Schrumpfen der Wälder, aber auch zur Ausweitung von Grasland und Steppe, auf denen die wilden Pferde umherstreifen konnten.

Vertreter der Equidae breiteten sich über Asien bis nach Afrika aus und spalteten sich im Laufe der Evolution auf in die Pferde der Steppen nördlich des Tian Shan, die vermutlich die Vorfahren aller modernen Pferde *(Equus caballus)* waren, und die Asiatischen Esel *(E. hemionus),* auch Onager genannt, in Mesopotamien und dem Iran, die Esel in Palästina und im nordöstlichen Afrika sowie die ausgestorbenen Quaggas und die heutigen Zebras im südlichen Afrika (Vila et al. 2001). Das echte Wildpferd oder seine nahen Verwandten, Tarpan und Przewalski-Pferd, könnten in den abgelegeneren Teilen von Kasachstan überlebt haben (Bökönyi 1974).

Seltsamerweise starben Pferde in Nordamerika vor etwa 8000 Jahren aus (Clutton-Brock 1981). Möglicherweise wurden sie von den sogenannten Clovis-Menschen, den Angehörigen der Clovis-Kultur, ausgelöscht, die mutmaßlich zu den ersten Menschen auf dem nordamerikanischen Kontinent gehörten. Es wäre für die Völker Nordamerikas äußerst schwierig gewesen, das Pferd zu domestizieren, selbst wenn sie es gewollt hätten. Es gab weder wilde nährstoffreiche Getreide wie Hafer, noch Erbsen oder Bohnen, mit denen man domestizierte Pferde in arbeitsfähigem Zustand an einem Ort durch den Winter hätte bringen können. Nur die weiträumige Beweidung zu allen Jahreszeiten ermöglichte ihre Existenz. Das Pferd in domestizierter Form wurde in Nordamerika erst während der spanischen Kolonialzeit ab dem 16. Jahrhundert eingeführt. Die wilden Mustangs der amerikanischen Prärien stammen von Ausreißern ab, die wahrscheinlich frühen spanischen Siedlern an der Westküste entkamen (Sherratt 1984, 2004).

In Eurasien sind Pferde oder ihre Vorfahren bis an die Grenzen Westeuropas vorgedrungen. Fossile Überreste sind weit verbreitet. In einer Sand- und Kiesgrube in Whitemoor Haye in Staffordshire, England, wurden neben den Überresten von Wollnashörnern Knochen von Pferden gefunden, die aus der Zeit vor etwa 30 000 oder möglicherweise sogar 50 000 Jahren stammen. Es gibt zahlreiche Hinweise darauf, dass im Paläolithikum Pferde eine häufige Nahrungsquelle für den Menschen waren (Sherratt 1984, 2004). Diese temporäre Verbreitung des Pferds in Europa wurde jedoch durch die Eiszeiten gestoppt, die Nordeuropa mindestens viermal im jüngsten geologischen Zeitalter mehr oder weniger der Vegetation und fast aller anderen Lebewesen beraubten. Die temporäre Wiederbesiedlung des westlichen Europas durch das Wildpferd zu bestimmten Zeiten im Quartär belegen auch die schönen Darstellungen an den Wänden der Höhle von Chauvet-Pont-d'Arc im südöstlichen Frankreich, die vor 30 000 bis 33 000 Jahren entstanden. Weitere etwa 15 000 Jahre alte Pferdezeichnungen sind in den Höhlen von Lascaux im südwestlichen Frankreich erhalten. Durch die Vergletscherung wurden die Pferde zeitweise aus diesen Gebieten in ihre Hochburgen in der asiatischen Steppe zurückgedrängt.

Wilde Pferde in Usbekistan, 1998.

Bei ihrem ersten Eindringen nach Asien breiteten sich die Pferde nach Süden und Osten aus und folgten den Rändern des Korridors der gemäßigten Wälder. Möglicherweise trugen sie zur Ausbreitung der frühen Apfelarten aus Zentral- und Südchina in die sich hebenden Berghänge des Tian Shan bei. Dabei hätten sie den Genpool dieser frühen Apfelarten durchmischt.

Das Wildpferd der Steppe entwickelte im Lauf der Evolution Zähne, um sich an die Ernährung auf Grasland anzupassen. Auch Geschwindigkeit und Wendigkeit, die für das Überleben in diesem Lebensraum erforderlich sind, bildeten sich aus. In die tieferen Wälder begaben sie sich nicht, da dort gefährliche Raubtiere unter dem geschlossenen Kronendach und im Strauchgewirr lauerten. Dennoch müssen die Pferde, wenn die Qualität und Quantität der Gräser und essbaren Kräuter der Ebene gegen Ende der trockenen, heißen, kontinentalen Sommer abnahm, auf der Suche nach Nahrung und Wasser bis in den Waldrand vorgedrungen sein. Ein solches Weidemuster fällt mit der Reifezeit der Früchte im Fruchtwald – Apfel, Birne, Pflaume, Aprikose und Weißdorn – zusammen.

Die Schnelligkeit des Pferdes und die weiten Strecken, die ein Pferd zurücklegen kann, könnten in Kombination mit einer langen Verweildauer der Nahrung im Darm für die Verbreitung von Obstsamen, insbesondere von Apfelsamen, von einem Fruchtwaldgebiet zu einem anderen wichtig gewesen sein. Wie in Hypothese 3 angedeutet, könnten Pferde spärliche, aber wichtige Verbindungen zwischen Teilen des Fruchtwalds geschaffen haben, wenn dieser durch klimatische oder geologische (orogene) Veränderungen oder beides fragmentiert wurde.

Es scheint auch möglich, dass der wohlbekannte Appetit des Pferds auf Äpfel für die isolierten Vorkommen kleiner Süßäpfel im Kaukasus, auf der Halbinsel Krim, in Teilen Afghanistans, Irans und der Türkei und im Oblast Kursk im europäischen Teil Russlands verantwortlich ist. Diese Populationen, die vielleicht bis zu zwei Millionen Jahre alt sind, könnten durch das Pferd verbreitet worden sein.

Unter dem Blätterdach haben vermutlich auch andere Säugetiere die Produkte des Fruchtwalds genossen. Das Schicksal vieler Apfel- und anderer Samen besteht wie bereits angesprochen darin, den Darm eines Tieres zu passieren. Eine solche Darmpassage wird mit ziemlicher Sicherheit die Keimung fördern und – genauso wichtig – die Samen weit vom Mutterbaum entfernt auf dem Boden verteilen. Vor allem Bären trugen zur Verbreitung bei, aber auch andere Tiere spielten eine Rolle. Wildschweine vergruben die Apfelsamen möglicherweise zusätzlich. Entlang der Flusstäler, etwa in der Ili-Region, lebten zum Beispiel der Bucharahirsch *(Cervus elaphus bactrianus)*, der omnivore Honigdachs *(Mellivora capensis)* und das Reh *(Capreolus capreolus)*. Unter dem Kronendach lebten außerdem Moschustiere (*Moschus* spp.)

und Muntjak (*Muntiacus* spp.), die auch heute noch in den entlegeneren Gebieten des Tian Shan vorkommen. Sie alle ernährten sich von Früchten. Manche, insbesondere der Honigdachs, hielten Winterschlaf. Die meisten anderen Säugetiere waren daran angepasst, während des Winters zu fressen und zu trinken.

Kamele

Das Zentrum der Evolution und der Ort der Domestizierung des Kamels sind umstritten. Man nimmt an, dass sehr kleine Herden des wilden Zweihöckrigen Kamels oder Trampeltiers *(Camelus ferus)*, von dem das domestizierte Baktrische Kamel *(C. bactrianus)* abstammen soll, in den abgelegeneren Teilen der Gobi immer noch vorkommen. Möglicherweise gab es zwei Evolutionszentren, nämlich das nordöstliche Afrika und Zentralasien. Es scheint auch möglich, dass sich das Einhöckrige Kamel aus dem Zweihöckrigen Kamel entwickelte, indem auf Hitzetoleranz selektiert wurde (Bulliet 1975, Potts 2004). Hybriden zwischen beiden sind häufig.

Kamele wurden bereits vor Tausenden von Jahren domestiziert und als Lastentier genutzt, um Waren über weite Strecken zu transportieren. Allerdings ist es zweifelhaft, ob Kamele wesentlich zur Verbreitung von Apfel- und anderen Samen beigetragen haben. Das Kamel kaut nämlich so heftig und würgt so regelmäßig, dass jedes Pflanzenmaterial zu Brei wird. Dadurch wird jeder Same so weit zersetzt, dass die Keimung selbst des kleinsten Samens nach der Passage durch den Darm äußerst unwahrscheinlich wird. Zudem ist Kameldung derart trocken, dass er bereits unmittelbar nach dem Absetzen brennbar ist. Gerade in abgelegeneren, kaum bewachsenen Gegenden dürfte der Dung daher nicht lange liegen geblieben, sondern als wertvolles Brennmaterial verwendet worden sein. Auch dies dürfte für die Verbreitung von Apfelsamen nicht gerade förderlich gewesen sein.

Und Käfer?

Die mögliche Rolle von Mistkäfern und anderen Dung fressenden Käfern für die Verbreitung und das Vergraben von Samen muss noch untersucht werden. Über solche Käfer im Tian Shan ist kaum etwas bekannt, aber da sie auf jedem Kontinent vorkommen außer in der Antarktis, ist zu erwarten, dass es sie auch im Tian Shan gibt. Weltweit sind mehr als 7000 Arten bekannt. Unter tropischen Bedingungen können ihre Leistungen gewaltig sein. Ein 1,5 Kilogramm schwerer Haufen Elefantenmist in der afrikanischen Savanne lockte 16 000 Käfer verschiedener Arten an, die den Mist innerhalb von zwei Stunden komplett verzehrten oder vergruben.

Packpferd und Kamel, Kasachstan.

Zweihöckrige Kamele in Usbekistan, 1998.

Die Tiere vergraben tatsächlich jede Art von Dung und die Menschen sollten für diese fieberhafte Aktivität dankbar sein. Bei den Dungverwertern kann man «Roller», «Tunnelbauer» und «Bewohner» unterscheiden und es ist davon auszugehen, dass alle drei Typen im Tian Shan vorkommen. «Roller» formen aus dem Kot Kugeln, die oft viel größer sind als die Käfer selbst. Sie rollen die Kugeln in einen gegrabenen Tunnel, legen ein oder mehrere Eier hinein und verfüllen den Tunnel wieder. «Tunnelbauer» graben unter dem Dunghaufen ein Tunnelnetz, in dessen Seitenkammern sie Dung schleppen, um ihre Eier abzulegen. «Bewohner» leben in der Dungmasse, manche ernähren sich allerdings nicht von den pflanzlichen und tierischen Rückständen, sondern nur von den flüssigen Bestandteilen. Es ist bekannt, dass «Roller» Dungkugeln 400 Meter weit transportieren und «Tunnelbauer» Kotkugeln mit ihren Eiern bis zu einen Meter tief vergraben (Hanski & Cambefort 1991). Es ist jedoch weder über die Arten, noch über die Aktivitäten der Käfer, die sich im Tian Shan auf den Kot von Bären, Pferden und wilden Schweinen spezialisiert haben, etwas bekannt.

Über das Schicksal der Samen von Obstbäumen infolge dieser Dungverwertung durch Käfer ist sehr wenig bekannt. Man weiß jedoch, dass einige Käfer in anderen Lebensräumen die größeren Samen aussortieren und größere Pflanzenpartikel entfernen, bevor sie ihre Eier ablegen. Es scheint daher plausibel, dass die Mehrzahl der robusten Pflanzensamen überlebt und somit (insbesondere durch die Aktivitäten der «Roller» und «Tunnelbauer») an Stellen mit potenziell günstigen Bedingungen für die Keimung gelangt. Hinzu kommt, dass die Käfer den Dung und die Samen tendenziell vom Mutterbaum wegbewegen und so die Konkurrenz verringern.

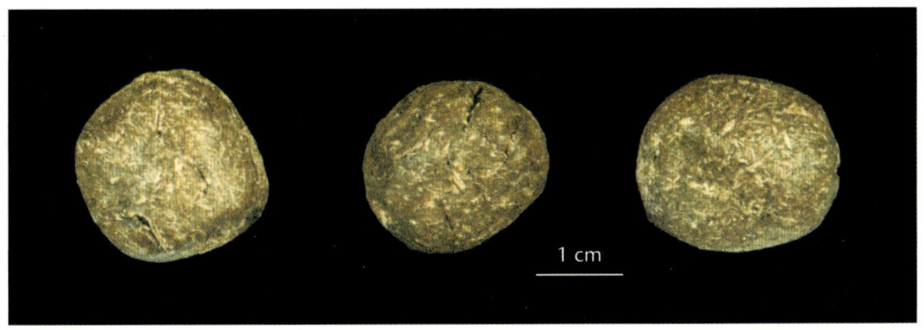

Von Käfern transportierter Kameldung.

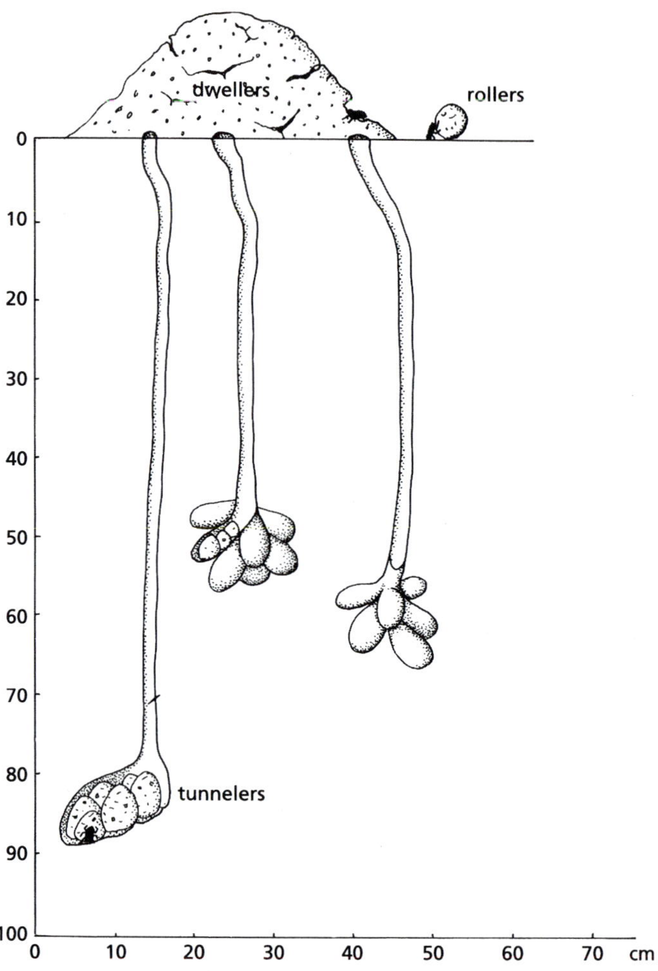

Sich von Dung ernährende Käfer: «Bewohner» (oben), «Roller» (oben rechts) und «Tunnelbauer» (unten).
ZEICHNUNG VON ROSEMARY WISE, IN ANLEHNUNG AN HANSKI UND CAMBEFORT (1991).

«Pomme Princesse» von Poiteau: *Pomologie Française,* **Band 4, 1846.**

M 26
'T IS WONDER, SOO HIJ VRIENDEN HEEFT
DIE ALTIJT NEEMT EN NIMMER GEEFT.
CATS

Kapitel 3

Archäologie und der Apfel

Der Apfel gelangte über den turkischen Korridor von Asien nach Westen. Dies geschah zu einer Zeit, in der die heute im westlichen China lebenden Turkvölker dort noch nicht siedelten. Sie können demnach nicht zur Ausbreitung des Apfels nach Westen beigetragen haben. Wilde Pferde hingegen wurden bereits vor rund 6000 Jahren domestiziert und könnten die Äpfel verbreitet haben. Allerdings ist die erste mögliche Erwähnung des Süßapfels im Mittleren Osten erst 3800 Jahre alt und eindeutige Aufzeichnungen gibt es erst aus der Zeit von Alexander dem Großen. In klassischen Texten, darunter auch die Bibel, wurde der Apfel vielfach mit anderen Früchten verwechselt.

Ob die Wanderungen früher Menschen über Beringia (Karte 1) in beide Richtungen irgendeinen Einfluss auf die Ausbreitung von Pflanzen und Tieren nach und von Nordamerika hatten, ist umstritten. Es gibt jedoch einige gesicherte Hinweise. Wie die Ergebnisse der Sequenzierung menschlicher Mitochondrien-DNA zeigen, scheint es mindestens vier Wanderbewegungen von Ostasien nach Nordamerika gegeben zu haben. Ausgangspunkte einer dieser Wanderungen waren Sibirien und Nordostasien, insbesondere die nähere Umgebung des Baikalsees, die Region des Altai Shan von der westlichen Mongolei bis nach Kasachstan und das Sajan-Gebirge in Südrussland. Eine weitere Quelle sind die Jomon oder prähistorischen Völker Japans, die sich möglicherweise aufgespalten haben und aus denen sowohl die heutigen Inuit als auch die Blackfoot und irokesischen Stämme hervorgegangen sind. Ein weiterer Strang kann auf das Gebiet des heutigen China zurückverfolgt werden (Greenberg & Ruhlen 1992). Jede einzelne oder alle diese Völkerwanderungen können zur Verbreitung der Gattung *Malus* in Nordamerika beigetragen haben. Die Verwendung wilder *Malus*-Arten durch indigene amerikanische Völker scheint nicht weit verbreitet gewesen zu sein, auch wenn Moerman (1998) dies für die heutige Zeit beschreibt.

«Apfelbaum im Herbst» von Simon Moulijn, 1926.
SCHENKUNG DER FREUNDE VON SIMON MOULIJN. © RIJKSMUSEUM, AMSTERDAM.

Es gibt auch Hinweise, dass europäische Populationen, die einigen heute im Nahen Osten vorkommenden Bevölkerungsgruppen ähneln, vor etwa 28 000 bis 30 000 Jahren nach Nordamerika wanderten (Lewin 1998). Dafür sprechen Untersuchungen der mitochondrialen DNA. Es gibt Spekulationen, dass eine dieser Wanderungsbewegungen in australasiatischen Gebieten begonnen haben könnte (Greenberg & Ruhlen 1992, Hey 2005). Das Ganze wird weiter verkompliziert durch die Entdeckung der Überreste des sogenannten Kennewick-Manns im Süden des US-Bundesstaats Washington, der kaukasische Züge zu tragen schien. Er wurde durch eine steinzeitliche Speer- oder Pfeilspitze verletzt, seine Überreste sind etwa 9300 Jahre

Moderne Jurte.

alt (Huckleberry et al. 2003). Eine Prüfung auf mögliche Verwandtschaft mit anderen nordamerikanischen Gruppen oder sogar mit Europäern mittels DNA-Analyse war bisher nicht möglich. Vorläufige Untersuchungen sehen eine Verbindung mit den südindischen Völkern oder möglicherweise den Ainu in Japan, auf Sachalin und den Kurilen. Es erscheint jedoch wenig wahrscheinlich, dass diese Gruppen die Ausbreitung offenbar aus Asien stammender *Malus*-Arten beeinflusst haben. Es scheint keinerlei genetische Beweise dafür zu geben, dass nordamerikanische *Malus*-Genome zurück nach Zentralasien verfrachtet wurden – die Malinae Nordamerikas sind anscheinend ziemlich eigenständig.

Für das Tian-Shan-Gebiet gibt es aus dem Paläolithikum nur spärliche Nachweise von Menschen. Frühe Menschen zogen, vielleicht unter dem Druck einer wachsenden Bevölkerung und der begrenzten Anzahl von Höhlen im Tian Shan, hinaus in die Vorgebirge und Ebenen. Nichtsdestotrotz muss die Natur des Tian Shan mit seiner dramatischen geologischen Geschichte den Menschen der Altsteinzeit ein breites Spektrum an potenziellen Behausungen geboten haben. Das Gebiet stand in Kontrast zu den Lössgebieten im Osten, wo die weichen, losen Böden keinen so bequemen Schutz boten. So ist es wahrscheinlich, dass die frühen Menschen mit dem Tian Shan vertraut waren, zumindest im Sommer und im Herbst. Auch in dieser Region kann spekuliert werden, dass – möglicherweise mit Beginn der Domestizierung von Pferd und Kamel – fischende, jagende und sammelnde Menschen die Höhlen verließen und die deutlich effektivere und komfortablere mobile Höhle erfanden: die Jurte.

Lange vor Beginn der Geschichtsschreibung drangen hochentwickelte Nomaden aus dem Westen, vermutlich Indoeuropäer aus dem Kaukasus, weit nach Osten in diese abgelegenen Regionen Asiens vor (Stein 1903, 1907, 1921; siehe auch Allen 1996, Walker 1998, Barber 1999, Mallory & Mair 2000). Tief in der heutigen Taklamakan-Wüste fand der schwedische Entdecker Sven Hedin verlassene Städte, darunter Karadong (Karte 7). Diese Städte waren unter Sand begraben, aber anhand der Überreste von Pappelalleen sowie Pflaumen- und Aprikosenplantagen noch auffindbar. Mark Aurel Stein, der in Niya Ausgrabungen vornahm, fand ebenfalls Silber-Pappel-Alleen sowie Obstgärten mit Apfel, Pflaume, Pfirsich, Aprikose und Maulbeere. Ob es sich dabei um aus Samen gezogene Bäume oder veredelte Exemplare handelt, lässt sich heute nicht mehr feststellen.

Stein identifizierte außerdem Figuren der Pallas Athene mit Aegis und Donnerkeil, Büsten von Männern und Frauen mit barbarischen (nicht han-chinesischen) Gesichtszügen, einen stehenden und einen sitzenden Eros, Herakles sowie weitere Athene-Figuren. Viele dieser Artefakte sprechen deutlich für frühe Kontakte mit griechischen Zivilisationen. Andere, wie etwa Bilder von Elefanten (Allen 1996), lassen auf einen Kontakt mit indischen Zivilisationen schließen. Skelettreste deuten zudem darauf hin, dass in dieser Gesellschaft Pferde gehalten wurden.

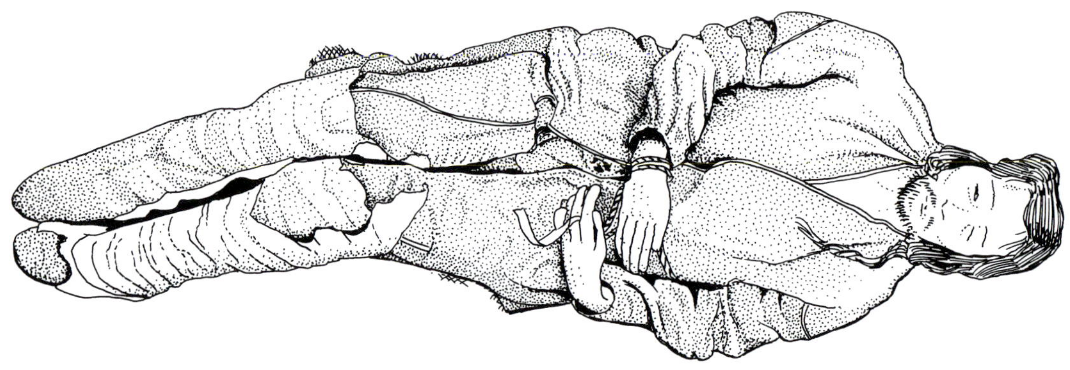

Mumifizierter Körper eines zum Zeitpunkt seines Todes etwa 50 Jahre alten tocharischen Mannes, fast zwei Meter groß, schätzungsweise 4000 Jahre alt, aufbewahrt im Museum in der Nähe von Ürümqi, Xinjiang.
ZEICHNUNG VON ROSEMARY WISE NACH EINEM FOTO VON JEFFREY NEWBURY.

Bis jetzt sind solche Siedlungen nur an den Rändern der heutigen Wüsten gefunden worden. Die dort herrschenden außergewöhnlichen Bedingungen haben menschliche Überreste und Artefakte konserviert. Dabei handelt es sich nicht um Mumien im eigentlichen Sinn, da sie nicht speziell für die Konservierung vorbereitet wurden. Aber die kombinierten Effekte von Winterkälte, Austrocknung und Salzgehalt (die tiefsten Gräber wurden in die alten Salzablagerungen der Tethys gegraben) haben selbst sensible Objekte, wie etwa Stoffe, in einem Ausmaß konserviert, wie fast nirgendwo sonst auf der Welt. Diese hochentwickelten Völker aus der Bronze- bis frühen Eisenzeit webten Textilien und gerbten Leder. Wie der Körper eines kleinen Jungen im historischen Museum in der Turpan-Senke in Xinjiang belegt, wussten sie sogar, wie man einen künstlichen Sauger als Ersatz für das Stillen fertigt (Mallory & Mair 2000). Einige Artefakte sind 4000 Jahre alt, manche könnten noch viel älter sein.

Diese alten Völker wurden auch Tocharer genannt. Allerdings ist der Name etwas irreführend, da er einen eigenen Ursprung impliziert. Wahrscheinlicher ist, dass sie einen Zweig der weitverbreiteten Kaukasier (Indoeuropäer) darstellen, der eine unbekannte Sprache sprach (Renfrew 1989). Einige dieser «Mumien» sind nach ihrer DNA «Kelten». Damit lässt sich die Präsenz von Kelten von den nördlichen schottischen Inseln bis zur heutigen westchinesischen Provinz Xinjiang nachweisen (Karte 8). Ungeachtet ihrer ethnischen und linguistischen Herkunft sind diese Menschen ein eindrucksvolles Beispiel für die Wanderungen hochentwickelter Agrarvölker, die vor mindestens 4000 Jahren im heutigen China Obstbäume und andere Nutzpflanzen anbauten und, wie Artefakte belegen, offensichtlich in Kontakt mit Europa und entfernten Teilen Asiens standen (Karte 8).

Der turkische Korridor

Die Wanderungen der Menschen in den Weiten Zentralasiens lassen sich nicht kurz zusammenfassen. In prähistorischer Zeit zogen Indoeuropäer aus dem Westen bis weit ins heutige China. Es besteht jedoch eine offensichtliche Diskrepanz zwischen den Völkern, die heute die Gebiete entlang der Ost-West-Landrouten bewohnen, und der vermuteten Rolle anderer ethnischer Gruppen bei der Wanderung des Apfels. Entlang der Wanderroute des Apfels (und bestimmter anderer Früchte) nach Westen leben heute fast ausschließlich Turkvölker. Es handelt sich um den Korridor der «Turban-tragenden Völker», der sich im Osten von der Region Gansu und dem Qinghai-See (früher Koko Nor) in China (Karte 7) nach Westen bis zum Mittelmeer erstreckt, mit Ausläufern im nördlichen Sibirien.

Die Hui, Kasachen, Kirgisen, Tataren, Turkmenen, Jakuten, Uiguren, Usbeken und Türken sprechen Turksprachen. Zahīr-ud-Dīn Muhammad, bekannt als Bābur, dessen militärische Eroberungen (1497 in Samarkand beginnend) das Mogulreich begründeten, sprach einen turkischen Dialekt. Dieser turksprachige Korridor wurde, sehr grob geschätzt, vor nicht einmal 1000 Jahren begründet. Damit kamen die turksprachigen Völker zu spät in diesem Gebiet an,

Kirgisen in der Nähe von Jalal-Abad, Kirgisistan.

um bei der anfänglichen Verbreitung des Apfels und anderer Früchte aus dem Tian Shan eine Rolle zu spielen – nach unseren Hypothesen fand dies bereits in einem Zeitraum zwischen 7000 und 2000 Jahren vor unserer Zeitrechnung statt. Die Turkvölker waren auch nicht an der bahnbrechenden Erfindung des Veredelns (Kapitel 4) beteiligt, die vor rund 3800 Jahren irgendwo im Tal von Tigris und Euphrat gemacht wurde.

Dass der turkische Korridor auch als linguistischer Korridor wirkte, deutet das moderne türkische Wort *turfanda* an. Es wird auf den türkischen Märkten für teure, importierte, früh reifende Früchte und Gemüse verwendet. Eine wahrscheinliche Interpretation ist, dass zumindest einige dieser Delikatessen aus dem Gebiet der Turpan- (oder *Turfan*-)Senke in Xinjiang stammen, wo uralte unterirdische Wasserkanäle die frühe Reifung kultivierter Früchte ermöglichen.

Ein Wort zu verbreiten ist das eine, aber ein Produkt oder eine fortgeschrittene landwirtschaftliche Technik weiterzugeben etwas ganz anderes. Insgesamt verbreiten sich neue Ideen, neue Kulturpflanzen und neue Anbaumuster in sesshaften, konservativen Agrargemeinschaften relativ langsam. Lebten die Völker entlang des turkischen Korridors in prähistorischer Zeit migrantisch bzw. nomadisch, wurde ihnen später eine sesshafte Lebensweise mit Landwirtschaft aufgezwungen. Dies passierte noch bis ins 20. Jahrhundert hinein, besonders unter Stalin und vor allem nach der deutschen Invasion (C. C. Valikhanov in Akhmetov 1998). Vor den Regimen dieser Despoten war dieser große Korridor das Reich nomadischer Völker, die über hochentwickelte Methoden der Fortbewegung, transportable Behausungen und eine Pferdekultur verfügten.

Ein Apfelsamen kann im Darm eines Pferds an einem einzigen Tag 65 Kilometer zurücklegen. Aber wer besaß solche Pferde und wer lenkte sie? Es wurde argumentiert (Outram et al. 2009), dass die Domestizierung des Pferds um etwa 3500 v. Chr. begann. Viel später, zu unterschiedlichen Zeiten, siedelten sich Populationen turksprachiger Völker in verschiedenen Gebieten entlang des Korridors an, wie Perlen an einer Kette.

Zu verschiedenen Zeiten wirkte ein unterschiedlicher Selektionsdruck auf die Pflanzen, was zu den Verbreitungsmustern führte, die wir heute beobachten. Darüber hinaus einen Zusammenhang herzustellen zwischen den Mustern von Sprache, ethnischen Gruppen und Ausbreitung von Samen, wird umso komplizierter, je mehr Informationen auf dem Tisch liegen (Shouse 2001). Aber eine direkte Korrelation zwischen den Wanderungen von Sprache und Pflanzen gibt es nicht.

Lastentiere

In den Pyrenäen wurde ein rund 15 000 Jahre alter, prächtig geschnitzter Pferdekopf gefunden, aber es ist unwahrscheinlich, dass Pferde zu dieser Zeit tatsächlich domestiziert waren (Drower 1969). Nichtsdestotrotz gab es in Westeuropa zu dieser Zeit sicher Pferde in großer Zahl und sie stellten vermutlich eine beliebte Fleischquelle dar (Sherrat 2004).

Eines der ältesten Beweistücke für die Domestizierung sind die ungefähr 6000 Jahre alten Überreste eines Pferds aus der archäologischen Fundstätte Derijiwka in der Ukraine. Die Abnutzung der Zähne deutet darauf hin, dass das Pferd während des Großteils seines Lebens eine Trense im Maul hatte und also domestiziert war. Aktuelle Experimente zeigen, dass Pferde mit Trensen aus Holz oder Leder gezähmt werden können, aber wegen der Vergänglichkeit der Materialien ist keiner der beiden Typen leicht in archäologischen Funden nachzuweisen. Solidere archäologische Beweise für die Domestikation von Pferden in den Steppen sind nördlich des Schwarzen Meers gefunden worden (Drower 1969, Diamond 1991). Hochentwickelte, von Pferden gezogene Streitwagen, die auch mit Prozessionen in Verbindung gebracht werden (Sherratt 1984, 2004), waren in der Bronzezeit ein Mittel der Kriegsführung. Der archäologische Fund in der Ukraine steht im Einklang mit der Analyse der mitochondrialen DNA, die darauf hindeutet, dass Wildpferde vor etwa 6000 Jahren an vielen unterschiedlichen Orten in Eurasien gezähmt wurden. Bei 191 domestizierten Pferden wurden 32 unterschiedliche mütterliche Linien nachgewiesen, was darauf hindeutet, dass eine große Zahl unterschiedlicher weiblicher Abstammungslinien innerhalb relativ kurzer Zeit für die Domestikation verwendet wurden (Vila et al. 2001).

Die ersten Domestizierungsversuche begannen möglicherweise mit dem Einfangen einer Stute mit Fohlen, als die ersten Städte im Nahen Osten entstanden. Die rasche und weit verbreitete Domestikation des Pferds kann mit der Erfindung und Verbreitung des Automobils verglichen werden. In einer archäologischen Untersuchung in ferner Zukunft wird man bei beiden schnelle Akzeptanz, Verbreitung und Spezialisierung feststellen.

Verglichen mit denen des Kamels verursachen Zähne und Eingeweide des Pferds nur geringe oder gar keine Schäden an einem Apfelkern. Die Zähne können sogar die Keimfähigkeit erhöhen, indem sie die Samen reinigen und anritzen. Nach Domestizierung und unter menschlicher Kontrolle könnte das Pferd daher sowohl Samen als auch reichhaltigen Kompost entlang der alten Ost-West-Zugrouten verbreitet haben. In Oasen wurde das Pferd vermutlich angebunden. Ein angebundenes Pferd wird weder daran gehindert, Kot abzusetzen, noch in den eigenen Kot zu treten, sehr zum Ärger seines Halters. Auf den weicheren Böden der Oasen trieben die scharfen Hufe also Apfelsamen in die Grasnarbe. Hufeisen, die den Effekt verstärkt hätten, kamen erst im Mittelalter allgemein in Gebrauch, aber die frühen Pferde der Steppe, Tarpan und Przewalski-Pferd, hatten relativ schmale Hufe. Die breiten «Elefantenfüße» des schweren Kavalleriepferds oder des Arbeitspferds, gezüchtet, um den Pflug zu ziehen, sind das Ergebnis einer viel späteren Selektion.

In China tauchen Abbildungen von Pferden zur Zeit der Shang-Dynastie vor etwa 3700 Jahren auf. Chinesische Quellen sprechen von den «himmlischen Pferden» von Ferghana. Das Ferghana-Becken ist seit langer Zeit ein fruchtbares Ackerbaugebiet, das direkt auf dem Weg des Süßapfels nach Westen liegt. Der Neid der Chinesen auf die Pferde aus dieser Region ist verständlich: Da sie nicht über so viel nährstoffreiches Grasland verfügten, war es fast unmöglich, größere Herden von Weidetieren wie Pferde, Kühe oder Schafe zu halten. Übrigens wird die Seidenstraße von den Chinesen Pferdestraße genannt (Sherratt 2004), was die unterschiedlichen Prioritäten und Erwartungen widerspiegelt. Auch der Esel *(Equus asinus),* der in

«Eine Karawane rastet am Kaffeehaus bei Scalanova in Asien» **von Ferdinand Bauer aus dem Jahr 1794 (Lack und Mabberley 1999). Kamele und Pferde einer Karawane stehen getrennt voneinander in der Nähe von Kuşadasi, einer Hafenstadt in der westlichen Türkei gegenüber der Insel Sámos.**

der Savanne und dem Buschland an den westlichen Rändern der Wüsten heimisch ist, war eine spätere Errungenschaft in der östlichen Welt. Er verstärkte den Trend, Techniken aus dem Westen wie Ikonografie, landwirtschaftliche und häusliche Praktiken im Osten entlang der frühesten Routen der Seidenstraße zu verbreiten.

Merkwürdigerweise ist das Pferd im alten Griechenland relativ spät aufgetaucht – es kommt dort erst seit 3500 Jahren vor. Den ersten Skulpturen nach zu urteilen, waren diese frühen griechischen Pferde klein, kaum größer als das heutige Pony, und wurden ohne Steigbügel geritten. Vor der Erfindung mechanischer Transportmittel waren Pferd und Esel die wichtigsten Lastenträger, zumindest in Europa. Der Asiatische Esel *(Equus hemionus)* wurde im frühen Mesopotamien zum Ziehen von Streitwagen verwendet, spätere Zivilisationen aber hielten ihn nicht mehr als Lasttier.

Es wird vermutet, dass das Kamel vor etwa 5000 Jahren domestiziert wurde, möglicherweise kurz nach dem Pferd. Bald stellte man fest, dass das Kamel gegenüber dem Pferd oder Esel mehrere Vorteile hat: In gutem körperlichem Zustand kann es Lasten von bis zu 250 Kilogramm auf dem Rücken transportieren und benötigt auf hartem Untergrund oder Straßen keine Hufeisen. Das omnivore Kamel frisst auch Aas; verglichen mit dem relativ anspruchsvollen Pferd, das sich von Gras und Hafer ernährt, ist sein Speisezettel legendär vielfältig. Als Lasttier drang das Kamel in historischer Zeit weiter nach Europa vor, als allgemein angenommen wird. Kamelknochen wurden beispielsweise in den römischen Ruinen von Vindonissa (heute Windisch, Schweiz) gefunden (Bulliet 1975). Interessant ist auch die Abbildung einer Karawane aus dem späten 18. Jahrhundert im äußersten Westen der Türkei, die einhöckrige Kamele, Pferde und Esel zeigt, die getrennt voneinander stehen (siehe Abbildung auf Seite 96).

Es wird allgemein angenommen, dass Kamele nicht zum Ziehen von Fahrzeugen mit Rädern eingesetzt werden können. Daher wird argumentiert, dass das Vorhandensein von Wagen- oder Radfragmenten in Grabbeigaben die Verwendung von Pferden beweist. Das stimmt nicht ganz, da Kamele, auch wenn sie keine Deichseln mögen, darauf trainiert werden können, Karren an losen Leinen zu ziehen (Bulliet 1975). Ob Räder und Wagenteile in archäologischen Überresten vorhanden sind oder nicht, sollte man daher sehr vorsichtig interpretieren. Das Fehlen von Rädern muss nicht auf mangelnde Kenntnis der Technik hindeuten. Wegen der felsigen und gebirgigen Landschaft haben weder Griechenland noch Japan in historischer Zeit das Rad als Transportmittel erfunden. Und auf weichen sandigen Böden oder auf Schnee und Eis wurden Schlitten unterschiedlicher Form verwendet.

Alte Apfelnamen

Archäologische Beweise für das Sammeln von Wildäpfeln in Europa finden sich in neolithischen (ca. 12 000 Jahre alt) und bronzezeitlichen (ca. 4500 Jahre alt) Ausgrabungsstätten in ganz Europa (Hopf 1973, Schweingruber 1979, Jacomet 2005). In Israel gibt es Belege für Apfelanbau vor 3000 Jahren (Zohary & Hopf 2000). Von der Größe her handelte es sich bei diesen Äpfeln mit ziemlicher Sicherheit um den europäischen *Malus sylvestris* (Villaret-von Rochow 1969), dessen Unterart subsp. *orientalis* im Kaukasus und im Iran heimisch ist.

In der Ära der geschriebenen Sprache, die auf die Ära der oft technologisch fortgeschrittenen, aber schriftunkundigen Völker folgte, muss die Frage nach dem Namen des Apfels gestellt werden. Wir müssen uns auch fragen, wann die frühen Völker lokal verfügbare kleine Wildäpfel sammelten und verwendeten und wann sie zur Nutzung der importierten, großen süßen Äpfel aus dem Tian Shan übergingen. Die Daten hierzu sind unübersichtlich und oft widersprüchlich und jeder winzige Fingerzeig aus den frühestens schriftlichen Berichten muss ausgewertet werden.

Mesopotamien, wörtlich das Land zwischen den Flüssen, zwischen Tigris und Euphrat, ist wahrscheinlich das älteste Zentrum organisierten Gartenbaus auf der Welt (Karte 9; Gopher et al. 2001). Die ersten dokumentierten Parks wurden in Assyrien (ungefähr das heutige Syrien und Teile des Iraks und der Türkei) vor rund 3100 Jahren angelegt. Die Hängenden Gärten von Babylon, eines der sieben Weltwunder, wurden vor etwa 2600 Jahren geschaffen. Das Persische Reich, das Mesopotamien einnahm, erlebte seine Blütezeit unter der Herrschaft Kyros des Großen (etwa 585–529 v. Chr.), dessen Reich sich von Griechenland bis Indien erstreckte. Unter seiner Herrschaft erreichten Landwirtschaft und Gartenbau ein für die damalige Zeit ungewöhnlich hohes Niveau.

Die volkstümlichen Namen, die dem Apfel im Nahen Osten und in Europa gegeben wurden, sind zahlreich und oft verwirrend. Aber noch undurchsichtiger erscheint die frühe Geschichte der Frucht in China (Kapitel 5). Die erste Verwendung von Wörtern, die sich auf den Apfel beziehen könnten, ist ein umstrittenes Thema. Aus der frühdynastischen Zeit im frühen Mesopotamien (Fara-Zeit, vor rund 4500 Jahren) gibt es Keilschrifttexte mit dem Wort *hashur,* das in akkadischen Wörterbüchern mit Apfel übersetzt wird. Es scheint einen etymologischen Zusammenhang mit dem syrischen *hazur* zu geben (Postgate 1987). In diesen Texten ist auch festgehalten, dass *hashur* nicht nur frisch, sondern auch getrocknet und an Schnüren verfügbar sind. Diese schriftlichen Belege werden durch den archäologischen Nachweis gestützt, dass Schnüre mit getrockneten Apfelringen im Grab der Königin Pu-abi in Ur in Sumer (in der Nähe des heutigen Bagdad im Irak) gefunden wurden (Alter etwa 4500 Jahre). Es ist allerdings noch nicht möglich, anhand von DNA-Analysen zu bestimmen, ob es sich um *Malus domestica* handelt. Selbst wenn man Schrumpfung beim Trocknen berücksichtigt, deutet der Durchmesser von durchschnittlich 15 Millimetern (Renfrew 1987) darauf hin, dass es sich um eine andere Art handelt. Beachtenswert ist, dass die Methode, Äpfel auf Schnüren zu trocknen, um sie vor Schäden durch Frost, Insekten oder Pilzen zu schützen und gleichzeitig ihren Nährwert zu erhalten, in Großbritannien und den USA bis ins 20. Jahrhundert verbreitet war. Das Trocknen von Äpfeln ist in den extremen Klimaten der Länder Osteuropas und Zentralasiens heute noch üblich.

Das Wort Apfel ist in den alten europäischen Sprachen verwurzelt (Gamkrelidze & Ivanov 1984), einschließlich des Keltischen, Germanischen und Balto-Slawischen. Die vorgeschlagene Wurzel ist *ablu, ab(a)lo* und im Germanischen *aplu* oder *ap(a)*. Im präromanischen nordwestlichen Europa, einschließlich Großbritannien, wird für die Sprache der wenig präzise ethnische Begriff Keltisch verwendet (Cunliffe 2001). Hier lautet die Bezeichnung für den Apfel *abhall* oder *abhal*; im Walisischen ist es *avall*. Im Armorischen (nordwestliches Gallien oder Bretagne) heißt der Apfel *afall* oder *avall,* auf Kornisch *aval* und *avel* und Gälisch *ubhail*. Der mystische Ort Avalon wird auch Ynys Avallach oder Ynys Avallon genannt, was sich ebenfalls vom Apfel ableitet. Möglicherweise wurden diese Bezeichnungen aber auch auf andere essbare Früchte angewendet.

Im Altrussischen ist der Apfel *jabl' ko,* im Russischen *jabloko.* Auf Hebräisch heißt der Apfel *tappuah* (dasselbe Wort wird auch für dem Baum verwendet, siehe unten). Im Griechischen wird der Apfelbaum *miliá* genannt, der Apfel heißt *milos.* Im Lateinischen heißt der Apfel, ebenfalls verwirrend, sowohl *malus (malum)* als auch *pomum.* Die Römer verehrten eine Göttin der Frucht und nannten sie Pomona, aber ihr übliches Wort für Apfel war *malus.* Der lateinische Satz «Mala malus mala mala» bedeutet übersetzt: «Ein schlechter Apfelbaum trägt schlechte Äpfel.»

In der Bibel heißt es in Genesis 3,6: *«Da sah die Frau, dass es köstlich wäre, von dem Baum zu essen, dass der Baum eine Augenweide war und begehrenswert war, um klug zu werden. Sie nahm von seinen Früchten und aß; sie gab auch ihrem Mann, der bei ihr war, und auch er aß.»* Und Joshua 17,8 lautet: *«Manasse wurde das Land von Tappuach zuteil, Tappuach selbst aber, an der Grenze Manasses, den Efraimitern.»* Das Hohe Lied 2,3 besagt: *«Wie ein Apfelbaum unter den Bäumen des Waldes, so ist mein Geliebter unter den Söhnen. In seinem Schatten begehre ich zu sitzen. Wie süß schmeckt seine Frucht meinem Gaumen!»* Im Hohen Lied 2,5 heißt es: *«Stärkt mich mit Traubenkuchen, erquickt mich mit Äpfeln; denn ich bin krank vor Liebe.»* In Joel 1,12 ist zu lesen: *«Der Weinstock ist dürr, der Feigenbaum welk. Granatbaum, Dattelpalme und Apfelbaum, alle Bäume auf dem Feld sind verdorrt; ja, verdorrt ist die Freude der Menschen.»*

Es besteht Einigkeit darüber, dass das alte hebräische Wort *tappuah* nicht mit «Apfel» zu übersetzen ist. Palästina ist zu trocken und zu heiß für den Apfelanbau und ausgewählte Sorten mit geringem Winterkältebedarf wurden erst vor relativ kurzer Zeit eingeführt. Auf der Suche nach der Bedeutung von *tappuah* wurden Früchte wie Orange, Pomelo (eine Zitrusfrucht), Quitte, Aprikose, Granatapfel, Feige (wie bei Michelangelo) und sogar Banane vorgeschlagen (de Witt 2000, Palter 2002). Mehrere davon sind aus historischen oder botanischen Gründen nicht möglich. Aber es gibt gute Argumente dafür (Church 1981), dass es sich um *Strychnos nux-vomica,* die Gewöhnliche Brechnuss (Familie Loganiaceae) handelt, die wie die Schlange Teil der mythologisierten Erinnerungen an eine verlorene tropische Welt sein könnte, die in der Genesis beschrieben wird. Nichtsdestotrotz bleibt der Apfelmythos bestehen.

Archäologische Belege für den Verzehr von Äpfeln gibt es schon seit dem Übergang vom Neolithikum in die Bronzezeit vor etwa 4500 Jahren. Dabei könnte es sich um *Malus sylvestris* handeln, wahrscheinlicher aber ist es *M. orientalis.* Die Früchte dieser Art haben normalerweise einen Durchmesser von zwei bis drei, selten vier Zentimetern und sind bitter. Sie müssen getrocknet oder gekocht werden, damit das tanninreiche Fruchtfleisch essbar wird (Wiltshire 1995, Renard et al. 2001).

Die Beweise aus dem Grab der Königin Pu-abi sind nicht eindeutig, legen aber nahe, dass Äpfel die großen Flüsse Mesopotamiens hinab verschifft wurden, wahrscheinlich aus dem Elburs-Gebirge südlich des Kaspischen Meers, dem Zagros-Gebirge entlang der iranisch-irakischen Grenze und dem Aladağlar-Gebirge der östlichen Türkei. Wie in Palästina war es auch in Mesopotamien insgesamt viel zu heiß für den Apfelanbau. Etwa 3800 Jahre alte Keilschrifttexte bestätigen den Transport die großen mesopotamischen Wasserwege hinab. Jedoch sind diese Belege kein eindeutiger Beweis für *Malus domestica.*

Den Aufzeichnungen Alexanders des Großen, unmittelbar vor seinem Tod 323 v. Chr., lässt sich jedoch ein kleiner, aber möglicherweise signifikanter Fingerzeig entnehmen. Beim Training seiner Kriegsflotte auf dem Euphrat unmittelbar vor den Toren von Babylon (in der Nähe von Bagdad im heutigen Irak) stellte Alexander seine Männer in simulierten Seeschlachten auf die Probe. Die Besatzungen bewarfen einander von den Decks der königlichen Flotte aus mit Äpfeln (Lane Fox 1973). Es hätte den Kriegern wenig genutzt, Holzäpfel mit kaum drei Zentimetern Durchmesser zu verwenden, selbst wenn muskulöse Mazedonier sie geworfen hätten. Aber die volle Wucht eines großen Tian-Shan-Apfels zu spüren, vielleicht eines der hartschaligen Vertreter der Reifeklasse 3, wäre eine lehrreiche Erfahrung gewesen!

Wenn sumerische Keilschrifttexte und archäologische Funde auf eine hochentwickelte Kultivierung des Apfels vor mehr als 4000 Jahren hindeuten, gibt es dann ähnliche Belege, die für eine frühe Nutzung des Apfels näher an seinem Ursprungsgebiet sprechen? Die Nachweise aus chinesischen Quellen werden in den Kapiteln 4 und 5 untersucht.

Kapitel 4

Äpfel und ihre Veredlung

Frühe Kultur-Äpfel wurden aus Samen gezogen und brachten eine Reihe Typen hervor, da sie selten samenecht sind. Als der Apfel in den Westen kam, verwendete man hier bereits Veredlungstechniken, und so begann man, Klone zu vermehren, um eine einheitliche zuverlässige Ernte zu gewährleisten (Stecklinge sind im Allgemeinen wenig erfolgreich). Das Prinzip der Veredlung von Trauben wurde vermutlich bereits vor 3800 Jahren verstanden, es gibt gute Belege für die Veredlung vor 2500 Jahren in Persien. Zur Zeit der Römer war die Veredlung fast so weit entwickelt wie heute. Unabhängig davon könnten auch in China Veredlungstechniken entstanden sein, und zwar für Maulbeerbäume, die für die Seidenproduktion verwendet wurden, oder für Zitrusfrüchte. Zwergapfelbäume waren schon vor 2000 Jahren bekannt und die Paradies-Unterlagen wurden wahrscheinlich über Armenien aus China in den Westen gebracht.

Es gibt Belege für menschliche Siedlungen entlang der Ost-West-Handelswege, möglicherweise siedelten Menschen hier bereits vor 10 000 Jahren, sicher aber vor 7000 Jahren. Aber was geschah mit den Äpfeln des Tian Shan?

Die ersten Anzeichen für eine sich entwickelnde Landwirtschaft als Gegensatz zu mobilem Jagen und Fischen sind im Gebiet der heutigen Südosttürkei, Nordsyriens und des Iraks zu finden (Karte 9). Diese Region umfasst Gebiete, in denen die für die Ernährung essenzielle Kombination von Getreide und Hülsenfrüchten von Natur aus vorkommt, nämlich die wilden Vorfahren von Weizen *(Triticum aestivum),* Gerste *(Hordeum vulgare),* Kichererbse *(Cicer arietinum)* und Linse *(Lens culinaris).* Der Beginn dieses Übergangs ins Neolithikum wird ständig früher datiert und nähert sich der Zeit vor 13 000 Jahren (Lev-Yadun et al. 2000, Gopher et al. 2001). Als der Apfel nach Westen vorrückte, wurde diese neue Nutzpflanze in Gebiete gebracht, in denen die Völker bereits mehrere Tausend Jahre mit landwirtschaftlichen Techniken vertraut waren, einschließlich des Anbaus von Baumfrüchten wie Feigen. Daher sollte man annehmen, dass sie für eine neue Obstsorte empfänglich waren. Der Apfel hatte den großen Vorteil, dass er leicht geerntet und verzehrt werden konnte. Schälen, Enthäuten, Mahlen, Waschen,

«Früchte tragender Apfelbaum, Standard oder Halbstandard» aus *The Fruit-Grower's Guide,* 1924.

Kochen, Aufgießen, Gären oder Auswaschen giftiger Stoffe war nicht notwendig. Die meisten Äpfel gewinnen an Qualität, wenn sie unter guten Bedingungen gelagert werden. Wie John Worlidge 1669 schrieb: *«Es gibt keinen Tag im Jahr, an dem sie nicht zu haben sind, und zwar nicht die schlechtesten.»* Die vielen Vorteile machten es dem Apfel wohl leicht, den Westen zu erobern.

Der Apfel muss mehrere Tausend Jahre lang ausschließlich in Form von Samen aus zufällig bestäubten Blüten nach Westen gelangt sein. Trotz der Tatsache, dass es sich bei den später transportierten Äpfeln um Selektionen aus größeren, süßeren, saftigeren Vertretern des Fruchtwalds gehandelt haben dürfte, lassen heutige Erfahrungen vermuten, dass die Nachkommenschaft von genießbar bis extrem sauer variierte (Brown & Maloney 2003: Tafel 3.2).

Äpfel sind selbstinkompatibel, daher wurde bald deutlich, dass sie normalerweise nicht samenecht sind ('Blenheim Orange' beispielsweise scheint eine partielle Ausnahme zu sein und setzt einige entwicklungsfähige Samen an – da es sich um einen Triploiden handelt, ist es ungewöhnlich, dass er Samen durch die Verschmelzung entwicklungsfähiger Gameten bildet). Angesichts des hohen Grads an Polymorphismus bei *Malus domestica* ähneln die Nachkommen ihren Eltern häufig nicht.

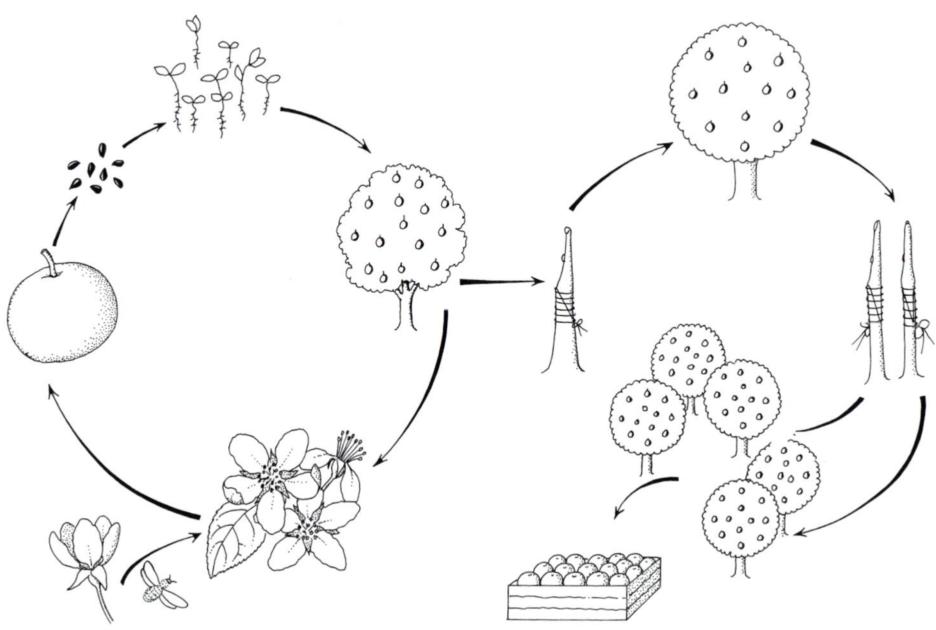

Variable Nachkommen aus geschlechtlicher Reproduktion (links) versus gleichförmige Klone durch vegetative Vermehrung und Veredlung.
ZEICHNUNG VON ROSEMARY WISE.

Die hohe Misserfolgsquote bei dem Versuch, die schmackhaftesten Äpfel durch Aussaat zu gewinnen, dürften die frühen Obstbauern dazu animiert haben, die Pflanzen durch Stecklinge oder möglicherweise Absenker (Ableger) zu vermehren. Die Erfolgsquote dürfte allerdings auch bei diesem Material vernachlässigbar gewesen sein. Der Zusammenhang zwischen zufälliger, offener Bestäubung, Sämlingsdiversität und der Entwicklung der Veredlung (eine Form der Klonierung durch vegetative Vermehrung) zeigt die Abbildung auf Seite 104. Über Hunderte, wenn nicht Tausende Jahre blieb die wahre Natur dessen, was dabei passiert, unverstanden. Und der Mechanismus für den Erfolg der Veredlung ist angesichts der Komplexität der meristematischen Verschmelzung immer noch nicht vollständig geklärt.

Bei der Domestikation von Feigen, Trauben, Oliven und Granatäpfeln (Zohary & Spiegel-Roy 1975) war Veredlung der Schlüsselprozess. Wir werden wahrscheinlich nie erfahren, wer die Veredlung erfand. Es sind zwei fast gleichzeitige Entwicklungen vorstellbar, die beide nicht direkt mit dem Apfel zusammenhängen. Die Chinesen legten keinen großen Wert auf den Apfel, da sie in ihrer unermesslich reichen Flora viel mehr Früchte zur Verfügung hatten als die Menschen im Westen. Viele Früchte, wie zum Beispiel der Pfirsich *(Prunus persica)*, säten sich selbst aus und hatten mehr oder weniger regelmäßig sortenechte Nachkommen. Darüber hinaus stammt der Apfel aus einer Region im äußersten Nordwesten Chinas, Xinjiang, über die die chinesischen Dynastien lange Zeit bestenfalls eine rudimentäre Kontrolle hatten.

In erfahrenen Händen ist die konventionelle Veredlung, die als *«instant domestication»* (Zohary & Hopf 2000) bezeichnet wurde, zwischen Arten fast aller Gattungen der Malinae möglich. Die Chinesen verwenden regelmäßig Zwergmispel-Arten *(Cotoneaster)* als Unterlagen für Äpfel und die Quitte *(Cydonia oblonga)* als Unterlage für Birnen *(Pyrus)*. Um eine gewisse Verzwergung zu erreichen, wurden Birnen auf Weißdorn *(Crataegus)* veredelt, jedenfalls bis ins Mittelalter (Amherst 1895). Alle diese Kompatibilitäten lassen auf einen relativ jungen evolutionären Ursprung der Malinae insgesamt schließen. Ein umfassender Überblick über die frühere Literatur ist bei Roberts (1949) zu finden, die heutige Situation beschreiben Wertheim und Webster (2003).

Äpfel, wie auch die meisten anderen Malinae, lassen sich, wie bereits erläutert, nicht ohne Weiteres durch Stecklinge oder Ableger vermehren. In der jungen Rinde befinden sich bittere, halblösliche Phenole, Tannine genannt, die sich bereitwillig mit jedem Protein verbinden und es dadurch inaktivieren. Bei Pflanzen scheinen sie die Triebe im ersten Jahr vor Fraß zu schützen. Da die Rinde bei der Stecklingsgewinnung verletzt wird, verhindern die Tannine auch die Bildung von Adventivwurzeln, die normalerweise aus der Basis von Stecklingen wachsen. Stecklingsvermehrung gelingt bei sehr wenigen außergewöhnlichen Apfelsorten wie 'Burr Knot' oder 'Burr Knot Lascelles', 'Chiloe', 'Sheep's Snout', 'Irish Pitcher' und 'Oslin' (oder 'Orgeline' von Bunyard & Thomas 1906; siehe auch Bunyard 1920), deren kommerzieller Wert allerdings beschränkt ist. 'Tom Putt' aus den späten 1700er-Jahren treibt in der Regel Wurzeln, ebenso wie die alte Cider-Sorte 'Genet Moyle' (Moyle, Mule oder deren Hybriden).

Apfelbäume, die «Wurzelknoten» entwickeln – kleine, korkige, manchmal spitze Protuberanzen, meist in der Nähe des Stammfußes –, wurzeln in der Regel aus Stecklingen. Kein Geringerer als Charles Darwin notierte am 4. Februar 1835 in seinem «Journal of Researches» auf der Reise mit der Beagle, dass auf der Insel Chiloé vor der chilenischen Küste auf großen Flächen Äpfel gedeihen, die offensichtlich aus Stecklingen gezogen worden waren:

> *«Die Bewohner kennen eine fabelhafte schnelle Methode, einen Obstgarten anzulegen. Am unteren Teil fast jedes Asts stehen kleine, konische, braune, runzelige Spitzen hervor: Diese sind immer bereit, sich in Wurzeln zu verwandeln, wie manchmal zu sehen ist, wenn Schlamm versehentlich an einen Baum gespritzt wurde.»*

Obstbäume, die auf ihren eigenen Wurzeln wachsen, haben manche Vorteile. Die neuesten Techniken, wie zum Beispiel der Einsatz von Wachstumsförderern und Wärme von unten (Webster & Wertheim 2003), können zu einem gewissen Erfolg führen. Diese Methoden standen den Menschen damals jedoch noch nicht zur Verfügung.

Veredlung und die Wanderung des Apfels nach Westen

Bei seiner Ausbreitung vom Tian Shan entlang der großen Handelswege nach Westen hinterließ der große süße Apfel vermutlich vielfältige Abkömmlinge als Produkte sehr vieler Bestäubungsereignisse. Gleichzeitig könnte Samenmaterial auch vom Westen zurück in den Fruchtwald gelangt sein, als Karawanentiere auf Nahrungssuche waren. Tausende von Kilometern von Wegen durch die Wüste, insbesondere um die Oasen, dienten als eine Art Selektionsgebiet, in dem ein konstanter Strom von Reisenden und ihren Tieren unbewusst die Samen bestimmter Früchte aufnahm und verteilte.

Menschen essen Äpfel meist bis zum Plazentagewebe, aber weder das Kerngehäuse selbst, noch die bitteren Kerne. In ähnlicher Weise nutzen Vögel einen Apfel: Wegen des Cyanidgehalts lassen sie die Apfelkerne in der Regel unbeschädigt im Plazentagewebe zurück. Im Kerngehäuse belassene Samen waren aber vermutlich bei der Ausbreitung potenzieller Sämlinge nur von geringem Wert (Kapitel 1). Pferde und Bären und einige kleinere Waldbewohner wie Wildschweine oder Dachse sind besser dazu in der Lage, die Samen herauszulösen, anzuritzen und zu verteilen. Das Winterklima von Zentralasien und der kontinentaleren Gebiete der Türkei und Spaniens sollte einen adäquaten Kältereiz und anschließende Keimung sichergestellt haben.

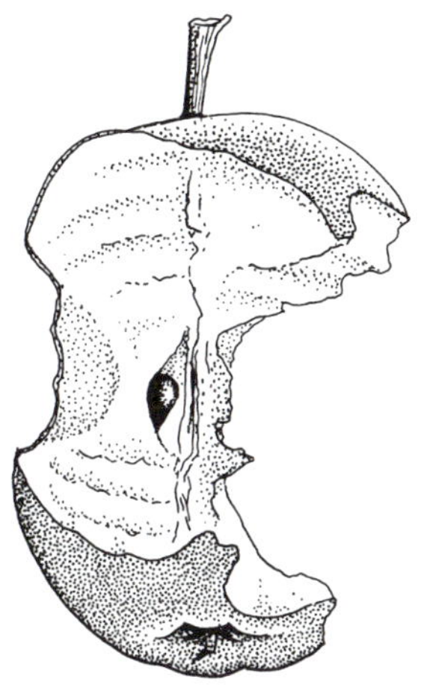

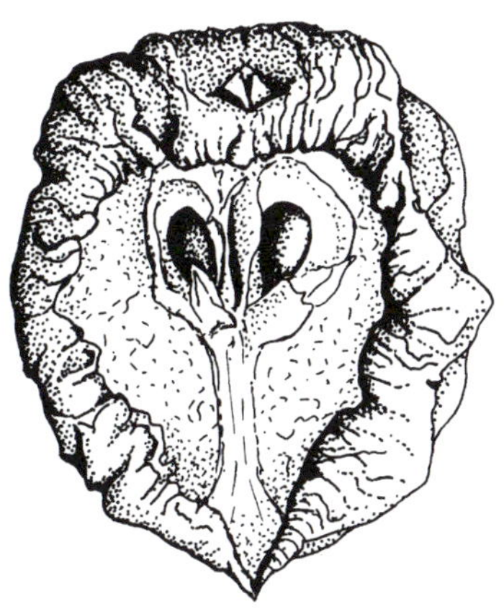

Apfelreste nach dem Verzehr durch Menschen (links) und Vögel (rechts).
ZEICHNUNGEN VON ROSEMARY WISE.

Solange eine reiche Vielfalt an fruchtbaren, aus Samen entstandenen Bäumen vorhanden ist, gibt es wenig Anreize für die Entwicklung der Veredlung. Jeder Obststand am Straßenrand in Usbekistan, Kirgisistan und Kasachstan präsentiert eine Fülle an Äpfeln der Saison. Wenn man sich jedoch nach der Sorte erkundigt, stößt man auf Verwirrung und erfährt dann, dass die Äpfel von irgendwoher aus einem benachbarten Tal stammen. Warum sich mit zeitraubenden Vermehrungsmethoden beschäftigen, wenn Vielfalt vorherrscht und wenn es ausreichend Ersatz gibt, falls ein bevorzugter Apfelbaum stirbt?

Straßenverkauf von Äpfeln von sich selbst versamten Bäumen in der Nähe von Almaty, Kasachstan.

Als sich der Apfel in die trockeneren Niederungen im heutigen Turkmenistan, Iran und Irak ausbreitete, kam es jedoch seltener zur Keimung. Kleine Populationen von Äpfeln und anderen sich selbst versamten Bäumen entstanden vermutlich nur in der Nähe von Oasen und in anderen fruchtbaren Gebieten, wo Sämlinge gedeihen und Pferde weiden konnten. Die Pferde drückten die Samen mit ihren Hufen in den Boden und Dung fressende Käfer wie der Mistkäfer halfen beim Vergraben.

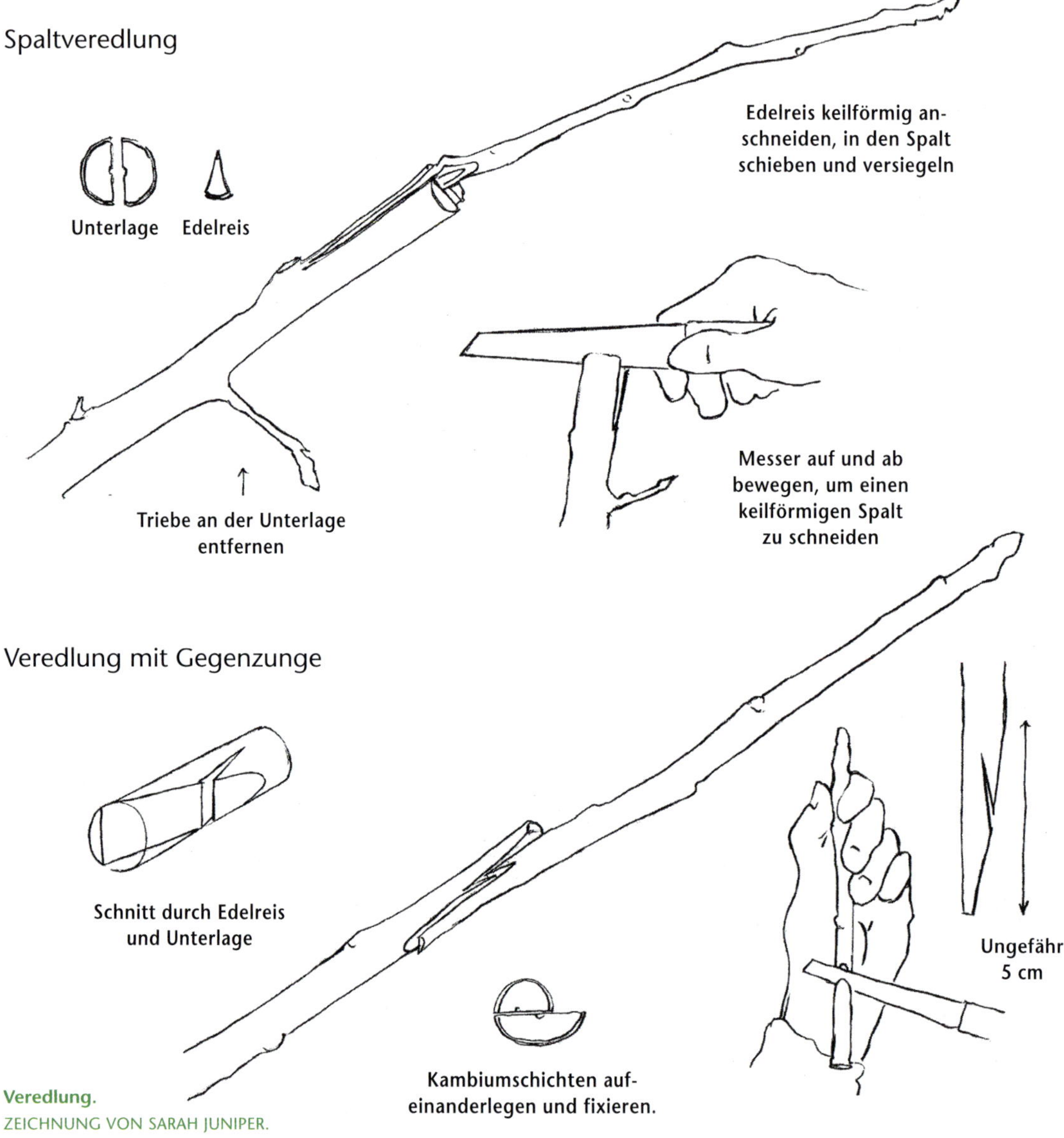

Veredlung.
ZEICHNUNG VON SARAH JUNIPER.

Spaltveredlung aus *A Booke of the Arte and Maner, Howe to Plante and Graffe All Sortes of Trees ...* von Leonard Mascall (1572). Das merkwürdig bandagierte Aussehen des spaltveredelten Stamms wird wie folgt erklärt: *«Der übliche Schutz für die Reiser ist gut temperierter Lehm, der mit Pferdemist vermischt ist; ein ausgezeichneter Ersatz, der zur Verwendung bereit gehalten werden kann, wenn er durch Wärme etwas aufgeweicht ist, ist eine Mischung aus gleichen Teilen Talg, Bienenwachs und Harz, die auf Leinenstreifen von sechs Zoll Länge und etwa zwei Zoll Breite* [15 x 5 cm] *aufgetragen wird; einer dieser Streifen wird um jede Pfropfstelle gewickelt, sodass der Spalt an den Seiten und am Ende vollständig bedeckt ist.»* (Coxe 1817) Pferdemist, auch wenn dieser Zusatz heute nicht mehr verbreitet ist, verbessert wahrscheinlich die Qualität des Reises, da wachstumsfördernde Auxin-Analoga im Urin enthalten sind.

Der Technik der Veredlung liegen möglicherweise zufällige Beobachtungen von Feldarbeitern zugrunde, dass gelegentlich natürliche Pfropfung zwischen benachbarten Pflanzen der gleichen Art zu finden sind (siehe auch Mudge et al. 2009). Natürliche Pfropfung zwischen Wurzelsystemen und, seltener, oberirdischen Pflanzenteilen wurde bei Wildäpfeln im Tian Shan beobachtet (Dzhangaliev 2003). Es ist gut möglich, dass wandernde Völker sich bei der Ausbreitung des Apfels nach Westen an diese Beobachtungen erinnerten und sie weitergaben, als sich konventionelle Stecklinge und Anzucht aus Samen als unbefriedigend erwiesen.

Eine andere Möglichkeit ist, dass Landarbeiter, die über einen längeren Zeitraum mit der Ernte oder der Bearbeitung von Feldern beschäftigt waren, sich Unterstände zum Übernachten bauten, indem sie einfache Rahmen aus biegsamen Ästen fertigten und mit wasserdichtem Material überdeckten. Behelfsunterkünfte aller Art sind auch heute noch in landwirtschaftlichen

Flächen in Zentralasien anzutreffen. Wenn diese Rahmen aus abgeschnittenen Stämmen und bereits bewurzeltem Material hergestellt wurden, das biegsam war, wie es bei Esche *(Fraxinus)* und Weide *(Salix)* der Fall ist, und wenn dieses Material mit dicken Ruten fest zusammengeschnürt wurde, könnten die kompatiblen Arten sich bewurzelt haben und miteinander verwachsen sein. Die Beobachtung solcher Verwachsungen könnte Pfropfungsversuche bei Obstbäumen angestoßen haben.

Archäologische Belege für Veredlung

1934 entdeckten französische Archäologen den großen Palast der mesopotamischen Stadt Mari am Mittellauf des Euphrat, etwas nördlich von Ur im heutigen Syrien. Das gesamte Gebiet war seit mindestens 4300 Jahren hochzivilisiert. Viele Belege dafür sind auf Tafeln aus ungebranntem Ton zu finden, auf denen Informationen über häusliche, staatliche und militärische Angelegenheiten in Keilschrift eingraviert sind. In einem Fall erhielt das Küchenpersonal eine Schiffsladung von 100 Litern oder Quarts an Äpfeln und zehn an Mispeln vom Oberlauf des Flusses. Wahrscheinlich stammten diese Früchte von den Hängen der kühleren Gebirge Elburs, Zagros und Aladağlar im Norden und waren den Euphrat hinuntergeschifft worden. Entscheidender sind jedoch die Hinweise auf die Veredlung von Weinreben *(Vitis vinifera)* (Lion 1992). Keilschrift lässt sich nicht leicht übersetzen und die Interpretationen sind äußerst vage. Aber die Babylonier waren hoch entwickelte und aufmerksame Landwirte. Der Zeitpunkt vor etwa 3800 Jahren würde mit den Bewegungen entlang der großen Handelswege nach Norden übereinstimmen.

Das Wissen und die Beispiele für andere Früchte, auf die solche Techniken übertragen werden können, müssen ebenfalls von Nord nach Süd gesickert sein. Möglicherweise hatten die Landwirte in Mesopotamien bereits mit der Salzanreicherung im Boden zu kämpfen, die eine Folge der jahrtausendelangen Bewässerung in trockener Hitze war. Vielleicht erkannten sie, dass manche Reben zwar von mäßiger Fruchtqualität, aber gegenüber Bodenversalzung tolerant waren. Diese wurden zu Unterlagsreben. Andere Rebsorten, sozusagen der 'Cabernet Sauvignon' der Zeit und Region, waren salzempfindlich, konnten aber als Edelreiser (knospentragende Sprosse) auf die salztolerante Unterlage gepfropft werden. Zur Zeit der Herrschaft von Kyros dem Großen (558–529 v. Chr.) hatten die erfahrenen und gärtnerisch versierten Obstbauern die natürliche Pfropfung von benachbarten Bäumen und Sträuchern sicher bemerkt. Die Anlage von formalen Gärten mit am Spalier gezogenen Bäumen und Sträuchern dürfte die Entstehung von natürlichen Pfropfungen und Druckveredlungen gefördert haben. Im Zuge der Heeresbewegungen, insbesondere unter Alexander dem Großen zwei Jahrhunderte später, gelangten solche Kenntnisse durch die erzwungene Umsiedlung gebildeter Sklaven und durch Reisende nach Mazedonien und Griechenland.

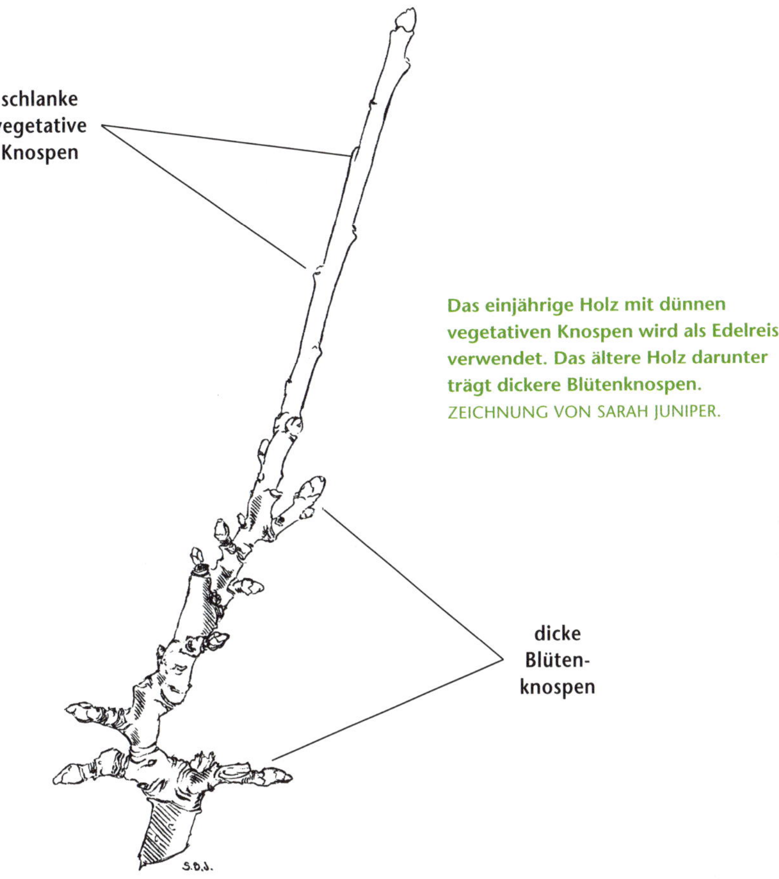

Das einjährige Holz mit dünnen vegetativen Knospen wird als Edelreis verwendet. Das ältere Holz darunter trägt dickere Blütenknospen.
ZEICHNUNG VON SARAH JUNIPER.

Alexander war ein bekannter Kavalleriekommandeur (Lane Fox 1973) und mit der Bewegung von Männern und Pferden ging unvermeidlich eine Verschleppung von Obstsamen aller Art einher. Es ist auch möglich, dass ein Teil dieses Wissens aus Mesopotamien an die «keltischen» Völker weitergegeben wurde, deren Einfluss sich vor 2500 bis 2100 Jahren von der heutigen Süd- und Zentraltürkei über Griechenland bis nach Irland und zu den Shetland-Inseln erstreckte (Karte 8).

Dareios I, König von Persien, 522 bis 486 v. Chr., schrieb einen Brief an einen seiner Satrapen, Gadatas, in Magnesia, einer antiken historischen Region, die heute Teil der westlichen Türkei ist (Karte 9; Meiggs & Lewis 1989). Der Brief ist in Stein gemeißelt und war Teil eines Gebäudes, möglicherweise eines Tempels (er befindet sich heute im Louvre in Paris). Darin beglückwünscht Dareios Gadatas zum Anbau von Feldfrüchten und Obstbäumen aus Syrien im westlichen Kleinasien; Dareios selbst könnte sich zu dieser Zeit im westlichen Asien aufgehalten

Natürliche Pfropfung bei Buchen *(Fagus sylvatica)* in einer ehemaligen Hecke (davor Sarah Juniper), in der Nähe von Uley, Gloucestershire, England.

Vermehrung durch Absenker.
ZEICHNUNG VON SARAH JUNIPER.

haben. Dieser Text deutet stark auf Veredlung und die Selektion von hochwertigen Früchten hin, aber auch hier sind die Beweise nicht ganz eindeutig. Interessant ist, dass Magnesia zu dieser Zeit deutlich innerhalb der östlichen Einflusssphäre der keltischen Völker gelegen haben muss.

Die alten Griechen legten ausgedehnte Obstgärten an, was mit einigen Vorbehalten als ein Ergebnis von Veredlungstechniken gedeutet werden kann. Der früheste glaubwürdige Bericht über diese wahrscheinlich alte Technik ist *Über die Natur des Kindes,* den vermutlich Anhänger von Hippokrates ungefähr 424 v. Chr. verfassten (Mudge et al. 2009). Die Römer lernten diese Techniken teils von den Griechen und teils von den Syriern. Römische Schriften berichten (Hehn 1902):

> *«Die syrischen Sklaven brachten neben anderen orientalischen Verderbnissen der Sinne auch die orientalisch verfeinerte Fähigkeit mit, Pflanzen und Tiere zu pflegen. Wie die Kastration, Beschneidung und die Erzeugung von Bastarden war es in den frühen Tagen üblich, die Bäume zu beschneiden und Obstbaumsorten durch Veredlung zu mischen.»*

Ein gewisses Gefühl der Abscheu, dass etwas falsch und ungesund ist an der künstlichen Vermischung zweier oder mehrerer Pflanzen, ist weit verbreitet. Die Praxis, zwei Pflanzen unterschiedlicher Herkunft miteinander zu verbinden, ist nach hebräischem Recht (Levitikus 19,19) verboten. Sie wurde im 16. Jahrhundert vom Botaniker Jean Ruel verdammt und von «Johnny Appleseed» Chapman geschmäht. All das hielt allerdings niemanden davon ab, diese Technik zu nutzen, wann und wo es sinnvoll erschien.

Zur Zeit von Cato (234–149 v. Chr.) gab es Anleitungen, aus lebenden Bäumen neue Bäume mithilfe von durchbohrten Gefäßen oder Körben, die mit Erde gefüllt waren, zu erzeugen (Hehn 1902). Dies entspricht einer Vermehrung durch Absenker, was bei einer kleinen Anzahl von Apfelsorten funktioniert. Aus der Zeit von Plinius dem Älteren (23–79 n. Chr.) gibt es Belege für eine beträchtliche Anzahl unterschiedlicher Apfelsorten, möglicherweise bis zu 100. Es gibt auch Hinweise darauf, dass Plinius mit dem experimentierte, was wir heute Familienbäume nennen würden: die meist unbefriedigende Praxis, verschiedene Sorten auf eine Unterlage zu veredeln. Plinius beschreibt in seiner *Historia naturalis* unter anderem den 'Scantischen Apfel' (wahrscheinlich ein Apfel der Reifeklasse 3, da er in Fässern gelagert wurde), 'Kleinen Griechen', 'Syrischen Roten', 'Mostapfel' oder 'Honigapfel' (wegen seiner schnellen Reife und seines Geschmacks offensichtlich ein Apfel der Reifeklasse 1), 'Blutapfel' (wegen seiner Farbe) und 'Sceptian', benannt nach seinem Entdecker, einem befreiten Sklaven. 'Annurco' wurde auch unter dem ursprünglichen Namen 'Orbiculata' oder 'Orcola' angeführt, der in Kampanien im südlichen Italien immer noch weit verbreitet ist (Plinius 1967). Es ist möglich, jedoch umstritten, dass die römischen Sorten 'Decio' und 'Court Pendu Plat' überlebt haben und heute in Großbritannien und anderswo angebaut werden. 'Decio' stammt vermutlich aus der Zeit von Attila, ungefähr 450 n. Chr., und wurde vielleicht durch den römischen General Ezio nach Westen gebracht (Grassi et al. 1998). Die Sorte wird sicher seit mindestens 500 Jahren kultiviert (Morgan 1993) und es gibt keine grundsätzlichen genetischen Gründe, warum sie nicht seit der Römerzeit überlebt haben sollte, auch wenn viele wohlbekannte Sorten aus der Vergangenheit Viren zum Opfer fielen.

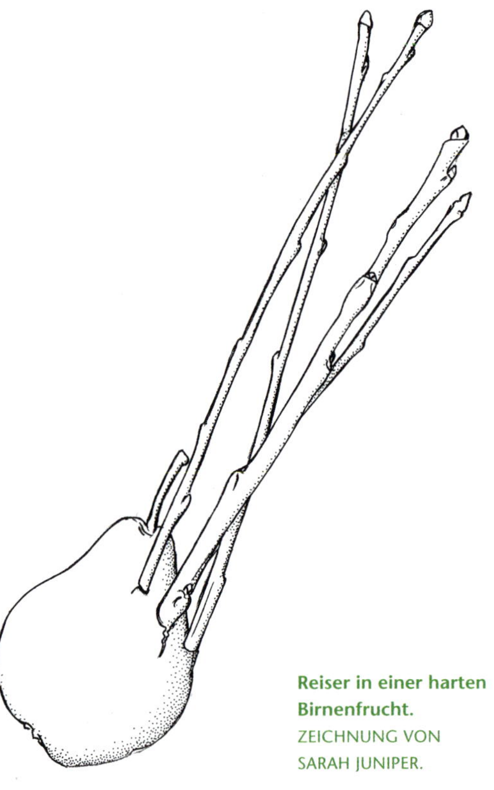

Reiser in einer harten Birnenfrucht. ZEICHNUNG VON SARAH JUNIPER.

Während der Invasion Mallorcas sank 125 v. Chr. ein römisches Versorgungsschiff. Im Laderaum befanden sich Amphoren mit Olivenöl, ganzen Oliven, Mandeln, Wein und, in einen Klumpen Lehm gedrückt und mit einem Lappen umwickelt, ein Bündel von Weinstecklingen (Damien Cerda Juan pers. Mitt. 1995). Von seinen Nachrichtendiensten hatte der erobernde römische Kommandeur offensichtlich von dem unzureichenden Gartenbau auf der Insel und dem Fehlen jeglicher raffinierter Lebensmittel erfahren. Es steht außer Zweifel, dass die Römer und frühere Zivilisationen eine andere effektive Methode zum Transport von Edelreisern über große Entfernungen kannten: nämlich sie tief in eine harte Frucht wie eine Quitte oder Birne oder in ein Wurzelgemüse wie die Rübe zu stecken. Wahrscheinlich war bei den heftigen Bewegungen eines Schiffs die Methode mit den Lehmklumpen vorzuziehen.

Wenige Jahre später lieferte der römische Dichter und Philosoph Lukrez (etwa 90–50 v. Chr.) in *De Rerum Natura* schriftliche Belege für Veredlung (Lucretius 1907). Die Römer entwickelten diese Techniken zu solcher Ausgereiftheit, dass ein moderner Gartenbauer den Gelehrten des ersten Jahrhunderts n. Chr. wie Columella (Forster & Heffner 1979), Autor von *De Re Rustica,* oder Plinius dem Älteren kaum etwas über die Feinheiten von Veredlung, Okulation, Verzwergung von Unterlagen und andere Techniken hätte beibringen können. Die Römer legten in Saint-Romainen-Gal im südlichen Frankreich ein Mosaik, das ungefähr aus der ersten Hälfte des dritten Jahrhunderts (Peletier 1975) stammt und auf dem ein ganzes Obstgartenjahr dargestellt ist, von der Pflanzung über die Veredlung und den Baumschnitt bis hin zur Oliven-, Trauben- und Apfelernte und der Zubereitung von Olivenöl, Wein und Cidre. Es handelt sich um die älteste eindeutige Darstellung von Veredlung (Mudge et al. 2009). Im vierten Jahrhundert verfasste Rutilius Tauros Aemilianus Palladius sein monumentales *Opus agriculturae*, dessen vierzehnter und letzter Band (in Versform) der Veredlung gewidmet ist und (neben vielen «falschen Tatsachen») die Kompatibilität von Apfel mit Mispel und Elsbeere beschreibt (Mudge et al. 2009).

Veredlung ab dem Mittelalter in Europa

Nach dem Abzug der römischen Legionen aus Britannien um etwa 450 n. Chr. folgten viele Hundert Jahre, über die kaum etwas bekannt ist, die sogenannten dunklen Jahrhunderte. Rund 1000 Jahre vergingen vom Ende der römischen Herrschaft bis zum ersten unbestreitbaren schriftlichen Beleg für Veredlung im mittelalterlichen England. Unwiderlegbare archäologische Beweise wird man mit an Sicherheit grenzender Wahrscheinlichkeit nie finden, aber es scheint plausibel, dass solch eine wichtige gartenbauliche Technik wie Veredlung, die sich für so viele Nutzpflanzen eignet, in der ländlichen Praxis die dunklen Jahrhunderte überdauerte, auch wenn entsprechende Texte kaum existieren. Winzige Hinweise auf Obstanbau in dieser Zeit gibt es jedoch: Jason (1966) listet alle Belege zwischen 360 und 1340 n. Chr. auf, die keinen Zweifel daran lassen, dass Obstgärten und Veredlung den Zusammenbruch des römischen Reiches überlebt haben.

In seiner Übersetzung der *Regula Pastoralis (Liber regulae pastoris)* von Papst Gregor I schrieb König Alfred um 897: *«Sio halige gesomnung Godes folces, thaet eardath on aeppeltunum, thonne hie wel begath hira plantan & hiera impan, oth hie folweaxne beoth.» («An die heilige Gemeinde des Volks Gottes, die in den Apfelgärten lebt, wo sie ihre Pflanzen und Veredlungen gut pflegt, bis sie ausgewachsen sind.»)* «Impan» ist das ursprüngliche Wort für Veredlung («grafting»), heute bezeichnet es das Verbinden von Federn in der Falknerei. Die Häufung britischer Ortsnamen mit dem Wortbestandteil *apple* und keltischen und sächsischen Assoziationen (Kapitel 5) deutet darauf hin, dass Haine mit Apfelbäumen verehrt wurden. Sogar in den dunklen Jahrhunderten scheint es unwahrscheinlich, dass dem kleinen, wuchernden, einheimischen Wildapfel mit seinen praktisch ungenießbaren, adstringierenden Früchten ein so eindrucksvolles Denkmal gesetzt worden wäre.

Die Tatsache, dass «graffing» in Texten in verschiedenen Sprachen im nordwestlichen Europa seit dem späten Mittelalter regelmäßig kommentiert wird (Janson 1996), legt nahe, dass die Technik weit verbreitet war und angewendet wurde. («Graffing», das bald weitgehend durch «grafting» ersetzt wurde, wurde in der Schriftsprache mindestens bis zu Nehemiah Grews Buch aus dem

Das Pressen von Früchten in einem römischen Kalendermosaik.
FOTO VON BRIDGEMAN-GIRAUDON, MIT FREUNDLICHER GENEHMIGUNG DER KURATOREN DES MUSÉE DES ANTIQUITÉS NATIONALES IN SAINT-GERMAIN-EN-LAYE, FRANKREICH.

Spaltveredlung in einem römischen Kalendermosaik.
FOTO VON ERICH LESSING, ART RESOURCE, NEW YORK. MIT FREUNDLICHER GENEHMIGUNG DER KURATOREN DES MUSÉE DES ANTIQUITÉS NATIONALES IN SAINT-GERMAIN-EN-LAYE, FRANKREICH.

Jahr 1675 verwendet.) Wilhelm von Malmesbury, Bibliothekar der Abbey of Malmesbury in Wiltshire, England, kommentierte die lokale Landschaft und die Errungenschaften der Bischöfe von England um 1125 in seiner *Gesta Pontificum Anglorum* (Winterbottom & Thomson 2007):

> *«Das Land trägt überall Feldfrüchte in Hülle und Fülle und ist fruchtbar, sei es von Natur aus oder dank des Könnens des Landwirts; die Bedingungen sind so, dass sie sogar den gelangweiltesten Faulpelz zur Arbeit ermuntern, da der Lohn hundertfach sein wird. Die öffentlichen Straßen sind von Obstbäumen (arboribus pomiferis) geschmückt, und zwar nicht dank der Kunst und Industrie, sondern dank der Natur des Bodens. Das Land bringt von selbst Früchte hervor, die an Geschmack und Schönheit allen anderen weit überlegen sind. Viele verkümmern nicht am Ende des Jahres, sondern tun ihren Dienst, bis sie ersetzt werden.»*

Mit heutigem Wissen kann im Nachhinein der Schluss gezogen werden, dass die Menschen im Grenzgebiet zwischen Gloucestershire und Wiltshire die Fertigkeit der Veredlung bewahrt *(«dank des Könnens des Landwirts»)* und dass einige kalte Winter in der unmittelbaren Vergangenheit zur spontanen Keimung von Samen geführt hatten. Auch zeigt sich hier, dass einige Bäume ihre Früchte lange Zeit behielten und dass Früchte kühl gelagert wurden, sodass sie in guter Qualität zur Verfügung standen, bis es neue Äpfel gab.

Michael Hennerty (in Kennedy 1997) fand Belege für den Apfelanbau in Irland, die auf den Anführer des MacCann-Clans hinweisen, der 1155 in Armagh starb und an den man sich *«wegen des starken Getränks, das er aus Äpfeln aus seinem eigenen Obstgarten für seinen Clan herstellte»* erinnerte. In Anbetracht der Tatsache, dass es Obstgärten schon lange gab und dass bäuerliche Techniken fortbestanden, wie von Wilhelm von Malmesbury dokumentiert, scheint es möglich, dass diese kurze Skizze die Existenz von Veredlungen und die Zusammenstellung sehr spezifischer Sorten vielleicht vor und sicherlich nur wenige Jahre nach der normannischen Eroberung

Über den Winter am Baum hängengebliebene Äpfel in Oxford, England.

belegt. Könnte es sein, dass eine frühe «keltische» Tradition des Apfelanbaus fortbestand, weil weder die Römer noch in größerem Umfang die nachrömischen Invasoren aus Nordwesteuropa nach Irland vordrangen? Im darauffolgenden Jahrhundert schrieb Albertus Magnus, Gründer der ältesten deutschen Universität in Köln, in seinem Werk *De Vegetabilibus,* dass Veredlung Sorten verbessert. Er schlug sogar vor, dass durch Veredlung neue Arten geschaffen werden könnten (Mudge et al. 2009, siehe auch Abschnitt «Hybridisierung durch Veredlung»).

Nach König Alfreds Übersetzung aus dem Lateinischen ins Altenglische findet sich die erste wirkliche Erwähnung des Veredelns in der sich entwickelnden modernen englischen Sprache in einem rätselhaften Dokument aus dem 15. Jahrhundert mit dem Titel *The Feate of Gardening* von Maister John Gardener oder Gardyner (Manuskript im Trinity College, Cambridge; siehe Amherst 1894, 1895, Harvey 1985), dessen wirklicher Name John de Wyndesores oder John de Standerwyck gewesen sein könnte. Es spricht einiges dafür, dass es sich um das Werk eines leitenden Gärtnermeisters handelt, möglicherweise im königlichen Palast von Westminister oder auf Schloss Windsor.

Wann genau *The Feate of Gardening* geschrieben wurde, ist umstritten. Die meisten Fachleute gehen von einem Zeitpunkt um 1440 aus, während andere es bereits auf Mitte des 14. Jahrhunderts datieren. Die beiden Originalfassungen, eine vollständige im Trinity College, Cambridge, und eine unvollständige, die Loscombe-Fassung (Wellcome Historical Medical Library manuscript 406), bestehen heute nur noch aus einer Handvoll Manuskriptseiten in Knittelversen. Das Werk scheint nie veröffentlicht worden zu sein, sodass es keinen großen Einfluss auf den Gartenbau jener Zeit gehabt haben kann. Es ist jedoch ganz an der Praxis orientiert und zeigt keine Zeichen von Anleihen bei anderen Werken (Harvey 1985). Der Text besteht aus einer kurzen Einführung, gefolgt von Abschnitten über Bäume, Veredlung (die Schreibweise «graff» verwendend), Weinbau, Zwiebelgewächse, Kohlarten (Gattung *Brassica*), Petersilie, Kräuter und abschließend Safran.

Der erste veröffentlichte und weit verbreitete Text, in dem Veredlung in englischer Sprache genau beschrieben wird, war John Fitzherberts *The Boke of Husbandry* von 1523. Dieser Text ist so genau und so lehrreich, dass man davon ausgehen kann, dass Veredlungstechniken weit verbreitet und auch gut verstanden waren (siehe Abbildung rechts).

Auf dem europäischen Kontinent lieferte Johann Domitzers einflussreiches *Ein Neues Pflantzbüchlin,* 1531 in Augsburg in Bayern veröffentlicht, eine umfassende Darstellung der Veredlung, die bis weit ins 17. Jahrhundert herangezogen wurde. 1536 bezog sich Jean Ruel aus Paris, der in lateinischer Sprache schrieb, vielfach auf die Praxis der Veredlung, obwohl er keine Beschreibung des Veredelns als solches gab: «*Miscella insitione … insitionis adulteries*» [«gemischte

¶ How to graffe.

Thou muste gette thy graffes of the fairest kanses, that thou canste fynde on the tree, and see it haue a good knotte or ioyncte, and an euen. Than take thy sawe, and sawe into thy crabbetree, in a faire playne place, pare it euen with thy knyfe, and than cleaue the stocke with thy greate knyfe and thy mallet, and sette in a wedge, and open the stocke, accordynge to the thyckenesse of thy graffe, than take thy smalle sharpe knyfe, and cutte the graffe on bothe sydes in the ioyncte, but passe not the myddes therof for nothynge, and lette the inner syde, that shall be set into the stocke, be a lyttell thynner than the vtter syde, and the neither poyncte of the graffe the thynner: than proferre thy graffe in to the stocke, and if it go not close, than cut the graffe or the stocke, tyll they close cleane, that thou canste not put the edge of thy knyfe on neyther syde betwene the stocke and the graffe, and sette theim so, that the toppes of the graffe bende a lyttell outewarde, and see that the woodde of the graffe be set mete with the woodde of the stocke, and the sappe of the stocke maie renne streyght and euen with the sappe of the graffe. for the barke of the graffe is neuer so thicke as the barke of the stocke. And therfore thou mayste not sette the barkes mete on the vtter syde, but on the inner syde: than pull awaye thy wedge: and it wyll stande muche faster. Than take toughe cleye, lyke marley, and ley it vppon the stocke head, and with thy fynger laye it close vnto the graffe, and a lyttell vnder the head, to kepe it moyste, and that no wynde come into the stocke at the cleauynge. Than take mosse, and laye there vpon, for chynynge of the claye: than take a baste of whyte wethy or elme, or halfe a brer, and bynde the mosse, the clay, and the graffe together, but be well ware, that thou breake not thy graffe, neyther in the claiyng, nor in the byndynge, and thou muste set some thynge by the graffe, that crowes, nor byrdes lyghte not vpon the graffe, and breake hym, &c.

«*Wie man veredelt. Du musst deine Reiser von den schönsten Spießen* [dem schlanken, nach oben gerichteten, flachknospigen, einjährigen Holz, das sich für Edelreiser eignet] *nehmen, die du am Baum finden kannst, und dafür sorgen, dass sie einen guten Knoten oder eine gute Verbindung und eine gleichmäßige* [Verbindung] *haben. Dann nimm deine Säge und säge deinen Wildbaum an einer schönen, ebenen Stelle durch, glätte ihn mit deinem Messer und säubere dann deinen Stock mit deinem großen Messer und deinem Schlägel, setze einen Keil ein und öffne den Stock, je nach der Dicke deines Reises, dann nimm dein kleines, scharfes Messer und schneide das Reis auf beiden Seiten in die Fuge, aber nicht vergeblich durch die Mitte, sodass die innere Seite, die in den Stock eingesetzt werden soll, ein wenig dünner ist als die andere Seite, und keine der Spitzen des Reises dünner: Dann stecke dein Reis in den Stock, und wenn er sich nicht schließen lässt, dann schneide das Reis oder den Stock, bis sie sich sauber abschließen, sodass du die Schneide deines Messers auf keiner Seite zwischen Reis und Stock stecken kannst, und setze sie so ein, dass die Spitzen des Reises sich ein wenig nach außen biegen, und sieh zu, dass das Holz des Reises mit dem Holz des Stocks zusammentrifft, und dass der Saft des Stocks gerade und gleichmäßig mit dem Saft des Reises fließt; denn die Rinde des Reises ist nie so dick wie die Rinde des Stocks. Darum sollst du darauf achten, dass sich die Rinde nicht an der Außenseite, sondern an der Innenseite begegnet: dann zieh deinen Keil weg, und er wird viel stabiler stehen. Dann nimm zähen Lehm, wie Mergel, und lege ihn auf den Kopf des Stocks, und lege ihn mit dem Finger dicht an das Reis und ein wenig unter den Kopf, damit er feucht bleibt und kein Wind in den Stock komme an der Spaltung. Dann nimm Moos und lege es darauf, um den Lehm zu kühlen* [um zu verhindern, dass er reißt oder rissig wird]; *dann nimm einen Brei von weißem Ulmenholz oder einem halben Dornbusch und binde das Moos, den Lehm und das Reis zusammen, aber achte darauf, dass du dein Reis nicht zerbrichst, weder beim Auftragen des Lehms, noch beim Binden, und du musst etwas neben das Reis setzen, damit nicht Krähen oder Vögel daran stoßen und ihn zerbrechen etc.*»

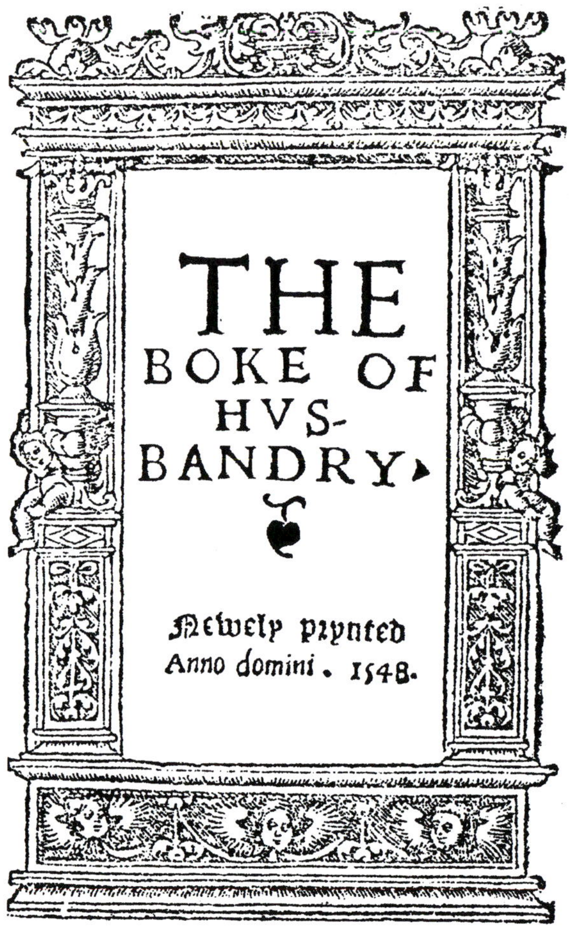

Titelseite einer späteren Auflage von John Fitzherberts *The Boke of Husbandry.*

Einfügungen … ehebrecherische Einfügungen»]. Man beachte das weit verbreitete Unbehagen an der Praxis der Veredlung, der Vermischung von Pflanzen durch menschliches Eingreifen, ein Gefühl, das heute in der Debatte über genetische Veränderung von Nahrungspflanzen wiederkehrt. Ruel notierte auch: *«Während die früheren römischen Verfasser wie Cloatius eine ganze Reihe von Apfelsorten auflisteten, übertrafen die späteren Gartenbauer ihre Vorgänger in ihren Fertigkeiten beim Veredeln bei Weitem.»* Solche Kommentare lassen darauf schließen, dass diese gärtnerische Technik aus Persien über die Römer im mittelalterlichen Europa bekannt war, nicht nur durch mündliche Überlieferung und Beispiele, sondern auch durch weit verbreitete literarische Quellen, von denen viele heute verloren sind.

Thomas Tusser (1557, 1573) hatte in seinen etwas seltsamen literarischen Texten in Versform ziemlich viel über Früchte zu sagen. Und zur Zeit von Thomas Hill (1563) und Leonard Mascall (1572) wurden in Großbritannien qualitativ hochwertige bebilderte Lehrbücher in einem unverwechselbaren, modernen und instruktiven Stil verkauft. Sie waren teuer, aber in der Landessprache verfasst. Sie beschrieben die Veredlungsmethoden und bildeten sie mit dem entsprechenden Handwerkszeug ab.

Auch Shakespeare wusste übrigens über Veredlung Bescheid, wie über fast alles andere zu seiner Zeit. In *Corilianus* (verfasst zwischen 1599 und 1608) schrieb er im 2. Aufzug, Szene 1: *«Doch, auf Treu und Glauben, Holzäpfel, alte, stehen noch hier, die niemals durch Pfropfen sich veredeln.»* John Parkinson (1629) beschrieb mehr als 200 Obstsorten, darunter 75 Äpfel, und auch Veredlungsmethoden und -werkzeuge in allen Einzelheiten. Einträge in den Geschäftsbüchern von Sir Richard und Lasy Reynells of Forde für März 1645 (Gray 1995), *«Robert Salter und William Salter für Veredlung 14* [Pence]*»* und *«An die Jungen für das Verschmieren der Pfropfstellen mit Lehm 06* [Pence]*»*, deuten vermutlich auf Spaltveredlung hin, bei der das freiliegende Gewebe mit Lehm geschützt wurde.

Bei der Doppelveredlung wird ein Edelreis auf einen Stamm gepfropft, der seinerseits auf eine andere Unterlage gepfropft ist. Der erste schriftliche Beleg findet sich in Thomas Langfords (1681a) *Plain and Full Instructions to Raise All Sorts of Fruit Trees*:

> *«Mr. Rea* [1665 und viele spätere Ausgaben] *beurteilt den Paradiesapfel als etwas langsam wachsend, wenn es darum geht, einen Cyen* [Spross] *hervorzubringen, und rät, einen Paradies- auf eine Wildapfelunterlage zu setzen, und die Frucht, die man auf dem Paradies haben möchte, sodass der Wildapfel dem Paradies viel Saft abgibt, und der Paradies das Wachstum des auf ihm gepflanzten Apfels verzögert, sodass er zwergwüchsig bleibt.»*

Jean de La Quintinye (1626–1688) war Gartenmeister am Hof Ludwigs XIV von Frankreich und zweifellos der mit Abstand führende Pomologe des 17. Jahrhunderts («Vater der Baumschnittkunst» genannt). Er verwendete in den von ihm angelegten Nutzgarten sowohl für Äpfel als auch für Birnen kleinwüchsige (Paradies-)Unterlagen (Evelyn 1664, London & Wise 1699a, b). De La Quintinye gab unter anderem Ratschläge zur Lagerung von Früchten in Lagern mit 0,6 Meter dicken Wänden, doppelt verglasten Fenstern, einer Luftschleuse am Eingang und sogar einer Katzenklappe für Ratten und Mäuse jagende Katzen (De La Quintinye 1690).

Ein Nachfolger von Langford und de La Quintinye, der in erheblichem Maß plagiierte, war Richard Bradley (1688–1732). Dieser schillernden Persönlichkeit gelang es, sich wegen fragwürdigen Verhaltens sowohl von der Royal Society of London als auch vom Lehrstuhl für Botanik an der Universität Cambridge ausschließen zu lassen. Er scheint in Cambridge nie Vorlesungen gehalten zu haben, sondern ließ seine Texte als Bücher drucken, was zweifellos weitaus profitabler war. Ab etwa 1717 publizierte er rund 20 Bücher. Er war kein schlechter botanischer Zeichner und trug viel dazu bei, die «philosophischen» (methodischen) Aspekte des Obstbaus voranzutreiben.

Veredlung in China

Die Chinesen, denen eine außerordentliche Fülle an Obstarten zur Verfügung stand, zeigten kein besonderes Interesse am Apfel (Simoons 1991). Das im Nordwesten liegende Xinjiang war für sie eine entlegene Region, die nicht selten ihrer Kontrolle entglitt. Überdies lag sie jenseits eines besonders feindlichen Gebiets, der Gobi. Um 1860 tauchten westliche Sorten auf den Märkten in China auf und heute sind viele Chinesen der Meinung, dass der Apfel eine fremdländische Frucht sei. Viele der frühen chinesischen Sorten waren mehlig, wurden wenig geschätzt und hielten sich nicht lange.

Manche Autoren behaupten, dass Veredlung in China im 2. Jahrtausend v. Chr. praktiziert wurde, vielleicht an Zitruspflanzen (Mudge et al. 2009). In einem frühen, undatierten Bericht, der von 1560 v. Chr. stammen soll, werden Mandarinen beschrieben, die auf *Citrus (Poncirus) trifoliata* veredelt wurden, auch heute noch eine wichtige Vorgehensweise. Es gab jedoch noch eine andere Nutzpflanze, die für die chinesischen Dynastien von außerordentlichem Wert war und sich für die Entwicklung spezieller Vermehrungsmethoden und der Veredlung anbot. Die frühen Chinesen besaßen kaum wertvolle Güter – wenig Gold und weder Silber noch Edelsteine –, mit denen sie hätten Handel treiben können. Sie benötigten aber bestimmte Waren aus dem Westen, wie Kobalt aus Persien (Carswell 2000a, b), Lapislazuli und Smaragde aus Afghanistan und hochwertige große Pferde aus dem Ferghana-Tal, das heute hauptsächlich in Usbekistan liegt (Karte 6). Dafür brauchten sie eine «Währung». Zu diesem Zweck begannen sie vor rund 2300 Jahren, eine hoch entwickelte Seidenindustrie aufzubauen (Fortune 1847). Die Seidenraupe *(Bombyx mori)* ernährt sich fast ausschließlich von Blättern der heimischen Weißen Maulbeere *(Morus alba)*. Die beliebte Dessertfrucht, die Schwarze Maulbeere *(M. nigra)*, war dafür kaum ein ausreichender Ersatz.

Gao Jien (pers. Mitt. 1999) glaubt, dass sich die Praxis des Veredelns in China unabhängig entwickelte, und zwar nicht für die Obst-, sondern für die Seidenproduktion. Schriftliche Nachweise von vor der christlichen Zeitrechnung scheint es bis heute nicht zu geben. Wie bei den nicht verwandten Malinae heißt es, dass sich herkömmliche Stecklinge beider Maulbeerarten nicht leicht bewurzeln, auch wenn dies in Zweifel gezogen wurde (Mudge et al. 2009).

Maulbeerbäume entwickeln schon in relativ jungem Alter lange Zweige, die bis auf den Boden herabhängen und durch Selbstabsenkung den ursprünglichen Baum langsam erweitern. Auf Ordnung bedachte Gärtner schneiden seit Generationen entweder diese lästigen herabhängenden Äste ab oder mähen penibel unter den unteren Ästen, um die Ausbreitung zu verhindern.

Bei den verschiedenen *Morus*-Arten gibt es viele vegetative Formen, die die Entwicklung von Veredlungsmethoden angeregt haben könnten. Bäume mit vielen Blättern, die die großen Massen von Seidenraupen am besten ernähren, könnten mithilfe von Ablegern vermehrt worden sein. Die aus winzigen weißen Früchtchen bestehenden Fruchtverbände von *M. alba* hingegen waren nicht von besonderem Wert und wurden möglicherweise ignoriert, außer an einigen wenigen Orten (z. B. in Tadschikistan), wo sie immer noch für den Verzehr im Winter getrocknet werden.

Mudge et al. (2009) argumentieren, dass der früheste verlässliche Beleg für Veredlung in China im *Buch von Fan Sheng-Chih Shu* aus dem ersten Jahrhundert v. Chr. zu finden ist. Auszüge wurden in *Qi Min Yao Shu (Grundlegende Fertigkeiten für die breite Masse)* aufgenommen, ein Buch in zehn Juan (Juan bedeutete ursprünglich eine Rolle Seidenstoff oder miteinander verbundene, aufgerollte Holzstreifen, später wurde daraus ein Kapitel). Dieses Buch stammt von Jia Sixie, dem Präfekten von Gaoyang in der Provinz Hebei, etwas südlich von Peking (Karte 3), und wurde irgendwann zwischen 534 und 550 n. Chr. fertiggestellt. Es behandelt allgemeine landwirtschaftliche Techniken (Pflügen, Ernten und Säen), den Anbau von Getreide, Gemüse, Obstbäumen und anderen Nutzbäumen, Tierhaltung, die Herstellung alkoholischer Getränke, die Verarbeitung von Lebensmitteln sowie andere grundlegende Fertigkeiten, die für Bauern nützlich sind. Das letzte Juan befasst sich mit Pflanzen, die nicht in China vorkamen. In Juan 5, Abschnitt 45, in dem es um verschiedene vegetative Vermehrungsmethoden geht, ist Folgendes festgehalten:

> *«Um Maulbeeren durch Absenker zu vermehren: Während des ersten und zweiten Monats* [entspricht etwa Mitte Februar bis Mitte April] *verwende einen hakenförmigen Stock, um die unteren Äste in der Erde zu befestigen. Wenn belaubte Schösslinge bis zu einer Höhe von mehreren Zentimetern herangewachsen sind, häufle sie mit trockener Erde an (wenn die Erde nass ist, können sie faulen). Im ersten Monat des folgenden Jahres schneide sie ab, grabe sie aus und verpflanze sie.»*

In Juan 4, Abschnitt 37, steht zur Veredlung von Birnen:

> *«Veredlung geht viel schneller* [als Anzucht aus Samen]. *Die Methode des Veredelns ist wie folgt: Verwende tang oder du* [wilde Birnen]. *(Wenn tang verwendet werden, werden die Birnen groß sein und feines Fruchtfleisch haben* [möglicherweise *Pyrus phaeocarpa* oder *P. betulifolia*]; *du*

sind nicht ganz so gut [möglicherweise *P. calleryana* oder *P. ussuriensis*; es gibt nicht viele andere Möglichkeiten – in China sind weniger *Pyrus*- als *Malus*-Arten heimisch]. *Wenn Maulbeere verwendet wird, werden die Birnen sehr schlecht sein. Werden Jujuben oder Granatäpfel verwendet, um darauf Birnen zu veredeln, werden von je zehn Reisern nur ein oder zwei erfolgreich sein.) Du von der Dicke eines Arms oder stärker eignen sich als Unterlagen. (Pflanze du im Voraus, Veredlung ein Jahr später. Unterlagen können auch erst dann gepflanzt werden, wenn sie für die Veredlung benötigt werden, aber wenn die Unterlage abstirbt, kann das Edelreis nicht überleben.) Auf große du-Bäume können fünf Zweige gepfropft werden, auf kleine drei oder zwei.*

Der beste Zeitpunkt für Veredlung ist, wenn sich die Blattknospen der Birne gerade entfalten. Der späteste Zeitpunkt ist unmittelbar vor dem Öffnen der Blütenknospen. Stelle zuerst einen Hanffaden her und wickle ihn zehnmal um die du-Unterlage, dann säge sie 13 bis 15 Zentimeter über dem Grund ab (wenn die Unterlage nicht umwickelt ist, steht zu befürchten, dass die Rinde beim Pfropfen splittert. Wird die du-Unterlage höher belassen, werden die Birnenzweige gedeihen, können aber bei starkem Wind brechen. Der Birnbaum wird früher fertig sein, wenn die du-Unterlage höher belassen wird; die Unterlage kann von einem Korbgeflecht, das mit verdichteter Erde gefüllt ist, umgeben werden, um die Unterlage auf der Oberseite zu bedecken, und bei Wind sollte der Birnbaum von einem Bambusgeflecht umgeben werden, um Bruch zu verhindern). Schneide den Bambus schräg ein, um eine scharfe Spitze zu erhalten, und drücke ihn zwischen Rinde und Holz etwa 2,5 Zentimeter tief ein. Schneide einen Zweig von der Sonnenseite einer qualitativ hochwertigen Birne (ein Zweig von der Schattenseite wird weniger Früchte ansetzen), etwas 13 bis 15 Zentimeter lang. Schneide schräg durch sein Ende durch das Kernholz, sodass es in der Größe genau zu der schrägen Fläche des Bambus passt. Schneide mit einem Messer einen sehr flachen Ring um den Birnenzweig, unmittelbar oberhalb des abgeschrägten Endes und schäle die dunkle [äußere] *Rinde ab. (Beschädige die grüne* [innere] *Rinde nicht, sonst stirbt das Edelreis ab.) Ziehe das Bambusstück heraus und drücke an seine Stelle die Birne, und zwar bis zum eingeschnittenen Ring, mit der holzigen Seite gegen das Holz und mit der Rinde an die Rinde. Wenn die Veredlung abgeschlossen ist, umwickle die Unterlage oben mit Seidenwatte* [kurze gebrochene Fäden aus der Seidenindustrie] *und versiegle mit Lehm. Häufle Erde an, bis die Enden der Birnenzweige gerade eben noch sichtbar sind, und häufle rundherum Erde auf. Beim Gießen mit frischer Erde bedecken, nachdem das Wasser versickert ist; die Erde darf beim Trocknen nicht hart werden. Von 100 Veredlungen sollte keine fehlschlagen. (Birnenzweige sind sehr zerbrechlich, sei vorsichtig, wenn du die Erde anhäufelst, damit du nicht dagegenstößt, sonst könnten sie brechen.)* [Die auffallende Ähnlichkeit zu den Ratschlägen von Fitzherbert (1548) ist bemerkenswert.]

Wenn man beim Veredeln ein Kreuz in die Spitze der du-Unterlage schneidet, wird das in mehr als neun von zehn Fällen zu einem Misserfolg führen. (Macht man das, wird das Holz gespalten und die Rinde abgetrennt, was dazu führt, dass sie austrocknen.)

Wenn die Birnen-Reiser wachsen, müssen, sobald die Unterlage Blätter produziert, diese sofort entfernt werden. (Wenn nicht, wird die Kraft aufgeteilt und die Birne wächst langsamer.) Wenn du Birnen veredelst, verwende Seitenzweige für diejenigen, die in Obstgärten gezogen werden; verwende mittlere Zweige für diejenigen, die in Innenhöfen gepflanzt werden. (Wenn Seitenzweige verwendet werden, sind die Bäume so niedrig, dass sich die Früchte leicht ernten. Mittlere Zweige ergeben aufrechte Bäume, die [den Hof] *nicht behindern.) Verwendet man basale Triebe* [als Edelreiser], *dann wird der Baum zu einer attraktiven Form heranwachsen, aber erst nach fünf Jahren Früchte ansetzen. Wenn alte Seitenzweige wie Taubenfüße verwendet werden, werden sie nach drei Jahren Früchte ansetzen, aber der Baum wird eine hässliche Form haben.»*

Veredlungsunterlagen

Von Anfang an wurden Äpfel und andere Früchte auf jede Unterlage veredelt, die in Hecken und Wäldern verfügbar war. Dazu müssen sich grobe empirische Regeln herausgebildet haben, was die Kompatibilitäten und die Leistungsfähigkeit des wilden Materials betrifft. Eine solche Praxis muss die Bestände von *Malus floribunda, M. sylvestris* und *M. trilobata* und ihr Potenzial zur Hybridisierung mit dem eindringenden *M. sieversii* erheblich reduziert haben.

Fast bis auf den heutigen Tag wurden in den entlegeneren ländlichen Gebieten in China Unterlagen auf diese Weise gesammelt. In Großbritannien erachtete man diesen Zufallsprozess spätestens im 17. Jahrhundert als unbefriedigend (Markham 1640, Hartlib 1645, Austen 1657, Evelyn 1664, Rea 1665, Cook 1676, Worlidge 1676, Langford 1681a, b, «A Lover of Planting» 1685 [siehe auch Juniper & Juniper 2003]) und verwendete stattdessen ausgewählte Paradies-Zwergunterlagen. Vegetative Vermehrung wurde zu einer eigenständigen Disziplin (Knight et al. 1928).

Die ersten schriftlichen Aufzeichnungen über Zwergapfelbäume gehen auf zwei Schüler von Aristoteles vor etwa 2300 Jahren zurück: Alexander, später der Große, und Theophrast (Tukey 1964). Von seinen Expeditionen in den Osten sandte Alexander einen niedrigwüchsigen Apfel an das Lyzeum in Athen. Theophrast, der seinem Mentor Aristoteles als Direktor des Lyzeums folgte, hielt fest, dass der Zwergapfel vermutlich schon lange in Kleinasien angebaut wurde (Theophrast 1916; siehe auch Ferree & Carlson 1987). Auch die Römer waren mit dem Anbau von veredelten Zwergbäumen aller Art vertraut.

Im 15. Jahrhundert wurden die schwachwüchsige Unterlage 'Paradise' ('French Paradise') und die weniger schwachwüchsige 'Doucin' ('English Paradise') erwähnt (Tukey 1964). Der Schweizer Botaniker und Arzt Jean Bauhin (1598) schrieb ausführlich über Veredlung und

Der Paradiesgarten.
ZEICHNUNG VON ROSEMARY WISE.

beschrieb seine extrem schwachwüchsige Unterlage als eine Form der Paradies-Unterlage. Es ist offensichtlich, dass der Begriff «Paradiesapfel» schon in der Tudorzeit nicht nur etwas Süßes bedeutete, sondern auch einen Baum mit Zwergwuchs (Rivers 1870).

Ruel (1536) bezog sich auf den paradiesischen Apfel und beschrieb ihn als vom Himmel gesandt: sehr klein, von honigähnlicher Süße, frühlingshaft früh. Dieser kleine Apfel scheint dem frühen, blutroten, süßen, halbwilden Apfel aus den Regionen Kursk und Woronesch im europäischen Teil Russlands zu ähneln. Unser Wort Paradies, das heute vielfältige Bedeutung hat, leitet sich vom altpersischen Wort *pairidaeza* ab (*pairi*, um [herum], und *diz*, formen oder gestalten); das griechische Wort ist *paradeisos* und beschreibt einen ummauerten Garten. Bedauerlicherweise sind moderne «Paradiesgärten» oft nicht von Mauern, sondern von Stacheldraht umgeben, was aber den ursprünglichen Zweck erfüllt, erlesene Früchte und Gemüse vor Plünderern aller Art zu schützen, sowohl zwei- als auch vierbeinigen.

Es wurde vermutet, dass der französische Paradiesapfel im 17. Jahrhundert aus Armenien eingeführt wurde. Sicher war Mitte des 18. Jahrhunderts die Verzwergung verschiedener Obstbaumarten gut bekannt und beschrieben (Hitt 1755). In der zweiten Hälfte des 19. Jahrhunderts

Ein moderner «Paradiesgarten» mit Wellblech und Stacheldraht in der Nähe von Jalal-Abad, Kirgisistan.

wurden viele neue schwachwüchsige Unterlagen unter diesem Namen eingeführt; 14 Paradies-Sorten sind in Rivers‘ (1870) bekannten Werk *The Miniature Fruit Garden* aufgeführt.

Die armenische schwachwüchsige Unterlage, an ihrem mutmaßlichen Ursprungsort als 'Marga Khndzor' bekannt, scheint praktisch identisch zu sein mit 'French Paradise', heute als 'M8' bekannt. Die georgische Unterlage 'Khomanduli' scheint eine Reihe von Klonen einzelner Genotypen zu umfassen, von denen manche 'M8' ähneln und andere der heute als 'M9' bekannten Unterlage näherstehen. Andere schwachwüchsige Unterlagen in Aserbaidschan und dem angrenzenden südlichen Dagestan – 'Dipchek Alma', 'Kurl Almasy' und 'Yar Almasy', die alle 'M8' ähneln – wurden offenbar in großem Umfang nach Russland und in den Westen exportiert. Jedoch erwiesen sich Bäume, die auf schwachwüchsige Unterlagen dieses Typs veredelt worden waren, im kontinentalen Zentralrussland als nicht winterhart und erlitten Frostschäden. Daher war ihre Verwendung auf die gemäßigte Zone beschränkt.

Die älteste schriftliche Erwähnung von «Paradies» in Griechenland stammt vermutlich von Xenophon (ca. 431–352 v. Chr.), der die Geschichte von der Einweihung der Gärten durch Kyros den Großen ein Jahrhundert zuvor erzählt. Longos, der griechische Autor des

«Paradiesapfel» aus Poiteau:
Pomologie Française, Bd. 4, 1846.

Hirtenromans *Daphnis und Chloe* aus dem zweiten oder dritten Jahrhundert, beschrieb den *paradeisos* des Dionysophanes, der etwa 30 Kilometer von Mytilene auf Lesbos entfernt etwas erhöht lag und etwa 200 Meter lang und über 300 Meter breit war, wie folgt:

> *«Er enthielt alle Arten von Bäumen – Apfel, Myrte, Birne, Granatapfel, Feige und Olive. Auf einer Seite stand ein großer Weinstock, der sich mit seinen dunkler werdenden Trauben über die Apfel- und Birnbäume ausbreitete, als wetteiferte er mit ihren Früchten. Dies waren die angebauten Bäume und es gab auch Zypressen, Lorbeerbäume, Platanen und Kiefern … Die Früchte tragenden Bäume standen innen, wie von den anderen geschützt. Die anderen Bäume standen um sie herum wie eine menschengemachte Mauer, aber diese wiederrum waren von einem engen Zaun umschlossen.» (Longos 1989)*

In seinem berühmen *Paradisi in Sole Paradisus Terrestris (paradisi in sole)* zeigt John Parkinson (1629) auf einem kunstvoll gestochenen Titelblatt Adam beim Veredeln eines Apfelbaums in einem eleganten Paradiesgarten. Adam ist bescheiden, wenn auch für Gartenarbeiten nicht angemessen gekleidet und hat ein gut gezeichnetes Gesicht mit einem modischen Schnurrbart, wie man ihn im 17. Jahrhundert trug. Adam scheint unrealistischerweise einen voll belaubten Apfelbaum zu veredeln, aber wir dürfen dem Graveur ruhig etwas künstlerische Freiheit zubilligen. Parkinson war offensichtlich der festen Überzeugung, dass Veredeln zu einem Paradiesgarten dazugehört.

Es gibt also einen deutlichen Hinweis darauf, dass die Veredlungstechnik und möglicherweise auch das Material ihren Ursprung in persischen Gärten und persischen Gartenbautechniken haben. Zwischenstationen auf dem Weg nach Westen scheinen in Georgien und Armenien zu liegen. Im Nachhinein lässt sich feststellen, dass die schlecht definierte Paradies-Unterlage, die vielleicht in Armenien selektiert wurde (das Wort *pardez* bezieht sich dort auf den Garten rund ums Haus), mit ziemlicher Sicherheit ihren Ursprung dem großen Apfelgenpool weit im Osten verdankt.

In den Fruchtwäldern des Tian Shan kann man heute in der Fülle der noch erhaltenen Obstbäume nicht nur eine Vielfalt an Obstsorten, sondern auch an Wuchsformen finden: kräftig wachsende, betont aufwärts gerichtete, aggressiv bewehrte oder auffallend kleine Formen.

PARADISI IN SOLE
Paradisus Terrestris.
or
A Garden of all sorts of pleasant flowers which our
English ayre will permitt to be noursed vp:
with
A Kitchen garden of all manner of herbes, rootes, & fruites,
for meate or sause vsed with vs,
and
An Orchard of all sorte of fruitbearing Trees
and shrubbes fit for our Land
together
With the right orderinge planting & preseruing
of them and their vses & vertues
Collected by John Parkinson
Apothecary of London
1629
Qui veut parangonner l'artifice a Nature
Et nos parcs a l'Eden indiscret il mesure.
Le pas de l'elephant par le pas du ciron,
Et de l'Aigle le vol par cil du mouscheron,

Titelblatt von John Parkinsons
Paradisi in Sole Paradisus Terrestris.

Es ist nicht schwer, sich vorzustellen, dass eine Zwergform die Aufmerksamkeit eines Obstbauern erregte und danach für Veredlungszwecke vegetativ vermehrt wurde, unabhängig von der Qualität ihrer eigenen Früchte. Auch heute werden im kommerziellen Obstanbau Unterlagen verwendet, deren Früchte überwiegend klein, derb und fast ungenießbar sind, denn für die Unterlage sind andere Eigenschaften wie Zwergwuchs oder Widerstandfähigkeit wichtiger. Während also Unterlagen auf diese Eigenschaften hin selektiert wurden, erfolgte zeitgleich und unabhängig die Selektion des Edelreises auf größere, süßere, farbenprächtigere Früchte als Tafeläpfel oder auf auffällige Blüten für den Ziergarten (Kapitel 7).

Versuche, Apfelsorten mit den üblichen vegetativen Mitteln zu vermehren, führten schließlich zur Entwicklung der Stumpfspaltung. Bei dieser Methode wird ein reifes Exemplar der gewählten Apfelunterlage bis fast zum Boden abgeschnitten und die Stammbasis mit Axt und Keilen teilweise gespalten. Anschließend werden über mehrere Jahre hinweg immer wieder radiale Abschnitte der Unterlage gespalten, um noch bewurzelte, wenn auch asymmetrische Einzelpflanzen zu erhalten.

Aufmerksamen Gärtnern wird nicht entgangen sein, dass die Paradies-Unterlage verträglicher und langlebiger war als die zufällige Unterlagensammlung aus der Hecke:

> *«Viele holen sich Apfelunterlagen aus den Wäldern, um darauf für einen Obstgarten zu veredeln, aber diese Art von Unterlage ist (bei Weitem) nicht so gut wie solche, die aus Samen oder Kernen stammen, aus vielerlei Gründen, die aufgezeigt werden könnten ... Pflanzen, die aus Samen stammen (und wie gezeigt angeordnet sind), wachsen kräftig und selten schlägt eine fehl ... außerdem haben sie eine angeborene Wesensart (von den Samen, aus denen sie entstanden), die sie besser wachsen lässt.»* (Austen 1657; siehe auch Meager 1670)

Im Allgemeinen gilt auch, dass das Pflanzenmaterial nach dem Durchlaufen eines Samenstadiums gesünder ist. Sämlinge von Süßäpfeln sind in der Regel weniger von endogenen Krankheiten betroffen als vegetativ vermehrte Pflanzen. Wie man heute weiß, werden sie meist durch Viren verursacht (auch wenn es wenige bakterielle Krankheiten gibt). Die Entdeckung der Viren lag noch weit in der Zukunft, aber die Möglichkeit einer Übertragung durch Veredlung wurde bereits in 1710er-Jahren von Reverend John Laurence beschrieben: *«wie das*

Blut im Körper eines Tieres … über die Pfropfstelle übertragen werden konnte … Effekt der allmählichen Verfärbung des Saftes eines Baumes» (Laurence 1716).

Es besteht kein Zweifel daran, dass alte, vegetativ vermehrte Unterlagen durch die langsame Anhäufung von Viren, Pilzen oder Mutationen im pflanzlichen Gewebe geschwächt werden können, wie Laurence (1816) voraussah. Auch Thomas Knight (1797) beschrieb eine solche Schwächung. Bis weit ins 19. Jahrhundert hinein war der Glaube weit verbreitet, dass man mit erneuter Veredlung geschwächte alte Apfelsorten stärken könne (Grindon 1885). Aus heutiger Sicht ist dies jedoch wenig wahrscheinlich, denn jegliche endophytische Pathogene werden sich auf nicht infizierte Unterlagen übertragen. Die einzige Antwort ist moderne, hochentwickelte Gewebekultur.

Im frühen 20. Jahrhundert war der unbestätigte Ursprung des Kultur-Apfels in Zentralasien schon offensichtlich. Dies geht aus H. M. Tydemans (1937) Beobachtungen zur Eignung von kaukasischen und turkestanischen Wildapfelbäumen als mögliche Unterlagen hervor. (Der Name Tydeman ist in einer Reihe von sehr angesehenen und immer noch weit verbreiteten Apfelsorten erhalten, die etwa zu dieser Zeit unter seiner Leitung gezüchtet wurden.)

Ab 1912 machte sich das Forschungsinstitut East Malling Research in Kent, England, unter der Leitung von Sir Ronald Hatton daran, die verschiedenen Paradies-Unterlagen Europas zu testen und zu charakterisieren, von denen viele seit Jahrhunderten und in einigen Fällen möglicherweise bereits seit der Römerzeit verwendet worden waren. Das Durcheinander von Namen führte dazu, dass alle alten Namen in den 71 von Hatton zusammengetragenen Sammlungen aufgegeben wurden. Stattdessen verwendete er die römischen Ziffern I bis XXIV für seine Selektionen, beispielsweise Malling II für 'Doucin' und Malling IX für 'Jaune de Metz' (Hatton 1917). Diese schwachwüchsigen Unterlagen wurden zunächst 1917 als Malling-Serie (M-Serie) eingeführt, wobei jeder Klon mit einer Ziffer versehen wurde, zum Beispiel MI, MV und MIX. 1938 wurde das Präfix in EM geändert. Durch weitere Tests und Einführungen hat sich die Zahl der Klone auf 27 erhöht, von denen einige nicht schwachwüchsig sind, auch wenn 'M27' selbst deutlich schwachwüchsig ist.

Als es durch Hitzebehandlung von Gewebekulturen möglich wurde, virusfreies Material herzustellen, führten gemeinsame Anstrengungen von East Malling und der Long Ashton Research Station in der Nähe von Bristol, England, zur Entwicklung neuer Unterlagen, die das Präfix EMLA tragen; 'EMLA 9' ist wuchskräftiger als die alte 'M9'. Diese Eigenschaft sollte uns nicht überraschen, da es sich bei der EMLA-Unterlage offenbar nicht nur um einen virusfreien Abkömmling, sondern um einen anderen Klon handelt. Der Erfolg dieses Programms war so groß, dass schätzungsweise 80 Prozent der Äpfel auf der ganzen Welt auf von East

Malling stammenden Unterlagen veredelt werden. Sogar in einer kleinen Forschungsstation in der Nähe der Heimat des Apfels, in Xinjiang, sah B. E. J. Äpfel, die auf eine Reihe importierter East-Malling-Unterlagen veredelt waren.

East Malling und das John Innes Horticultural Institute (heute John Innes Centre) arbeiteten bei der Züchtung von Unterlagen mit Resistenz gegen die Apfelblutlaus *(Eriosoma lanigerum)* zusammen. Dazu wurde unter anderem die gegen Blattläuse resistente Sorte 'Northern Spy' verwendet, die um 1800 als Zufallssämling in East Bloomingfield im US-Bundesstaat New York entstand. Ein Ergebnis dieser Kreuzungsversuche ist 'Merton 793', eine kräftige Unterlage mit starker Resistenz gegen den Blattlausbefall an den Wurzeln (Hearman 1936, Tobutt et al. 2000). Eine Reihe weiterer blattlausresistenter Nachkommen wurde gezüchtet. Diese East-Malling-Merton-Hybriden sind in den gemäßigten und kühl-gemäßigten Zonen der nördlichen und südlichen Hemisphäre verbreitet, erwiesen sich aber im sehr kalten und langen Winter des kontinentalen Klimas als nicht vollständig winterhart. In Teilen Russlands und Chinas wurden Unterlagen aus dem Beeren- oder Kirsch-Apfel *(Malus baccata)* und seinen Hybriden mit anderen nördlichen Taxa, zum Beispiel *M. sylvestris* subsp. *orientalis* und *M. domestica*, entwickelt. Moderne Unterlagen aus Nordamerika enthalten Kreuzungen mit *M. prunifolia*. Rom und Carlson (1987) sowie Webster und Wertheim (2003) behandeln die gesamte Technologie zur Erzeugung moderner Unterlagen ausführlich, Oraguzie et al. (2005) diskutieren das DNA-Fingerprinting von Unterlagen.

Hybridisierung durch Veredlung

1868 postulierte Charles Darwin, dass vererbbare Veränderungen durch Veredlung induziert werden können, und bezeichnete dies als *«graft hybridisation»* (Pfropfhybridisierung), bei der Gene von der Unterlage auf das Edelreis übergehen (Liu 2006). Dies war Teil seiner *«vorläufigen Theorie der Pangenesis»,* wonach *«Keime»* von verschiedenen Teilen einer Pflanze (oder eines Tieres) auf die nächste Generation übertragen werden können und nicht nur von den *«männlichen und weiblichen Organen»*.

In Shi-Zhen Lis *Ben Cao Gang Mu* (Chinesische Heilkräuter) von 1578 wird ein chinesischer Pflaumenbaum beschrieben, der Früchte mit den Merkmalen des Pfirsichs trug, auf den er gepfropft worden war. Im 20. Jahrhundert behauptete der amerikanische Pflanzenzüchter Luther Burbank, dass ein rotlaubiger Setzling, den er aus einer 'Kelsey'-Pflaume mit einem nicht blühenden, rotlaubigen Pflaumenedelreis anzog, das Ergebnis einer echten Pfropfhybridisierung war (Liu 2006). Dem sollten Experimente der sowjetischen Schule folgen, die sich ideologisch an der Lamarckschen Evolution orientierte, insbesondere die Züchtung von angeblichen

«Junger Mann pflückt Äpfel von einem Baum» von Denis Lebey de Batilly, *Emblemata*, 1596
© RIJKSMUSEUM, AMSTERDAM.

Apfel-Birnen-Hybriden durch Veredlung durch Ivan Vladimirovich Michurin 1898. In der Folgezeit haben zahlreiche Experimente an verschiedenen Gattungen der Solanaceae und an Weihnachtssternen *(Euphorbia pulcherrima)* in vielen Teilen der Welt gezeigt, dass Pfropfhybridisierung tatsächlich möglich ist, auch wenn viele Botaniker mehr als skeptisch waren, dass es bei Nutzpflanzen wie Äpfeln vorkommen könnte.

Nichtsdestotrotz ist ein solcher «horizontaler Gentransfer» in den Pflanzenwissenschaften heute anerkannt. Tatsächlich können ganze Kerngenome zwischen Pflanzenzellen übertragen werden (Fuentes et al. 2014). Sogar eine neue fruchtbare allopolyploide Art wurde auf diese Weise asexuell erzeugt (unter Allopolyploidie versteht man die Vervielfachung kompletter, aber aus verschiedenen Arten stammender Chromosomensätze, z.B. bei Kreuzung). Ob der Transfer von genetischem Material von der Unterlage auf das Edelreis bei Äpfeln zu einer gewissen genetischen Vermischung geführt hat, die die genetische Ausstattung mancher Apfelsorten erklären kann, muss noch nachgewiesen werden.

Verschiedene Apfelsorten in *Pomologie, ou description des meilleures sortes de pommes et de poires* von Johann Hermann Knoop (1771).

Witte Kruid-Appel.
Aug. Sept.
Calville rouge d'Eté.
Rode Somer-Calville.
August. Sept.
Rode Jopen.
Oct. Nov.
Calville blanche d'Eté.
Witte Somer-Calville.
Aug. Sept.
Somer Kroon.
Cuisinot d'Eté.
Aug. Sept.
Citron d'Eté.
Somer Citroen-Appel.
Aug. Sept.
Caroline d'Angleterre.
Engelse Carolyn.
Sept. Octob.
Roos-Appel.
Pomme-Rose.
Oct. Nov.

POMONA

Kapitel 5

Der Weg des Apfels nach Westen

Die älteste Erwähnung des Süßapfels in China stammt aus der Zeit vor 2300 bis 2400 Jahren. Die Seidenstraße, die als Tierpfad begann, wurde zu einem Netz von Handelswegen, die China mit Rom und anderen westlichen Zentren verband. Von der Türkei aus transportierten Schiffe die Waren weiter nach Westeuropa. Die Seidenstraße führte um den Tian Shan oder durch dessen Ausläufer und im Sommer weiter nördlich durch das Gebirge selbst.

Die Römer unterschieden klar zwischen dem importierten Süßapfel und dem einheimischen europäischen Holz-Apfel. Möglicherweise waren sie bereits in Irland etablierten Süßäpfeln begegnet. Diese wiederum könnten die «Kelten» eingeführt haben, die in Kontakt mit den Berbern des Mittelmeerraums standen. In ganz Westeuropa gibt es Ortsnamen, die vom keltischen Wort für Apfel abgeleitet sind. Der Süßapfel fand bald Eingang in die Folklore, die Literatur und Kunst des Westens, sodass er dort heute wahrscheinlich stärker vertreten ist als jede andere essbare Pflanze.

Die älteste Erwähnung von Begriffen, von denen allgemein akzeptiert ist, dass sie sich auf Süßäpfel beziehen, findet sich in früher chinesischer Literatur von vor etwa 2300 bis 2400 Jahren. Vor allem durch die Plünderungen während der Kulturrevolution von 1966 bis 1976 wurden jedoch viele alte Dokumente zerstört und historische Aufzeichnungen aller Art verschwanden. Während dieser zerstörerischen Periode wurden ganze Bibliotheken verbrannt und ihr sachkundiges Personal verjagt. Leider wird es kaum möglich sein, den nachfolgend besprochenen Untersuchungen von Stephen Haw viel hinzufügen.

Pomona, ein Wandteppich aus Wolle und Seide, von Edward Burne-Jones (1833–1898) und J. H. Dearie. Victoria and Albert Museum, London.

Chinesische Bezeichnungen für Äpfel

Der früheste Nachweis des Wortes *nai,* normalerweise als Apfel oder manchmal als Holz-Apfel übersetzt, findet sich in einem *fu* (einem Prosagedicht) mit dem Titel *Shang Lin Fu (Über den oberen Wald, einen kaiserlichen Park oder Garten)* von Sima Xiangru (179–118 BCE). Nach Xin Shuzhi (geboren 1893), dem Autor von *Zhongguo Guoshu Shi Yanjiu (Studien zur Geschichte der Obstbäume in China),* entstand dieses Gedicht, nachdem Zhang Qian, ein vom Kaiser 126 v. Chr. nach Zentralasien geschickter Abgesandter, nach China zurückgekehrt war. Da das *fu* auch Trauben erwähnt, die Zhang Qian nach China gebracht haben soll, muss das *fu* nach seiner Rückkehr geschrieben worden sein – auch wenn die Quelle dieser Information möglicherweise nicht ganz zuverlässig ist. Wenn das zutrifft, wäre das *fu* zwischen 126 und 118 v. Chr. entstanden.

Auch in einem Buch über die Entwicklungsgeschichte der Kulturpflanzen in China von Li Fan (1984) findet sich ein Hinweis auf *nai*, der sehr aufschlussreich ist. Li Fang erwähnt, dass *«in den Jiangling-Gräbern Apfelsamen gefunden wurden, die sehr wahrscheinlich Samen von Nai sind».* Dazu gibt es eine eher dürftige Schwarz-Weiß-Abbildung der Samen mit der Bildunterschrift: *«Apfelsamen aus den Gräbern der Zeit der Streitenden Reiche in Jiangling in der Provinz Hubei.»* Gewöhnlich wird die Zeit der Streitenden Reiche auf 475–221 v. Chr. datiert. Hubei (Karte 3) liegt im östlichen Zentralchina – der Chang oder Jangtse fließt durch diese Provinz – und ist daher nicht das erste Gebiet, das Äpfel aus dem Nordwesten erreichten. Es ist durchaus plausibel, dass Süßäpfel vor rund 2300 Jahren nach Südchina gelangt sein könnten. Die Handelswege nach Zentralasien waren sicherlich zu dieser Zeit bereits in Betrieb, zumindest sporadisch.

Die fehlende Erwähnung von Äpfeln in chinesischen Texten ist nicht unbedingt von großer Bedeutung, da nur sehr wenige Texte aus dieser frühen Zeit erhalten sind. Es ist gut möglich, dass Äpfel zwei oder drei Jahrhunderte vor der frühesten überlieferten Erwähnung nach Ostchina gelangten. Haw nimmt jedoch eher nicht an, dass sie in China schon deutlich früher als vor 2400 Jahren verbreitet angebaut wurden, da alle gängigen Obstbäume, zumindest in Nordchina, im *Shi Jing,* einer frühen Sammlung von Gedichten, erwähnt zu sein scheinen.

Die chinesischen Bezeichnungen für den Apfel haben zu großer Verwirrung geführt. Im Wörterbuch *Ci Hai (Meer der Phrasen)* steht, dass *nai yuan* (Apfelgarten) in alten Texten auch einen buddhistischen Tempel bezeichnen kann. Dafür gibt es verschiedene Erklärungen. Die einfachste, wenngleich nicht wahrscheinlichste Erklärung lautet, dass der Tempel des Weißen Pferds, der erste buddhistische Tempel in China (soweit bisher bekannt), einen Obstgarten mit Apfelbäumen hatte. Eine weitere Erklärung liefert eine Fabel im Wörterbuch *Ci Hai: «Einst gab es in einem Königreich in den westlichen Regionen* [heute Xinjiang und angrenzende Gebiete] *einen Apfelbaum, der Früchte trug und diese Früchte brachten ein Mädchen hervor. Der König nahm es zur Nebenfrau. Das Mädchen gründete ein buddhistisches Kloster auf dem Gelände des Obstgartens, das daher als Nai Yuan bekannt war.»* Es ist interessant, dass die Geschichte Äpfel sowohl mit den abgelegenen westlichen Regionen Chinas als auch mit Buddhismus in Verbindung bringt.

Stephen Haw (pers. Mitt. 2002) untersuchte die chinesischen Begriffe für den Apfel. Heute werden alle Äpfel als *pingguo* bezeichnet. Früher nahm man an, dass dieser Name seit dem 19. Jahrhundert verwendet wurde, als man begann, Äpfel aus dem Westen in China anzubauen, aber das scheint nicht zu stimmen. Die älteste nachweisbare Bezeichnung für süße Äpfel in China ist, wie erwähnt, *nai*. Wir wissen, dass dieser Name mindestens seit dem dritten Jahrhundert verwendet wurde, da er in *Guang Zhi* zu finden ist, einem Nachschlagewerk, von dem nur noch Fragmente und Sekundärquellen erhalten sind. Darin heißt es:

> «*Es gibt drei Arten von* Nai: *weiße, grüne* [qing] *und rote. Es gibt weiße* Nai *in Zhangye und rote* Nai *in Jiuquan* [beide Orte liegen im Gansu-Korridor]. *In den westlichen Regionen* [einschließlich Teilen des heutigen Xinjiang] *gibt es überall viele* Nai. *Haushalte machen daraus fu* [trocknen sie] *und lagern mehrere Dutzend oder Hunderte von Scheffeln, so wie* [im eigentlichen China] *Jujubas und Walnüsse aufbewahrt werden. Zur Zeit des Kaisers Mingdi aus der Wei-Dynastie* [227–239 n. Chr.] *wurden die verschiedenen Prinzen am Hof empfangen und in der Nacht wurden sie mit einem Behälter mit im Winter reifenden* Nai *beschenkt. Prinz Si von Chen schrieb zum Dank: Die* ‹Nai *reifen im Sommer, aber nun wachsen sie im Winter. Sie sind kostbar, weil sie außerhalb der Saison sind; die Dankbarkeit ist groß, auch wenn der Worte wenige sind.› Es wurde verkündet: ‹Diese* Nai *stammen aus Liang Zhou›* [ein Verwaltungsbezirk, der grob das heutige Gansu and Ningxia Huizu mit einem kleinen Teil von Qinghai und der östlichen Nei Monggol (innere Mongolei) umfasst; während der Wei-Dynastie lag ihre Hauptstadt in Wu-wei im nördlichen Gansu].»

Im *Register der Gäste der Paläste von Jin,* einem anderen fast verlorenen Buch, über das nur sehr wenig bekannt ist, steht: *«Im Herbst gibt es weiße* Nai.» In *Vermischte Berichte aus der westlichen Hauptstadt,* das nur wenig älter ist als *Qi Min Yao Shu,* heißt es: «*Rote* Nai, *grüne* [lü] Nai. *Es gibt auch einfarbige* Nai *und zinnoberrote* Nai.» Im oben bereits zitierten *Guang Zhi* heißt es an anderer Stelle: «Liqin [*linqin*] *sind den roten* Nai *ähnlich.*» *Guang Ya,* eine Art Wörterbuch aus der Zeit um etwa 250 n. Chr., hält fest:

> «Nai *und* Linqin *werden nicht aus Samen gezogen, sondern gepflanzt. (Wenn Samen gesät werden, werden Pflanzen wachsen, aber der Geschmack* [ihrer Früchte] *wird nicht gut sein.) … Jungpflanzen können auf die gleiche Weise produziert werden wie die Maulbeerabsenker. (Diese Obstbäume wurzeln nicht frei, sodass Stecklinge selten überleben. Daher müssen Absenker verwendet werden.) Eine andere Methode besteht darin, mehrere Fuß vom Baum entfernt einen Graben*

> *auszuheben und die Wurzeln freizulegen, aus denen dann Schösslinge wachsen. Jungpflanzen können auf ähnliche Weise von jedem Baum gewonnen werden. Die Jungpflanzen sollten wie bei Pfirsichen oder Pflaumen gepflanzt werden. Wenn Bäume von* Linqin *im ersten oder zweiten Monat* [etwa von Mitte Februar bis Mitte April] *überall mit dem Rücken einer Axt geschlagen werden, dann werden sie reichlich Früchte tragen.»*

Nai wurde in der frühen Zhou-Periode (vor etwa 2100–1900 Jahren) *năd* ausgesprochen, um 600 n. Chr. dann *nâi* (Karlgren 1940). Während der Han-Dynastie war die Aussprache vielleicht ähnlich wie *năd*, wobei der letzte Konsonant sehr leicht oder als Knacklaut (Glottisschlag) ausgesprochen wurde. Möglicherweise handelt es sich um ein Lehnwort im Chinesischen – könnte es sich vom selben Original wie das lateinische *malum* und das turkische *alma* oder *elma* ableiten? Das Vorkommen von *ma* oder *na* in all diesen Wörtern wäre eine merkwürdige Koinzidenz, wenn sie nicht alle dieselbe Wurzel hätten.

Ein anderer Name wird ebenfalls genutzt: *pinbo (pinpo).* Das Wort wird mit demselben Schriftzeichen wie für *pin* geschrieben, das auch für *ping* in *pingguo* verwendet wird (chinesische Schriftzeichen haben in der Regel nur eine mögliche Aussprache, aber manche haben zwei oder drei oder sehr selten vier) oder mit einem sehr ähnlichen Schriftzeichen mit der gleichen Aussprache. Der Name wird in Texten aus dem 17. bis 18. Jahrhundert als Transkription aus dem Sanskrit erklärt (weit gefasst unter Einbeziehung von Prakrit oder Pali oder beiden – er bezieht sich vor allem auf die ursprüngliche Sprache der buddhistischen Texte, wo er manchmal *bimba* genannt wird). Er soll «richtig und gut» bedeuten.

Heute wird *pinbo (pinpo)* für die nicht verwandte Chinesische Kastanie, *Sterculia monosperma* (*S. nobilis*, Malvaceae), oder manchmal für eine *Momordica*-Art aus der Familie der Cucurbitaceae (Yong Yang pers. Mitt. April 2018) verwendet. *Sterculia* kommt allerdings nur in Südchina vor, sodass sie eher nicht mit den Apfelbäumen Nordchinas verwechselt wurde. Es ist wahrscheinlich, dass der Name im subtropischen bis tropischen äußersten Süden Chinas einen anderen Baum bezeichnete, da es dort keine Äpfel gab. Wenn *pinbo* sich speziell auf die Apfelfrucht bezieht, wird dem Namen manchmal ein *guo* (Frucht) hinzugefügt: *pinboguo.*

Die Chinesen kürzen jedoch Wörter, die aus mehr als zwei Schriftzeichen bestehen, häufig ab: So verschwindet das mittlere Schriftzeichen, *bo*, und *pinguo* bleibt übrig. Das abschließende *-n* von *pin* kann wegen des folgenden *g* in *guo* zu *ng* geworden sein, sodass sich *pingguo* ergibt. Die vermutlich erste Erwähnung von *pingguo* findet sich in dem Werk *Qun Fang Pu (Liste aller süßen Blumen),* das Wang Xiangjin um 1621 n. Chr., sicher vor 1630, zusammenstellte:

> «Nai *werden auch* Pinbo *oder* Pingguo *genannt. Diejenigen aus* Yan *und* Zhao [entspricht etwa den heutigen Provinzen Hebei und östliches Shaanxi] *im Norden sind sehr gut. Sie werden auf* Linqin-*Unterlagen* [vermutlich *Malus asiatica*] *veredelt. Die Bäume sind buschig und aufrecht, mit grünen Blättern wie denen von* Linqin, *aber größer. Die Früchte sind wie Birnen, aber rund und weich, unreif grün, reifen zu halb rot und halb weiß oder ganz rot, glänzend und köstlich, mit sich ausbreitendem Duft und süßem Geschmack. Wenn sie noch nicht ganz reif sind, haben sie eine Konsistenz wie Watte, wenn sie überreif sind, werden sie weich und körnig und sind zum Verzehr ungeeignet. Am besten sind sie, wenn sie zu acht oder neun Zehnteln reif sind.*»

Dies scheint ein einigermaßen tragfähiger Beweis für die Übereinstimmung von *nai* und *pingguo* zu sein; andere Texte aus etwa derselben Zeit betrachten die beiden Namen ebenfalls als synonym. In *Guang Qun Fang Pu (Erweiterte Liste aller süßen Blumen)* von etwa 1708 steht: *«Pingguo: die Kräuterbücher erwähnen Pingguo nicht, sondern verwenden stattdessen Nai. Ein anderer Name ist Pinbo.»*

Im heutigen China wird zwischen Apfelsorten mit der Bezeichnung *mian pingguo* und anderen unterschieden. *Mian* bedeutet «Seidenwatte» und könnte sich auf die Konsistenz der unreifen Frucht beziehen; der Begriff wird auch mit der abgeleiteten Bedeutung «weich» verwendet, was sich auf die Konsistenz der überreifen Frucht beziehen könnte. Die meisten heutigen Autoren, die über Äpfel schreiben, betrachten diese *mian pingguo* als alte einheimische Sorten, die sich von den nach etwa 1860 aus dem Westen importierten Sorten unterscheiden. Es scheint, dass sich die westlichen Sorten im Allgemeinen viel besser halten und nicht so leicht überreif werden wie die alten chinesischen Sorten. Dies ist wahrscheinlich der Hauptgrund dafür, dass die alten chinesischen Sorten weitgehend durch westliche Sorten der Reifeklasse 1 verdrängt wurden.

Linqin ist ein seltsames Wort, das nicht chinesisch aussieht und anscheinend unterschiedlich geschrieben wurde. Vor 500 n. Chr. wurden oft Formen wie *liqin* und *laiqin* verwendet (mit unterschiedlichen Schriftzeichen für *qin,* das bedeutet, dass die Früchte attraktiv für Vögel sind), das spätere *linqin* wird bis heute benutzt. Es ist sehr wahrscheinlich, dass ein nicht chinesisches Wort ins Chinesische transkribiert wurde, aber aus welcher Sprache, ist ungewiss.

Stephen Haw kommt zu dem Schluss, dass es sich bei den frühen Aufzeichnungen, die nur fragmentarisch waren und unter Mao weiter an Qualität verloren, meist um Zusammenstellungen aus sekundären oder sogar tertiären Quellen handelt. Beispielsweise ist Jia Sixies *Qi Min Yao Shu* eigentlich eine Sammlung von Zitaten aus früheren Texten über Pflanzen, viele davon über Pflanzen aus dem heutigen Südchina, die dem Autor vermutlich nicht bekannt waren. China war zu Lebzeiten Jias (und viele Jahre davor und danach) in mehr als einen Staat geteilt.

Haw liefert einige Anmerkungen und Spekulationen über die Namen für den Apfel. So besteht kaum Zweifel daran, dass es sich bei *nai* und *linqin* definitiv um *Malus*-Arten handelte, aber es ist heute unmöglich, mit absoluter Sicherheit zu sagen, welche Arten gemeint waren. Die spätere Verwendung deutet stark darauf hin, dass es sich bei *nai* um *M. domestica* handelt und bei *linqin* um *«M. asiatica»,* offenbar eine Hybride mit *M. baccata* (Duan et al. 2017), also korrekt *M.* × *prunifolia* (siehe Anhang). Es gibt nicht viele andere Möglichkeiten – die meisten Äpfel, die in China vorkommen oder dort angebaut werden, haben sehr kleine Früchte.

Seidenstraße

Der Begriff *Seidenstraße* stammt vom deutschen Geologen, Reisenden und Schriftsteller Ferdinand Paul Wilhelm von Richthofen (1833–1905). Der Begriff tauchte wahrscheinlich erstmals 1877 im Druck auf.

Richthofen erkundete zwischen 1868 und 1872 etliche chinesische Provinzen, um Informationen über mögliche Rohstoffvorkommen zu sammeln. Von seiner Reise existieren detaillierte Beschreibungen der Landschaften und Menschen.

«Seidenstraße» ist aber eigentlich eine Fehlbenennung, da es sich dabei um ein Netz von Handelswegen handelt, die von enormer wirtschaftlicher Bedeutung waren und die mit Sicherheit schon Jahrtausende vor Erfindung der Seide genutzt wurden. Sie reichen weit in die Anfänge der Menschheit zurück. Ursprünglich handelte es sich mit ziemlicher Sicherheit um Wanderwege von Tieren, als große Herden von Wildpferden, Eseln und Kamelen die Steppe nach neuem Weideland durchstreiften, auf der Suche nach Oasen in der Sommerhitze und Vegetation in der Winterkälte. Dies passierte lange vor dem Auftreten des Menschen und damit noch länger vor der Einführung der Landwirtschaft vor rund 13 000 Jahren.

***'Herefordshire Beefing'* aus «The Herefordshire Pomona» von Hogg und Bull (Band 2,1876–1885), einem Katalog von Äpfeln und Birnen aus dem 19. Jahrhundert.**
Farbige Zeichnungen und Beschreibungen der beliebtesten Arten von Äpfeln und Birnen.
ZEICHNUNGEN VON ALICE BLANCHE ELLIS UND EDITH ELIZABETH BULL.

Die Weidetiere der Steppe werden auch Wege im Norden gebahnt haben, wenn die Gräser und Kräuter der Steppe am Ende langer, heißer und trockener Sommer verdorrt waren. Für die frühen vierbeinigen Wanderer und später für die Menschen, die mit Tieren reisten, verbanden die Wege Oasen, die Süßwasserquellen sowie Weide- und Futterplätze garantierten. Zwei feuchtere Klimaperioden vor etwa 3000 und 8000 Jahren dürften sowohl die Domestikation des Pferds als auch die Nutzung dieser Handelsrouten gefördert haben (Broecker & Liu 2001).

Was wir heute unter Seidenstraße verstehen, sind die alten Handelswege, die China, vor allem zur Zeit der Han- und Tang-Dynastien, mit dem Rom der Kaiserzeit und anderen wichtigen Zentren im Westen verbanden. Wie in Kapitel 3 erwähnt, verwenden die Chinesen nicht den Begriff Seidenstraße, sondern Pferdestraße. Die Hauptroute war rund 10 000 Kilometer lang und verlief von der alten chinesischen Hauptstadt Ch'ang-an (heute Xi'an, Shaanxi; Karte 7) nach Westen. Peking war zu dieser Zeit nur ein kleines städtisches Gebiet und wurde erst viel später zur Hauptstadt.

Die Hauptroute führte durch den fruchtbaren Gansu-Korridor, durch die trockene und staubige Gobi, um den Tian Shan herum oder über dessen niedrigere Pässe. Weiter ging der Weg dann durch die alten, fast mythischen Königreiche Sogdien (Sughd) und Baktrien, das Land der Kalmücken und Parther, durch das alte Medien und Persien (Karte 9), am Südrand des Kaspischen und des Schwarzen Meers entlang, durch Mesopotamien bei Babylon und nach Damaskus, Memphis und Alexandria. Eine weitere Route führt nach Antiochia oder durch Kappadokien nach Konstantinopel und zu anderen Häfen in der heutigen Westtürkei. Unbedeutendere Landwege führten westlich des Kaspischen Meers und nördlich des Schwarzen Meers durch die Kolchis und Scythia Minor bis ins Donautal. Zur selben Zeit wurden vermutlich sowohl Handelsgüter als auch Ideen über den Seeweg vom östlichen Mittelmeer an die Küsten Westeuropas verbreitet (Cuncliffe 2001).

Die Nutzung dieser Routen begann vor etwa 2100 Jahren, nachdem die Han-Dynastie die Kontrolle über weite Teile Zentralasiens übernommen hatte. Ungefähr 500 Jahre lang, auf dem Höhepunkt der finanziellen, militärischen und politischen Macht Roms, wurden sie intensiv genutzt. Die Waren variierten. Allgemein wird angenommen, dass Keramik im Gegensatz zu Seide und ähnlichen hochwertigen Waren zu zerbrechlich war, um auf dem Rücken von Kamelen oder Pferden transportiert zu werden. Komplette Dschunkenladungen, die aus den Tiefen des Chinesischen Meers geborgen wurden, deuten darauf hin, dass Schiffe die bevorzugten Transportmittel waren. Es gibt gute Belege dafür, dass die Chinesen im 14. Jahrhundert Keramik bis zum Roten Meer transportierten (Carswell 2000a). Aber es gibt auch Hinweise darauf, dass kleinere Mengen an Keramik und Porzellan auf dem Landweg transportiert

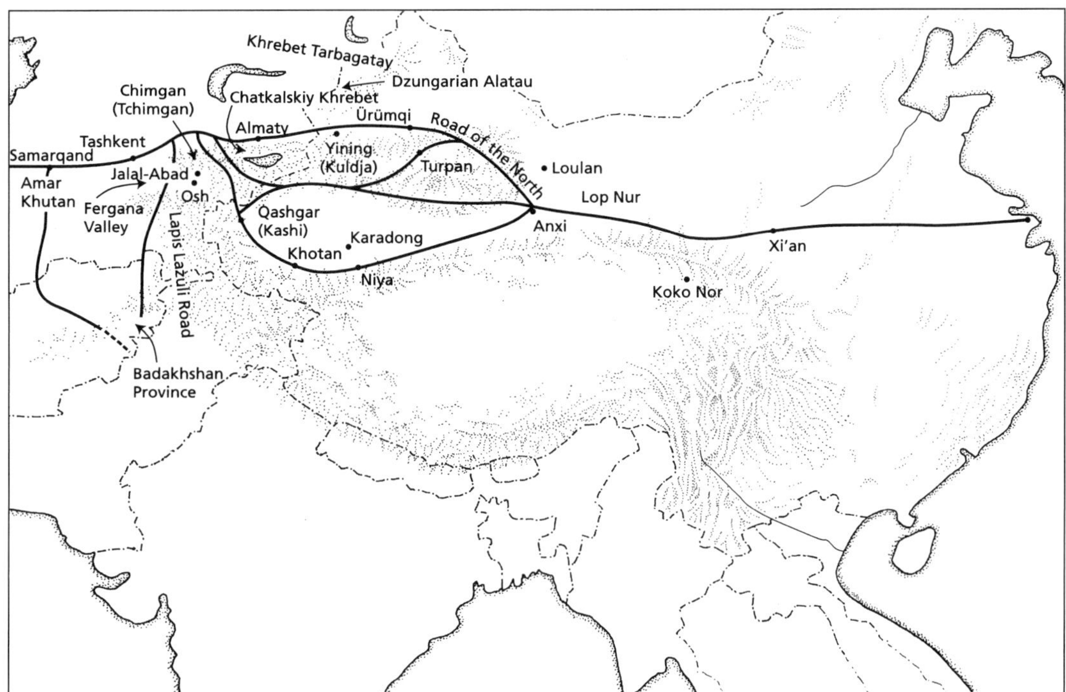

KARTE 7: Östlicher Teil der Handelswege. Dargestellt sind auch einige der wichtigsten noch vorhandenen Fruchtwaldgebiete, beispielsweise Khrebet Tarbagatay.

wurden. Dafür wurde die Ladung in Kisten verpackt, die mit einer Mischung aus Sand, Erde, Sojabohnen und Weizen aufgefüllt wurden (Carswell 2000b). Die Mischung wurde angefeuchtet und wieder getrocknet, bis sie hart war. Am Ende der Reise wurde die Mischung wieder mit Wasser aufgeweicht und der Inhalt konnte geborgen werden.

Die kürzesten Wege von Ost nach West führten an den Wüsten vorbei. Aber wenn die Sommerhitze zu drückend wurde, wurden höher gelegene Routen genutzt. Vom Gansu-Korridor führte der Weg über das Salzbecken von Gaxun Nur (oder Gashion Nor) in die Berge im äußersten Osten des Tian Shan – die Uyguren nennen dies die Straße des Nordens. Diese nördliche Straße war länger, gebirgiger und die Karawanen waren etwas mehr den Angriffen durch Bären ausgesetzt. Aber im Sommer und Herbst, bis Schnee und Eis die hohen Pässe Anfang November unpassierbar machten, zogen sie durch ausgedehnte Gebiete mit intakten Fruchtwäldern und zur Beweidung geeigneten Wiesen. Die Straße des Nordens nutzten vor rund 4000 Jahren wahrscheinlich von Zeit zu Zeit Menschen aus Turpan und Tocharistan, ebenso Dschingis Khan und seine Armee im frühen 13. Jahrhundert.

Lapislazuli-Straße

Die Lapislazuli-Straße (Karte 7) ist möglicherweise viel älter als die wichtigsten Ost-West-Handelswege und geht vielleicht auf die Zeit vor etwa 7000 Jahren zurück. Das kostbare Mineral, dessen Name sich aus dem lateinischen *lapis,* Stein, und dem arabischen *azul*, blau, zusammensetzt, wird seit der Antike wegen seiner intensiv blauen Farbe sowohl als Schmuckstein als auch als Pigment verwendet. Die Maske von König Tutanchamun bestand teilweise aus Lapislazuli, ebenso ein Teil des Schatzes von Königin Pu-abi in Ur. Lapislazuli wurde erstmals – und wird es immer noch – in Sar-i-Sang in der afghanischen Provinz Badachschan, etwa 250 Kilometer nord-nordöstlich von Kabul, abgebaut. Er wurde vermutlich hauptsächlich nach Norden gebracht. Anfangs transportierten ihn wahrscheinlich Träger auf dem Rücken, aber nachdem Pferd und Kamel domestiziert waren, ging es bedeutend schneller voran. Die Route durch die heutigen Städte Osch und Jalal-Abad in Kirgisistan brachte das Gestein bis zu den wichtigsten Ost-West-Routen. Anschließend wurde es vermutlich nach Westen in die großen Reiche von Babylon, Persien und Ägypten und später nach Osten in das chinesische Kaiserreich transportiert. Vermutlich förderte der Handel mit Lapislazuli auch den Transport von anderen Materialien, Feldfrüchten, einschließlich Obst, Techniken und Ideen entlang der großen Ost-West-Routen.

Die Karawanen reisten oft nachts durch die Wüsten Zentralasien, um die glühende Hitze des Tages zu vermeiden. Sie zogen von einer Wasserquelle zur nächsten, wobei die Etappen selten länger als 32 Kilometer waren oder eine Reisezeit von zehn Stunden überschritten (Cable & French 1936, 1942). Die Routen wurden noch bis ins sechste oder siebte Jahrhundert n. Chr. in großem Umfang kommerziell genutzt. Es gibt ausgezeichnete archäologische Beweise dafür, dass Fertigwaren die ganze Strecke von Ch'ang-an bis ins römische Londinium (London, England) zurücklegten. Dabei muss man sich vor Augen halten, dass im Gegensatz zum heutigen extrem schnellen Warentransport jede Sendung, wie beispielsweise Seidenballen, vermutlich mindestens ein Jahr brauchte, um ihr Ziel zu erreichen.

Die frühesten Versuche der Kartografie im 16. und 17. Jahrhundert zeigen, dass die Existenz dieser alten Handelswege unbekannt war oder sie zumindest nicht abgebildet wurden. Heutige große Städte entlang dieser Wege – Taschkent, Schymkent, Bischkek und Almaty – waren nur kleine Ansammlungen von Jurten oder gar nicht verzeichnet. Archäologische Beweise für Ansammlung von Jurten gibt es kaum, da die Überreste sich nicht längere Zeit halten. Im Süden scheinen die alten buddhistischen Städte Chotan (Hotan), Yarkant (Shache) und Kaschgar (Kashi) etwas stabiler gebaut gewesen zu sein. Bis heute gibt es in der Nähe der alten Straßen Hinweise auf künstlich eingeebnete Plattformen, auf denen ein Jurtenlager errichtet worden sein könnte. Am hinteren Rand dieser Plattformen wächst oft ein unvollständiger Ring von Apfel- und anderen Obstbäumen (B. E. J. pers. Beobachtungen 1999). Jüngste Grabungen im usbekischen Teil des Pamir (Spengler et al. 2018) lieferten archäologische Beweise für den mittelalterlichen Anbau von Äpfeln, aber auch von Pfirsichen, Aprikosen und Melonen entlang der Seidenstraße.

Niedergang der langen transkontinentalen Handelswege

Die Handelswege erlebten ihre Blütezeit unter der Tang-Dynastie (618–907 n. Chr.). Als diese Zivilisation zerfiel, galt dies auch für das Leben entlang der Seidenstraße: Zwischenstationen, Forts, Klöster, Tempel, Dörfer und sogar komplette Städte verschwanden fast vollständig. Ihre Überreste wurden erst Ende des 19. Jahrhunderts und/oder noch später wiederentdeckt (Hopkirk 1980).

Es gab viele Gründe für den langsamen, aber unaufhaltsamen Niedergang dieser langen transkontinentalen Handelswege. Der wichtigste war die zunehmende Trockenheit in Zentralasien. Der fallende Wasserpegel des Kaspischen Meers und das periodische Austrocknen der Flüsse weisen auf eine lange und anhaltende Trockenperiode hin, die bis heute andauert (Lamb 1995). Das gesamte Gebiet trocknet seit dem Ende der letzten Eiszeit vor rund 12 000 Jahren langsam aus, aber kurz nach der römischen Kaiserzeit scheint sich der Prozess beschleunigt zu haben. Die aus den Gletschern gespeisten Flüsse aus dem Tian Shan und dem Pamir flossen langsamer und versiegten in einigen Fällen sogar.

Schon sehr früh, als die Region immer trockener wurde, entwickelten die lokalen Agrargemeinschaften ausgeklügelte unterirdische Kanäle. Diese Systeme führten von den gletschergespeisten Hängen der Berge auf beiden Seiten des Tian Shan und den parallel verlaufenden Gebirgszügen oft weit durch die Wüste zu den Oasen, aber unterirdisch. Diese technologischen Bauwerke füllten die kostbaren Wasservorräte und hielten die Landwirtschaft aufrecht, veränderten jedoch die Vegetation der Gebirgsausläufer grundlegend. Einige dieser technisch ausgeklügelten Versorgungssysteme waren von monumentalem Ausmaß. Die Kanäle, im alten Persien *qanat* und auf Usbekisch *kuvur* genannt, verliefen oft über große Entfernungen. Beispielsweise ist aus Persien ein über 70 Kilometer langer Kanal bekannt. Oft lagen sie in großer Tiefe, manche bis zu 300 Meter unter der Erdoberfläche. Angesichts einer Versorgung mit reichlich qualitativ hochwertigem Wasser aus den Bergen und der intensiven Sommerhitze und Sonneneinstrahlung waren und sind sehr frühe Ernten möglich. Von diesem Vorteil könnte sich das türkische Wort *turfanda* ableiten: Es bezieht sich auf sehr früh reifende exotische Früchte, die möglicherweise aus der weit entfernt im Süden liegenden Stadt Turpan in der Taklamakan-Wüste stammen könnten.

Schließlich überwältigten muslimische Krieger aus dem Westen die überlebenden chinesischen Siedler. Die Lehmstadt Niya, heute eine fast nicht erkennbare Ruine am südlichen Rand der Taklamakan, ging Ende des dritten Jahrhunderts unter, als die Chinesen zeitweise die Kontrolle über die Seidenstraße verloren. Niya verkümmerte, verschwand schließlich ganz von den Karten und wurde erst Ende des 19. bis Anfang des 20. Jahrhunderts wiederentdeckt. Das endgültige Aus für die chinesische Kontrolle über Zentralasien kam, als im Juli 751 eine muslimische Armee in der Nähe des Flusses Talas im heutigen Kirgisistan eine chinesische Armee schlug – der Kampf dauerte fünf Tage. Dieser Sieg sorgte dafür, dass der Islam zur vorherrschenden Religion in Zentralasien wurde, und setzte auch den Zusammenbruch der Tang-Dynastie in Gang.

Unter der Ming-Dynastie (1368–1644) wurde die Seidenstraße endgültig aufgegeben und China kapselte sich von fast allen Kontakten mit dem Westen ab. Diese Abschottung führte zu weiterer Isolierung des Tian Shan. Chinesische Seekaufleute trieben dennoch Handel über das Chinesische Meer, ihre Schiffe oft voll beladen mit Porzellan. Sie gelangten vermutlich bis an die Ostküste Afrikas und ins Rote Meer. 1405 förderte Kaiser Yongle eine Reihe von sieben maritimen Missionen in den Westen und sein erster Schiffsverband umfasste nicht weniger als 37 Schiffe. Doch kurz darauf schloss China faktisch seine Grenzen, um sich vor fremdem Einfluss zu schützen.

Das Schicksal der Seidenstraße als Handelsweg war endgültig besiegelt, als zunächst die Araber, dann die Portugiesen, Holländer und Briten Handelswege um das Kap der Guten Hoffnung, durch den Arabischen Golf, um Indien herum und nach Cathay einrichteten. Der Seeweg wurde schneller, billiger und zuverlässiger und war de facto der einzige praktikable Weg für den Transport großer Lasten. Die Funktion und auch der Mythos der Seidenstraße gerieten in Vergessenheit – und das so gründlich, dass auf europäischen Landkarten des 16. bis 19. Jahrhunderts zwar beispielsweise der Pamir eingezeichnet ist, aber keinerlei Hinweis auf die damals gut etablierten großen Städte der östlichen Seidenstraße und auch kein Hinweis auf die Route selbst zu finden ist. Interessant ist, dass in der Regel die Lapislazuli-Straße von Sar-e-Sang nach Osch eingezeichnet ist. Lapislazuli war und ist immer noch sehr gefragt. Diese Route, die heute belebter ist als vermutlich jemals zuvor und auf der andere wertvolle, wenn auch vielleicht weniger ansprechende Produkte aus Afghanistan transportiert werden, war und ist der einzige Weg, auf dem Lapislazuli in den Westen gelangt. Solche Handelswege zu fördern ist heute Teil von Chinas Wirtschaftspolitik.

Es wurde behauptet, dass diese Landrouten weniger wichtig waren als die Seewege (Ball 1998), und es besteht kein Zweifel daran, dass es schon sehr früh einige Seewege gab (Cuncliffe 2001). Ein sehr schwer beladenes, circa 40 Meter langes Handelsschiff wurde vor der Küste in der Nähe von Varna, dem alten Odessos in Bulgarien, entdeckt. Es kam anscheinend aus dem Hafen von Sinope (heute Sinop) an der türkischen Schwarzmeerküste. Es scheint seine Reise um das Schwarze Meer gegen den Uhrzeigersinn irgendwann vor 2486 bis 2276 Jahren unternommen zu haben, also sehr nahe der Zeit Alexanders des Großen. Es war mit Amphoren beladen, die hauptsächlich getrockneten Fisch und Oliven enthielten. Xerxes sah Handelsschiffe, die Weizen aus der Ukraine auf den Peloponnes brachten. Der Seeweg, auf den diese Beobachtungen hindeuten, führte von der Krim über den Bosporus und die Dardanellen in die Ägäis. Nur eine kurze Seereise weiter liegt Ostia an der Mündung des Tiber, flussabwärts von Rom.

Direkte archäologische Beweise für die Existenz der Landwege liefern mindestens zwei Quellen. Zum einen handelt es sich um Funde, die bei einer Ausgrabung im Stadtteil Spitalfields im Zentrum von London gemacht wurden. 1999 wurde dort, unmittelbar vor den Mauern des römischen Londinium, ein Steinsarkophag mit einem kunstvollen Bleisarg gefunden. Darin befand sich der Leichnam einer Frau aus dem frühen vierten Jahrhundert. Sie war vermutlich in Südwesteuropa, möglicherweise in Spanien, geboren und starb ohne größere Verletzungen im Alter von Anfang 20. Die sehr aufwendigen Grabbeigaben aus Gagat und Glas deuten darauf hin, dass sie aus einer wohlhabenden Familie stammte. Ihr Kleid ist besonders faszinierend: ein bodenlanges Gewand aus Seide, teilweise goldbestickt. Die Seide stammt aus China, wie an der Fadenstärke festgestellt werden kann, und die Rohseide wurde im Gebiet des heutigen Syrien gewebt. Dass Seetransport hier eine Rolle spielte, ist nicht glaubwürdig – mögliche Ausnahme: die letzte Etappe vom römischen Hafen Ostia nach Londinium.

Die zweite Quelle ist ein Fund bei Ausgrabungen in Loulan am nördlichen Rand des Lop-Nuzr-Beckens in der östlichen Taklamakan (Xinjiang, China). Hier in den Ruinen fand Mark Aurel Stein in den Jahren 1906 und 1907 einen kleinen, intakten Ballen gelber Seide (Walker 1998). Loulan wurde in den ersten drei Jahrhunderten n. Chr. von Truppen der kaiserlichen chinesischen Armee als einer der westlichsten Außenposten besetzt. Man kann vermuten, dass diese Sendung, wie viele weitere seither, ihren Bestimmungsort im Westen nicht erreicht hat.

Äpfel in Europa

Aus den heutigen Verbreitungsgebieten, so klein sie auch sein mögen, lässt sich ableiten, dass einige wenige Apfelarten unmittelbar nach dem Rückzug der Gletscher in Ost-, Mittel- und Westeuropa vorkamen, wenn auch mit meist recht begrenzter geografischer Verbreitung: *Malus dasyphylla, M. sylvestris, M. crescimannoi, M. florentina* und *M. trilobata.* Aber wie verbreitet waren sie? Einen kleinen Hinweis gibt es. Eine umfassende Abhandlung über die Bäume und das Bauholz der mediterranen Welt der Antike deckt ein Gebiet ab, das sich von östlich des Tigris

in Mesopotamien bis südlich von Memphis am Nil und nördlich bis zu den Alpen erstreckt (Meiggs 1982). Es wurden eine Reihe von Nutzholzarten, ihre Herkunft (einheimisch oder importiert) und ihre Verwendung vom Möbel- bis zum Brückenbau untersucht. Keine einzige *Malus*-Art wird erwähnt. Ebenholz kam aus Indien, die Walnuss aus Asien, hauptsächlich aus Kirgisistan, aber es gibt keine Erwähnung eines Apfels.

Trotzdem wird der Süßapfel in den Vorträgen römischer Gartenbauer wie Plinius und Columella vielfach erwähnt. Eine Interpretation lautet, dass die wilden Apfelarten schon damals selten waren und weder als Ziergehölze noch für Bauholz von Bedeutung waren. Tacitus (römischer Kaiser von 275 bis 276 n. Chr.), der wahrscheinlich irgendwo an der Donau geboren wurde, notierte, dass die Germanen wilde Äpfel, *agrestia poma,* aßen, während die Römer kultivierte Äpfel bevorzugten, die sie *urbaniores* nannten. Hier war die Unterscheidung zwischen *Malus sylvestris (agrestia poma)* und *M. domestica (urbaniores)* überdeutlich, um nicht zu sagen snobistisch. Die Wertschätzung, die den *urbaniores* in Rom entgegengebracht wurde, zeigt sich in der Abbildung von Glasschalen mit Äpfeln und anderen Früchten in Wandmalereien (Wasserman et al. 1990). An den Wänden der Casa di Livia, dem Haus der Frau des Kaisers Augustus, ist ein kompletter Apfelgarten dargestellt. Es kann kein Zweifel daran bestehen, dass es sich bei diesen Äpfeln um Kultur-Äpfel und nicht um einheimische Holz-Äpfel handelt.

Die gängige Ansicht, die die Lateiner zweifellos unterstützt hätten, besagt, dass die Römer die gesamte Technologie – Apfelveredlung, Anbau, Ernte, Lagerung, Sammeln neuer Sorten und vermutlich Cider-Herstellung – von den Griechen lernten und dann nach Nordwesteuropa brachten (French 1982). *«Der Apfel wurde aller Wahrscheinlichkeit nach von den Römern in Britannien eingeführt, ebenso wie die Birne; und wie diese Frucht wurde er vielleicht von den Vorstehern von Ordenshäusern bei deren Gründung nach der Einführung des Christentums wieder eingeführt.»* (Loudon 1844)

Es wird allgemein angenommen, dass die Römer auf der Suche nach Kupfer und Zinn nach Britannien kamen. Darüber hinaus fanden sie ein reichhaltiges Angebot an hochwertigem Weizen, mit dem sie über den Hafen in Ostia die potenziell aufrührerische Bevölkerung Roms ernähren konnten. Zweifellos brachte die hochentwickelte «keltische» Getreideanbaukultur eine weitaus bessere Weizenqualität hervor, als man es in Rom kannte. Was fanden sie sonst noch? Ist es entgegen Loudons Behauptung möglich, dass die Römer seltene, herausragende, aus Samen gezogene nicht veredelte Apfelbäume fanden, sie aber nicht würdigten? Ist es auch vorstellbar, dass es sich bei dem großen, vermutlich 3000 Jahre alten Apfel, der in Navan Fort in

«*Prunus malus* L., Der Apfelbaum» aus Plenck:
***Icones Plantarum Medicinalium,* Bd. 4, 1791.**

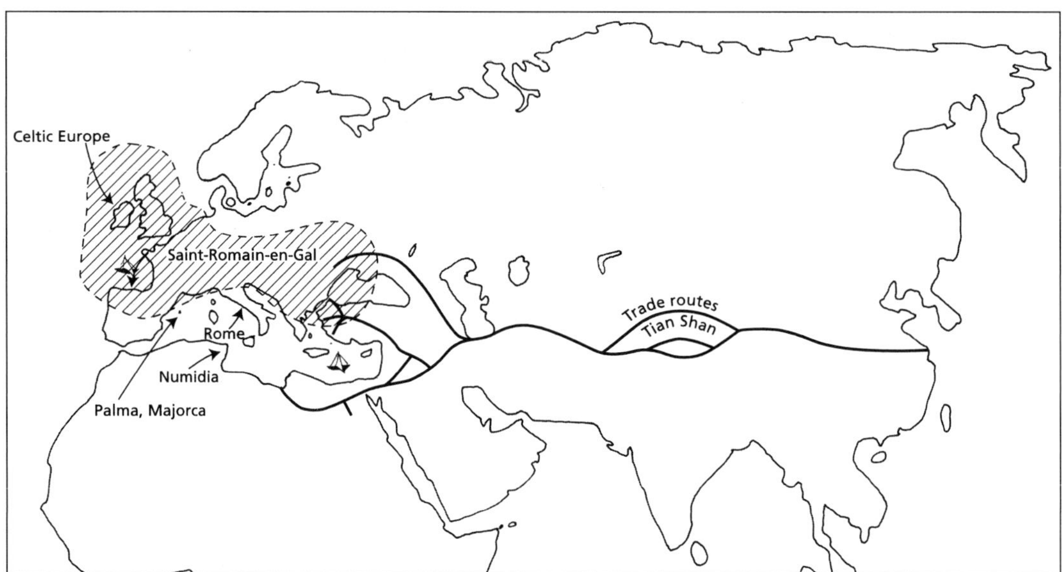

KARTE 8: Die Kelten vor rund 2400 Jahren. Mit den Ost-West-Handelswegen reicht der keltische Einfluss im Osten bis weit in die Provinz Xinjiang im heutigen China.

County Armagh, Nordirland, entdeckt wurde, um einen keltisch-phönizischen Sämlingsimport von *Malus domestica* handelt und nicht um ein außergewöhnliches Exemplar des einheimischen bitteren Apfels, *M. sylvestris* (Kennedy 1997)? Die Römer waren anerkannte Meister darin, die Errungenschaften der Völker, die sie unterworfen hatten, schlechtzumachen (mit Ausnahme ihrer kriegerischen Qualitäten, die sie bezwingen mussten), und es gibt keine schriftlichen Aufzeichnungen über den Anbau keltischer Früchte in Britannien.

Archäologische Zeugnisse der «keltischen» Völker sind weit verbreitet und interessanterweise deuten Grabbeigaben aus Gold und Keramik auf starke Einflüsse aus Griechenland hin. Karte 8 zeigt etwa 2400 Jahre alte keltische Funde. Damals bauten die keltischen Völker bereits ausgeklügelte steinerne Behausungen auf den Shetland-Inseln vor Nordschottland. In ihrem östlichen Einflussgebiet müssen sie zudem mit der weit fortgeschrittenen Landwirtschaft und dem Gartenbau des Perserreichs in Kontakt gekommen sein. Grabbeigaben und römische Berichte über Schlachten belegen darüber hinaus, dass die keltischen Völker mit dem Pferd vertraut waren und es für vielerlei Zwecke einsetzten.

Seit den Anfängen des Ackerbaus in Westeuropa etwa vor 6000 Jahren gab es offenbar hervorragende Handelsschifffahrtswege entlang der westlichen Meeresküsten und um das Schwarze Meer. Vor rund 3400 Jahren sank vor der Südküste der heutigen Türkei am Kap Uluburun, zwischen Kalkan und Kas, ein kleines Handelsschiff. Dabei handelte es sich offenbar um einen Trampdampfer, der seine Ladung eher nach Bedarf von einem Hafen zum anderen brachte und weniger auf einer vorbestimmten Route (Cunliffe 2001). An Bord befanden sich etwa 6000 Kilogramm Kupferbarren, vermutlich aus Zypern, Zinnbarren, möglicherweise aus Etrurien oder sogar aus Galizien oder Cornwall, Glas aus Syrien, Elfenbein aus Afrika und Bernstein aus dem Ostseeraum (Karte 10). Die Beweise für einen bedeutenden bronzezeitlichen internationalen Seehandel mit exotischen, unverderblichen Materialien sind unwiderlegbar. Welche verderblichen Güter, einschließlich Nahrungsmitteln, könnte das Schiff außerdem transportiert haben? Wurden vielleicht Apfelsamen zusammen mit Samen anderer Nutzpflanzenarten nach Westeuropa gebracht? Man nimmt an, dass Veredlung vor etwa 2400 Jahren weit verbreitet war und wenige Jahre später die Mannschaften Alexanders des Großen für Seeschlachten mit Äpfeln als Geschosse übten. Diese späteren Daten fallen in die Zeit der Mittelmeervölker. Wenn Äpfel Bestandteil des Proviants an Bord waren, könnten sie entweder von veredelten Bäumen oder von herausragenden selbst ausgesamten *Malus domestica* stammen – für die Verbreitung der Frucht würde das keinen Unterschied machen.

KARTE 9: Westlicher Teil der Handelswege. Verwerfungslinien sind als Zickzack-Linien dargestellt. Seewege der Bronzezeit werden durch Segelschiffe gekennzeichnet.

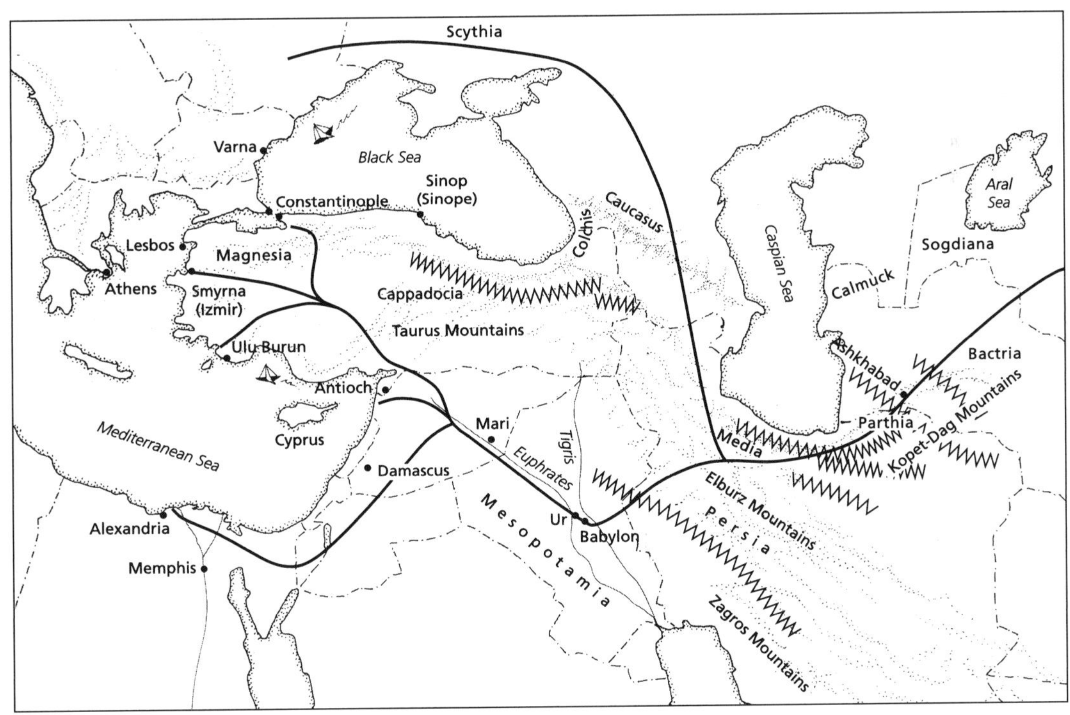

Keltische Ortsnamen und der Apfel

Überall in Westeuropa gibt es vorrömische, vermutlich keltische Ortsnamen, die auf den Anbau von Äpfeln hinweisen: Aveluy in der Picardie, Haveluy ebenfalls in Nordfrankreich, Availles im Département Ille-et-Villaine und in Poitou, Evaillé in der Region Pays de la Loire, Havelu in Zentralfrankreich, Avallon in der Bourgogne und Vallon-Pont-d'Arc im Département Ardèche. Außerdem gibt es Avilar in Nordspanien, das ebenfalls unter keltischen Einfluss geriet. In Großbritannien gibt es nur eine vage Erinnerung an die Insel Avalon (oder Ynys Avallach). Ein Wirrwarr von Mythen und unbewiesenen Behauptungen umgibt die sogenannte Insel Avalon und verortet sie irgendwo zwischen der Bretagne und Edinburgh. Es scheint dennoch plausibel, dass sich hinter diesen Legenden und fragmentarischen archäologischen Funden ein bevorzugter Ort verbirgt, an dem ausgewählte Äpfel wuchsen. Möglicherweise handelte es sich dabei um Kultur-Äpfel und nicht um die seltenen, kümmerlichen, bitteren Wildäpfel des Waldes (Palmer 1996).

Alle diese Ortsnamen tragen die Wurzel *av* und nicht das vermutlich sächsische *apf* oder *äpp.* Die Kelten notierten vielleicht einfach die Orte, an denen der kleine wilde Apfel, *Malus sylvestris,* wuchs. Auf ihrem Weg vom Nahen Osten durch Ost- und Westeuropa dürften sie ihn gut kennengelernt haben. Es ist aber auch legitim zu spekulieren, dass sie zumindest Samen des Kultur-Apfels mitbrachten, wenn auch nicht die Fertigkeit des Veredelns. Aus diesen Samen wuchsen vermutlich viele mittelmäßige Exemplare, aber vielleicht auch ein paar herausragende Apfelbäume mit ausgezeichneten Früchten, die einem bestimmten Ort seinen Namen gaben. Solch eine Vermutung könnte auch die ansonsten rätselhaften Hinweise auf besondere Äpfel in Irland erklären. Das Land lag außerhalb des römischen Machtbereichs, aber innerhalb der Reichweite der keltischen Einwanderer.

Römer in Britannien

Obwohl es hervorragende schriftliche Berichte und Darstellungen von römischer Apfelkultur auf dem europäischen Festland gibt, scheint es keine Aufzeichnungen über ihren Transfer nach Britannien nach der Eroberung durch die Römer zu geben. Die Römer waren mit allen Veredlungsmethoden bestens vertraut. Es ist anzunehmen, dass sie 43 n. Chr. nach Britannien kamen, die dortigen Äpfel probierten und so etwas sagten wie *«Vobis malum sit»* («Das Böse sei mit euch», das Wortspiel soll das lateinische Durcheinander von *mal*-Wörtern verstärken; Kapitel 3). Vielleicht fanden sie sowohl den wilden Holz-Apfel *(Malus sylvestris)* als auch hier und da seltene, aber geschätzte, aus Samen gezogene Exemplare des zentralasiatischen Kultur-Apfels. An diese winzigen Vorkommen des süßen Apfels könnten die Ortsnamen mit dem keltischen *av* in Nordwesteuropa erinnern.

Es scheint wahrscheinlich, dass die Römer vor allem auf getrocknete einheimische Äpfel der Art *Malus sylvestris* stießen, da dies die übliche Nutzungsform war. Vermutlich verschmähten sie aber diese lokalen *agrestia poma* und entschlossen sich dazu, Edelreiser ihrer süßen Äpfel auf Baumstümpfe zu veredeln. Es gibt zumindest in Deutschland indirekte Beweise für diese Praxis in der Römerzeit (Hehn 1902). Römische Handwerker werden sich der Tatsache wohl bewusst gewesen sein, dass die oberen Teile der alten *M.-sylvestris*-Bäume als eisenhartes Nutzholz für die Zähne und Zahnräder der Wasser- und Windmühlen, die zum Mahlen von Weizen für den Export nach Rom eingeführt worden waren, unschätzbaren Wert hatten. Das Absägen von Baumkronen könnte die extreme Seltenheit von *M. sylvestris* im britischen Tiefland erklären. Allerdings gibt es weder ein schriftliches Zeugnis noch einen darauf verweisenden römischen Ortsnamen oder eine Abbildung auf irgendeinem Mosaikboden und damit keinen direkten Beweis für den Apfelanbau während fast 500 Jahren römischen Einflusses auf den britischen Inseln.

Das Reich Karls des Großen

Am Ende seiner Regierungszeit herrschte Karl der Große (742–814 n. Chr.) praktisch über ganz Frankreich bis zu den Pyrenäen, große Teile des heutigen Deutschlands und Österreichs sowie den größten Teil Italiens. Um 800 ließ er eine Liste mit einigen der in seinem Reich angebauten Früchte aufstellen: *«De arboribus volumes quod habeant pomarios diversi generis, … Malorum nomina: 'Gozmaringa': 'Geroldinga': 'Crevedella': 'Spirania': 'Dulcia': 'Acriores' omnia servatoria; et subito comessura; primitiva. Perariciis servatoria trium et quartum genus, dulciores et cocciores et serotina.» («Was Bäume betrifft, ist es unser Wunsch, dass sie Obstbäume verschiedener Arten haben, … Die Namen der Äpfel sind 'Gozmaringa', 'Geroldinga', 'Crevedella', 'Spirania', 'Dulcia', 'Acriores'; alle sind zum Einmachen oder zum sofortigen Verzehr, früh blühend. Perariciis* [nicht übersetzbar], *Einmachäpfel des dritten und vierten Typs, süßer und röter und spät blühend»)* (Fois 1981, Harvey 1981, 1992). Gozmaringa (heute Gomaringen) ist eine kleine Stadt in Baden-Württemberg; Geroldinga könnte Goldingen im Bezirk Courland im heutigen Lettland sein. Crevedella wurde noch nicht identifiziert. *Spirania* bedeutet Duft, *dulcia* Süße und *acriores* hohen Säuregehalt und lange Haltbarkeit (Leroy 1873). Die Angaben in diesen Namen deuten auf Veredlung hin. Einige dieser Äpfel könnten aus lokalen selbst ausgesamten Exemplaren hervorgegangen sein. Leider scheint keine dieser Sorten erhalten geblieben zu sein.

Berber und Mauren

Dem komplexen Geflecht, das die Geschichte der Ausbreitung des Süßapfels nach Westen darstellt, ist noch ein weiterer Strang hinzuzufügen. Lange vor den Römern und noch weitaus länger vor der Entstehung und Ausbreitung des Islam – Mohammed lebte etwa von 570 bis

632 – hatten sich hoch entwickelte Völker, darunter die Berber, entlang der nordafrikanischen Küste ausgebreitet. Sie hatten eine Zivilisation begründet, die sich von Ägypten nach Westen bis zum Atlantik erstreckte und bis ins heutige Spanien und Portugal reichte. Die Ursprünge der Berber sind unklar, aber einige ihrer Architektur- und Kunstformen deuten darauf hin, dass sie Kontakte zu frühen griechischen Zivilisationen hatten. Im zweiten Jahrhundert war der Einfluss der Berber so stark, dass die Römer in Numidien, dem heutigen Algerien, ein zweites Karthago befürchteten und versuchten, die Entwicklung zu unterdrücken. Es besteht kaum ein Zweifel daran, dass die Berber auf dem Gebiet des heutigen Südspanien und Portugal jahrhundertlang mit den keltischen Völkern des europäischen Festlands in Berührung gekommen sind und mit ihnen kommuniziert haben.

Die Herrschaft und Kultur des Islam wurden von Damaskus und Bagdad aus entlang der nordafrikanischen Küste bis Toledo in Spanien durchgesetzt, und zwar von etwa 670 bis zur Niederlage in Spanien 1492. Karl der Große stand in regelmäßigem – und teils feindseligem – Kontakt mit diesen muslimischen Völkern, wie im *Rolandslied* berichtet wird. Es gibt immer mehr Beweise dafür, dass über die gut belegten Beispiele einiger Zitrusfrüchte und der Karotte hinaus ein breites Spektrum an Obst und Gemüse zu verschiedenen Zeiten entlang dieses Korridors nach Westeuropa gelangte. Es gab Zeiten, in denen das Islamisch-arabische Reich vom Tian Shan und Indus im Osten bis tief nach Europa hinein und entlang der afrikanischen Küste bis ins südliche Spanien und Portugal reichte. Hier konnten die Schiffe dieses Reichs verderbliche Waren schnell und effizient transportieren. Die religiöse Dominanz wurde nicht in luftleerem Raum ausgeübt, sondern auf bestehende Zivilisationen übertragen. Oft umfasste sie auch eine hochentwickelte Gartenbaupraxis. Es ist sehr wahrscheinlich, dass neben den exotischeren Früchten der Subtropen wie Aprikosen (das Wort selbst stammt aus dem Arabischen), Zitrusfrüchte und Oliven auf diesem Weg auch einige Apfelsorten mit geringem Winterkältebedarf nach Spanien und Portugal gebracht wurden.

1080 könnten die Araber, die damals Toledo kontrollierten, Ibn Bassāl damit beauftragt haben, das *Buch über Landwirtschaft* zu schreiben (Harvey 1992). Dieses Buch enthält Informationen über viele Nutzpflanzen, darunter Äpfel. Seine Übersetzung ins Spanische erfolgte wahrscheinlich auf Veranlassung von Alfons X dem Weisen, König von Kastilien von 1252 bis 1284. Dessen Halbschwester, Eleonore von Kastilien (1246–1290), nahm ein Exemplar des Buchs mit nach England, als sie im Alter von zehn oder elf Jahren Edward I, König von England von 1272 bis 1307, heiratete. Mithilfe des Texts, spanischer Handwerker und importiertem Pflanzenmaterial, was insgesamt vom schlechten Zustand des Gartenbaus und der

'Späte gelbe Renette' aus Poiteau: *Pomologie Française*, Bd. 4, 1846.

Pflanzenkenntnisse in Großbritannien zu jener Zeit zeugt, legte sie in King's Langley in der Grafschaft Hertfordshire einen sehr modernen Garten an. Nach dieser kurzen Morgendämmerung verschlechterten sich Landwirtschaft und Gartenbau in Großbritannien jedoch wieder und erreichten erst gegen Ende der Tudorzeit wieder annähernd ein Niveau wie auf dem europäischen Festland.

Nachrömische Ortsnamen und der Apfel

Als die Macht Roms im fünften und sechsten Jahrhundert zunehmend schwächer wurde, begannen germanische Stämme nach Westeuropa vorzudringen. Nach Angaben des römischen Kaisers Tacitus besetzten diese Gruppen um 100 n. Chr. das Gebiet des heutigen Holstein in Deutschland. Ptolemäus sah sie Mitte des zweiten Jahrhunderts dort und zwischen 250 und 450 begannen diese Sachsen oder Saxonen, nach Westen zu ziehen, und ließen sich zunächst auf den friesischen Inseln nieder. Verschiedene germanische Stämme, darunter nun auch Angeln, Franken, Sachsen und Jüten, zogen weiter nach Westen. Die Franken besetzten hauptsächlich das heutige Nordfrankreich. Einige andere germanische Stämme wurden zunächst als Söldner in die nachrömischen und keltischen Königreiche in Britannien eingeladen, um die Angriffe der Pikten und Skoten im Norden zurückzuweisen. In einer sehr komplizierten Situation wurden die ursprünglichen römisch-britischen Besetzer langsam von den Eindringlingen aus dem Osten überwältigt. Auf der anderen Seite des Ärmelkanals festigten die Franken, von denen sich möglicherweise kleine Gruppen in Britannien niederließen, ihre Herrschaft und vereinigten unter Chlodwig I, König der Salfranken von 481 bis 511, große Teile des heutigen Frankreichs.

Die weitere Geschichte dieser Regionen verlief sehr unterschiedlich, denn manche germanischen Stämme vertrieben oder ermordeten die nachrömischen Bewohner, andere vermischten sich mit ihnen oder schlossen Abkommen. Im Großen und Ganzen blieben in Nordfrankreich die römischen Guts- und Hofnamen erhalten. In Großbritannien verschwanden die alten römischen Namen jedoch praktisch und die einzigen nomenklatorischen Überbleibsel von 500 Jahren Besetzung und Einfluss sind eine Handvoll Orts- und Städtenamen, die *cester* (zum Beispiel Cirencester in der Grafschaft Gloucestershire und Winchester in der Grafschaft Hampshire), *foss, pons* und *porta* enthalten. In der Tat gibt es weit mehr Relikte aus der keltischen Vergangenheit als aus der Römerzeit; die Namen fast aller Bäche, Flüsse, Wälder und Berge können den vorrömischen Bewohnern zugeschrieben werden. Ein weiterer und ebenso seltsamer Unterschied ist, dass die anglisch-jütisch-sächsischen Eroberer auf fast dem gesamten britischen Festland, abgesehen von den sehr kleinen, aber erkennbaren fränkischen Gebieten, das Wort Apfel (meist als Vorsilbe) hinterließen, in der Regel in den Namen von Dörfern und kleinen Städten (von denen einige auch zu Nachnamen wurden) (Ekwall 1991, Palmer 1996):

Apley und Apperley (Apfelbaumholz): Gloucestershire, Isle of Wight, Northumberland, Shropshire, Somerset und West Yorkshire
Apperknowle (Apfelbaumberg): Derbyshire
Appleby (Hof oder Siedlung mit Apfelbäumen): Cumbria und Lincolnshire
Appleby Castle (Burg in Appleby): Cumbria
Appleby Magna und Parva (Apfeldorf oder -gehöft): Leicestershire
Appledore (Apfelbaum): Devon und Kent
Appledram und Applesham (von ham für Dorf, Landgut, Herrenhaus oder Gehöft): Sussex
Appleford (Furt bei den Apfelbäumen): Berkshire und Isle of Wight
Applegarth (Apfelgarten): North Yorkshire
Appleshaw (Apfelwald): Hampshire
Applethwaite (eine Lichtung, auf der Äpfel wachsen): Cumbria, Kent, Lancashire, Norfolk und North Yorkshire
Appleton (wo Äpfel wachsen oder Obstgarten): Berkshire, Cheshire, Cumbria, Kent, Lancashire, North und West Yorkshire
Appletree (Apfelbaum): Northamptonshire
Appletreewick (von wic für Wohnstätte, Dorf, Straße oder Hof): North Yorkshire
Appley Bridge (Apfelbrücke): Lancashire
Appuldurcombe (Apfelbaumtal): Isle of Wight

Sind diese Namen Relikte des Vorkommens von *Malus sylvestris* oder von *Malus domestica? Malus sylvestris* war in der Regel ein Zeichen für eine Grenze und der Kultur-Apfel, *M. domestica,* stand näher bei den Siedlungen (Oliver Rackham pers. Mitt. 2005). Da fast alle Nachsilben in diesen Ortsnamen angelsächsischen oder weniger häufig dänischen Ursprungs sind (*by* ist altdänisch für Bauernhof), ist anzunehmen, dass sie im Großen und Ganzen entweder die Gründung neuer Ansiedlungen oder die Übernahme bestehender alter römischer Obstgärten durch die angelsächsischen Eroberer darstellen. In jedem Fall ist es äußerst unwahrscheinlich, dass sich diese Namen, die auf eine besondere Frucht hinweisen, auf den kleinen, einheimischen Holz-Apfel, *M. sylvestris,* beziehen. Die Sachsen und Dänen werden auf ihrem Weg durch Nordwesteuropa sicher auf diesen bitteren kleinen Apfel gestoßen sein und werden ihn nicht gemocht haben. Viel wahrscheinlicher ist es, dass es sich bei diesen Ortsnamen um Überreste von Obstgärten mit *M. domestica* handelt, die von den römischen Kolonialherren oder sogar früher importiert und veredelt und von den späteren Eigentümern erhalten wurden. Die Obstgärten könnten zu einer Ansammlung von selbst ausgesamten Bäumen degeneriert sein, von denen viele von mäßiger Qualität waren, unter denen sich aber zufällig große, süße, vorzügliche Genotypen befanden. Die Vielfalt von Form, Konsistenz und Süße der Äpfel war fast unendlich und bot die Möglichkeit, einen lokalen Qualitätsapfel auszuwählen und zu vermehren.

Die klare Trennungslinie in den Ortsnamen, die der Ärmelkanal bildet, bleibt ein Rätsel, waren doch die Franken in jeder Hinsicht eng mit den Sachsen verbunden. Es ist auch interessant, dass Birnennamen in Großbritannien seltener sind als Apfelnamen. Diese könnten sich vom altenglischen *pirige* ableiten und finden sich in Namen wie Parbold, Parham, Parley, Preshaw und Prested.

Die Schlacht bei Hastings

Wenn, und das ist spekulativ, die Geschichte der sächsischen Zeit den großen, süßen Kultur-Apfel und nicht den lokalen Holz-Apfel dokumentiert, was naheliegt, um was handelt es sich dann bei dem berühmten Apfelbaum der Schlacht bei Hastings? Auf frühmittelalterlichen Karten, die angeblich den Ort der Schlacht zeigen, steht ein Apfelbaum mit großen, leuchtend roten Früchten im Mittelpunkt des Geschehens. In den düsteren Worten der *Angelsächsischen Chronik* (Worcester Chronicle, British Library, Cotton-Library-Manuskript) heißt es:

> *«Dann kam Herzog Wilhelm am Vorabend von Michaelis (28. September 1066) aus der Normandie nach Pevensey und sobald sie sich bewegen konnten, errichteten sie bei Hastings eine Burg. König Harald wurde darüber informiert und versammelte eine große Armee und stellte sich ihm an dem uralten Apfelbaum entgegen und bevor seine Armee in Schlachtordnung aufgestellt war, stieß Wilhelm überraschend vor. Aber der König focht mit den Männern, die ihn unterstützen wollten, hart gegen ihn und es gab schwere Verluste auf beiden Seiten. Dann wurde König Harald getötet und sein Bruder Leofwine Godwinson und sein Bruder Gyrth Godwinson und viele gute Männer und die Franzosen blieben die Herren auf dem Schlachtfeld.»*

Die roten Äpfel dieses uralten, von Flechten bedeckten Baums sollen zwischen die Leichen der Edelleute des angelsächsischen Englands gefallen sein. Auf Wilhelms Befehl lagen die ausgebleichten Knochen der Toten bis weit ins 12. Jahrhundert hinein unbestattet auf diesem Hügel.

Trotz der teilweise brutalen Repression der Angelsachsen durch die Normannen gab es etwas Licht im Dunkel (Grindon 1885):

> *«Unter den Anhängern von Wilhelm gab es eine Dame namens Mabilia. Sie ließ sich in Kent nieder, an einem der Orte, wo es anscheinend bereits Äpfel im Überfluss gab, empfahl sich den Menschen durch ihre Tugenden und wurde als Mabilia d'Appletone oder Mabilia vom Apfelgarten bekannt. Ihre Nachfahren, die Appletons von Kent und den angrenzenden Grafschaften … halten nach 800 Jahren noch treu an ihrem angestammten Boden fest. Das heraldische Emblem wurde ein Apfelzweig mit Blättern und Früchten und ist es bis zum heutigen Tag.»*

Der Familienname Appleton (verwandt mit *ton* sind *tuin*, holländisch für Garten, und das deutsche Wort *Zaun*) ist immer noch geläufig, zusammen mit Namen von Straßen und Stadtbezirken in der Gegend von Canterbury, Kent. In ähnlicher Weise leiten die Maberleys und Mabberleys dieser Grafschaft, später Maverleys und Moverleys, ihren Namen von Mabilia ab (Maberley Family 2018).

Der süße Kultur-Apfel wurde zur Zeit der römischen Invasion oder, wie erörtert, schon früher über den Ärmelkanal gebracht und auf den britischen Inseln verbreitet. Aber was ist mit dem Rest von Europa? Die Durchdringung war überraschend ungleichmäßig. In all jenen Ländern, die teilweise oder ganz unter römische Herrschaft kamen, gedieh der Apfel. Unter keltischem Einfluss scheint er aber nicht bis nach Skandinavien vorgedrungen zu sein.

Es scheint, dass Köstlichkeiten wie Pippin und Reinette beispielsweise erst sehr spät nach Schweden gelangten. Der Dreißigjährige Krieg (1618–1648) erschütterte Europa. Schweden stellte, insbesondere nach 1630 unter Gustav II Adolf (gestorben 1632), Königin Christina (die 1632–1644 regierte) und General Lennart Torstensson, große Söldnerheere auf, um für die protestantische Sache zu kämpfen. Am Ende des Krieges, als die schwedischen Armeen vom europäischen Festland zurückkehrten, sollen sie große süße Äpfel in ihren Tornistern mitgebracht haben. Es wird vermutet, dass die Soldaten diese besonderen Früchte aus Obstgärten in Süddeutschland mitgehen ließen. Die Samen, so ist anzunehmen, keimten in den strengen skandinavischen Wintern gut und bildeten die heute in Südschweden weit verbreiteten wilden Populationen. Eine indirekte Bestätigung für das Fehlen von Kultur-Äpfeln in Skandinavien vor dieser Zeit liefert die Verbreitung von Apfel-Ortsnamen in Großbritannien. Solche Ortsnamen sind in den von den Sachsen eroberten Regionen weit verbreitet, in den von den Norwegern besiedelten nördlichen und westlichen Gebieten jedoch selten.

Die Wahrnehmung des Apfels im Westen

In diesem Buch argumentieren wir, dass unser heutiger heimischer Apfel ein Fremdling aus Zentralasien ist und ursprünglich nicht durch Hybridisierung beeinflusst war. Er ist ein anpassungsfähiger und offensichtlich überall willkommener Wirtschaftsmigrant, der über das persische Reich, das mazedonische und hellenische Griechenland und das kaiserliche Rom nach Westeuropa gelangte, möglicherweise auch mit den Wanderungen der Kelten auf dem Land- und Seeweg.

Im Gegensatz zu fast allen anderen Nahrungsquellen (ob einheimisch oder fremd) fand der Apfel in allen Ländern, in die er gebracht wurde, fast sofort Eingang in die Namen von

«Die Heilige Familie im Garten», unbekannter Künstler, circa 1490–1510.

Dörfern und privaten Anwesen. Sein Einfluss breitete sich auf Lyrik, Prosa, bildende Kunst, Sprache (z. B. Aphorismen), Musik (z. B. Weihnachtslieder), Mythologie und Philosophie aus. Der Apfel wurde sogar zum Namensgeber für spätere, importierte, nicht verwandte Obst- und Gemüsesorten, zum Beispiel *pomme de terre* (französisch), *Erdapfel* (österreichisch) und *aardappel* (niederländisch) für Kartoffel *(Solanum tuberosum).* Für die Tomate *(S. lycopersicum)* existieren das Italienische *pomodoro* bzw. ursprüngliche (1544) *pomi d'oro* (goldener Apfel), das Spanische *pome de Moro* (Maurenapfel), woraus sich vielleicht *pomme d'amour (poma amoris),* der Liebesapfel, entwickelte, ein Name, der sowohl für die Aubergine als auch für die Tomate verwendet wird. Ferner gibt es den Granatapfel oder *Punica granatum* (früher *Malus granatum,* lat. *granatum* für Samen, Kerne), *pineapple* im Englischen für die Ananas *(Ananas comosus)* und den Sternapfel *(Chrysophyllum cainito).* Die großen kugelförmigen Gallen, die von Gallwespen an *Quercus*-Arten verursacht werden, werden als Eichengalläpfel bezeichnet.

Emotionale Popularität und Symbolik

Es gab bald mehr Assoziationen zum Apfel als nur die Namen von Orten, Menschen und anderen Obst- und Gemüsesorten – Literatur und Illustrationen, die vom Apfel inspiriert waren, nahmen explosionsartig zu. Der Kultur-Apfel scheint, anders als fast alle anderen fremdländischen Früchte, im Westen einen Grad an Bewunderung erhalten zu haben, der beispiellos ist – vielleicht mit Ausnahme der Rose (Langley 1729, Hooker 1818, Bunyard 1933, Taylor 1948, Morton Shand 1949, McLean 1981, Morgan 1982, Bultitude 1983, Ward 1988, Roach 1985, Petzold 1990, Wasserman et al. 1990, Morgan & Richards 1993, Palmer 1996, Browning 1999, Pollan 2001, Palter 2002, Clark 2003).

Zwar war «Apfel» ein Gattungsbegriff für eine essbare Furcht, aber auf Bildern haben Adam und Eva Kultur-Äpfel in der Hand (obwohl es sich ursprünglich um *Strychnos nux-vomica,* Brechnuss, gehandelt haben könnte). Die Schlange im Garten Eden bewachte den Baum. Im Hohen Lied heißt es: *«Erfrischt mich mit Äpfeln, denn ich bin krank vor Liebe.»* Dies war vielleicht Inspiration für das erstmals 1761 veröffentlichte anonyme Gedicht *«Jesus Christ the Apple Tree» (Jesus Christus, der Apfelbaum),* das von einer Reihe von Komponisten vertont wurde und als Weihnachtslied in amerikanischen Gesangbüchern auftauchte. Odysseus sehnt sich im Garten von Alkinoos nach Äpfeln. In der *Odyssee* erinnert er seinen betagten Vater an die Bäume, die er als kleiner Junge von seinem Vater für seinen Garten geschenkt bekommen hatte (Grindon 1885): *«Dreizehn Birnbäume und zehn Apfelbäume und vierzig Feigenbäume – ich fragte nach jedem von ihnen, als ich ein Kind war und dir durch den Garten folgte, und du nanntest und sagtest mir jeden.»* Die «Goldenen Äpfel» der Aphrodite halten manche Fachleute allerdings für Früchte der Alraune *(Mandragora).*

Vor rund 2600 Jahren schrieb Sappho (Page 1955): *«Wie der süße Apfel sich rötet am Zweigende, am Ende des obersten Zweigs; die Apfelsammler vergaßen ihn – nein, sie vergaßen ihn nicht wirklich, aber konnten nicht so weit reichen.»* (Dabei spielt sie darauf an, dass das Mädchen, wie der Apfel, trotz des Eifers ihrer Verfolger unversehrt bleibt.)

Um 50 n. Chr. schrieb Petronius Arbiter in Rom ein Gedicht für seine Geliebte:

> *«Du sendest mir goldene Äpfel, meine süße Martia, und du sendest mir Früchte der zottigen Walnuss. Glaube mir, ich würde sie alle lieben; aber wenn du lieber persönlich kommen würdest, liebliches Mädchen, würdest du deine Gabe verschönern. Komm, wenn du willst, und lege saure Äpfel auf meine Zunge, der säuerliche Geschmack wird wie Honig sein, wenn ich zubeiße. Wenn du aber so tust, als wolltest du nicht kommen, Liebste, so sende Küsse mit den Früchten; dann werde ich sie freudig verschlingen.»*

Ähnlich wie beim Apfel im Garten Eden ist es jedoch möglich, dass es sich bei diesen goldenen Äpfeln nicht um Kultur-Äpfel, sondern um Quitten *(Cydonia oblonga)* gehandelt haben könnte. Die goldenen Äpfel der Hesperiden wiederum wurden mit den aus Asien eingeführten Zitrusfrüchten («Aurantiae») verwechselt (Mabberley 2004).

Von den Druiden wird berichtet, dass sie ihre Wünschelruten vom Apfelbaum schnitten. Der Prophet Mohammed atmete ewiges Leben durch den Duft eines Apfels ein, den ein Engel ihm brachte. Die Geburt seiner Tochter Fatimah wird mit einem himmlischen Apfel, den er verzehrte, in Verbindung gebracht. In der Mythologie von *Tausendundeine Nacht* wird die Geschichte des Prinzen Ahmed erzählt, der in Samarkand einen magischen Apfel erwarb, der alle Krankheiten heilen konnte (Room 1998). Zumindest die Geografie stimmt, da Samarkand eine der ersten großen Städte ist, die der Apfel auf seiner Reise nach Westen erreichte.

Mitte des 14. Jahrhunderts erschien der mittelalterliche Beststeller *Die Reisen des Ritters John Mandeville,* eine fantasiereiche Reiseschilderung insbesondere über den Nahen Osten. Darin ist die Rede von kleinen Menschen, die an Äpfeln schnüffeln müssen, um am Leben zu bleiben. Shakespeare (1564–1616) erwähnte oft Äpfel. In *Henry IV, Teil 1,* Akt III, Szene 3 sagt Falstaff zu Bardolph: *«Wahrhaftig, meine Haut hängt um mich herum wie der lose Umhang einer alten Frau; ich bin so welk wie ein gebratener Apfel.»* In *Teil 2,* Akt 5, Szene 3 sagt Schaal im Garten: *«Nun müsst Ihr meinen Obstgarten sehen, da wollen wir in einer Laube einen letztjährigen Pippin, den ich selbst veredelt habe, essen, mit einem Teller Konfekt und so weiter.»* David setzt sie Bardolph vor und sagt: *«Hier ist ein Teller mit Lederäpfeln für Euch.»* In *Verlorene Liebesmüh,* Akt 4, Szene 2 äußert Holofernes: *«Der Hirsch war, wie du weißt, sanguis, blutig; reif wie ein pomewater* [ein süßer Apfel], *der jetzt wie ein Juwel im Ohr des caelo, des Himmels, hängt.»* Und in Akt 5, Szene 2 sagt Berowne zu Boyet: «*Und lacht ihren Augapfel an?*» In den *Lustigen Weibern von Windsor,* Akt 1, Szene 2 spricht Sir Hugh Evans Simpel an: «*Ich muss mein Mahl beenden; es kommen noch Pippins und Käse.*»

Aus der Feder von Michael Drayton (1563–1631) stammt ein Katalog von Apfelsorten in seinem Werk *Poly-Olbion,* Lied 18:

When as the pliant Muse, straight turning her about,
And comming to the Land as Medway goeth out,
Saluting the deare soyle, o famous Kent, quoth shee,
What Country hath this Ile that can compare with thee,
Thy Conyes, Venson, Fruit; thy sorts of Fowle and Fish
Which has within thy selfe as much as though canst wish?
As what with strength comports, thy Hay, thy Corne, thy Wood:
Nor any thing doth want, that any where is good.
Where Thames-ward to the shore, which shoots upon the rise,
Rich Tenham undertakes thy Closets to suffize
With Cherries, which wee say, the sommer in doth bring,
Wherewith Pomona crownes the plump and lustfull Spring;
From whose deepe ruddy cheeke, sweet Zephyre kisses steales,
With their delicious touch his love-sicke hart that heales.
Whose golden Gardens seemeth Hesperides to mock:
Nor there the Damzon wants, nor daintie Abricock,
Nor Pippin, which we hold of kernell-fruits the king,
The Apple-Orendge; then the Savory Russetting:
The Pearemaine, which to France long ere to us was knowne,
Which carefull Frut'rers now have denizend our owne.
The Renat: which though first it from the Pippin came,
Growne through his pureness nice, assumes that curious name,
Upon the pippin stock, the Pippin beeing set;
As on the Gentle, when the Gentle doth beget
(Both by the sire and Dame beeing anciently descended)
The issue borne of them, his blood hath much amended.
The Sweeting, for whose sake the Plow-boyes oft make warre:
The Wilding, Costard, then the wel-known Pomwater,
And sundry other fruits, of good, yet severall taste,
That have their sundry names in sundry Countries plac't:
Unto whose deare increase the Gardiner spends his life,

With Percer, Wimble, Sawe, his Mallet, and his Knife;
Oft covereth, oft doth bare the dry and moystned root,
As faintly they mislike, or as they kindly sute;
And their selected plants doth workman-like bestowe,
That in true order they conveniently may growe.
And kills the slimie Snayle, the Worme, and labouring Ant,
Which many times annoy the graft and tender Plant:
Or else maintaines the plot much starved with the wet,
Wherein his daintiest fruits in kernels he doth set:
Or scrapeth off the mosse, the Trees that oft annoy.

Andrew Marvell (1621–1678) schrieb in *The Garden,* Strophe 5:

What wond'rous Life in this I lead!
Ripe Apples drop about my head;
The luscious clusters of the Vine
Upon my Mouth do crush their Wine;
The Nectaren, and curious Peach,
Into my hands themselves do reach;
Stumbling on Melons, as I pass,
Insar'd with Flow'rs, I fall on Grass.

Auch in schlichterer Sprache hat der Apfel auf den Britischen Inseln seinen Platz, am charmantesten und vielleicht weisesten in dem herrlichen walisischen Sprichwort: *«Ein im Herzen eines Apfels versteckter Same ist ein unsichtbarer Obstgarten.»* Es sollte nicht überraschen, dass der Apfel mit seiner Erfolgsgeschichte als Mittelpunkt der mittelalterlichen Geschichte von Wilhelm Tell gewählt wurde, in der ein Dorfbewohner seine Freiheit vor einer strengen feudalen Ordnung zu erreichen versucht, indem er mit der Armbrust einen Apfel vom Kopf seines Sohnes schießt. Und Isaac Newton beobachtete nachweislich den Fall eines Apfels im Garten des Hauses seiner Mutter (siehe Seite 183).

Jeder Werbefachmann würde bestätigen, dass man eine herausragende Ikone ungeachtet des Kontexts, der Relevanz oder der historischen Genauigkeit in vollem Umfang ausnutzen sollte. In dem wunderschön illustrierten *La Pomme* (Wasserman et al. 1990) wird ein unüberschaubares Spektrum an erotischen Bildern, sexueller Analogie, religiöser Verehrung, Symbolik und Geschichte untersucht und wissenschaftlich detailliert analysiert. Erstaunlich ist auch der Eklektizismus, mit dem in *Ripest Apples* (Palmer 1966) eine beeindruckende Sammlung von Gedichten, Apokryphen, Musik und öffentlichen Aufzeichnungen über den Apfel in all seinen

Erscheinungsformen zusammengetragen wurde. Ein ähnliches Kompendium des literarischen Reichtums, von Homer bis Sunset Boulevard, ist in *The Duchess of Malfi's Apricots and Other Literary Fruits* (Palter 2002) zu finden.

Das Bild des Apfels

Der Begriff *«Augapfel»,* von dem man früher annahm, er sei rund und fest wie ein Apfel, steht auch für eine geliebte Person. Er stammt aus Deuteronomium 32 (Room 1998) und wird heute mit Fatimah, der Tochter des Propheten Mohammed, in Verbindung gebracht. Die Venus von Milo, die circa 130–100 v. Chr. geschaffen wurde und sich nun im Louvre in Paris befindet, hielt ursprünglich einen Apfel in der linken Hand. Leider wurde diese Hand wie auch die Arme abgetrennt, als sie 1820 auf Milos in Griechenland entdeckt wurde.

In der Zeit des Baus großer Kirchen in Europa arbeitete der Bildhauer Gislebertus an der Kathedrale St. Lazarus im französischen Burgund. Über einem Türsturz am Nordportal meißelte er ein Steinrelief von Eva, die, schicklich mit einer Weinranke bedeckt, einen Apfel pflückt. Bei dem Apfel mit seinen großen Früchten, kurzen Blütenstielen und breiten Blättern mit gut erkennbaren Blattnerven handelt es sich offensichtlich um einen Kultur-Apfel und nicht um irgendeine Form des nördlichen Holz-Apfels. Der Glaube, dass der Kultur-Apfel im Garten Eden wuchs, dem Land zwischen Euphrat und Tigris, ist abwegig. Wichtiger ist, dass diese schöne Arbeit zeigt, dass die wesentlichen Merkmale des Kultur-Apfels zu diesem frühen Zeitpunkt bekannt waren.

In der westeuropäischen Kunst taucht der Apfel seit dem frühen Mittelalter auf, häufig in mythischen Darstellungen des Gartens Eden. Der Mythos, dass in Mesopotamien Äpfel wuchsen, erwies sich als schwierig auszumerzen. Allein die für eine erfolgreiche Keimung der Apfelsamen erforderliche Kälte sollte diesen Glauben widerlegen können, aber diese Logik hat bedauerlicherweise versagt.

In den meisten frühen Darstellungen wurde der Apfel, obwohl es sich offensichtlich um einen Kultur-Apfel handelt, entweder so stilisiert oder durch die primitive Art früher Holzschnitte so ungenau dargestellt, dass die Sorte nicht zu erkennen ist. Doch innerhalb weniger Jahre wurde der bescheidene Apfel auf überraschende und einzigartige Weise zu einem eigenständigen Porträtmotiv. Fairerweise muss darauf hinwiesen werden, dass die Römer in ihren vorzüglichen Wandmalereien in Pompeji der Realität sehr nahe kamen (Wasserman et al. 1990). In Lucas Cranachs *Venus mit Amor als Honigdieb* und Jan Gossaerts *Maria mit Kind,* beide in den ersten Jahrzehnten des 16. Jahrhunderts und kurz hintereinander entstanden, sind die Äpfel sehr sorgfältig und individuell gemalt. Gossaerts Apfel ähnelt der gut bekannten frühen französischen

Eva aus der Kathedrale von Autun, Frankreich, von Gislebertus. Die Steinmetzarbeit stammt aus dem Jahr 1135.
REPRODUZIERT MIT FREUNDLICHER GENEHMIGUNG DER KURATOREN DES MUSÉE ROLIN IN AUTUN.

Sorte 'Api Étoilée', einem deutlich fünfrippigen Tafelapfel, den Jean Bauhin (1598), ein Arzt und Botaniker am Hof des Herzogs von Württemberg, als Erster beschrieb (Bugnon 1995). Der Apfel in Jan van Huysums *Teller mit Früchten* (etwa 1720) ist anscheinend identisch mit 'Queen' in Mary Martins Gemälde aus dem 20. Jahrhundert (Spiers 1996). Wie hoch das Ansehen des Apfels war, wird deutlich, wenn man sich die Wände der großen Kunstgalerien der Welt ansieht. Welches andere Obst oder Gemüse – Orange? Banane? Traube? Kartoffel? – genoss bei einer solchen Reihe herausragender Künstler auf der Welt solch künstlerisches Ansehen? Insbesondere Magritte scheint vom Apfel besessen gewesen zu sein.

Im 17. Jahrhundert, zur Zeit der herausragenden hugenottischen Malerin Louise Moillon, konnte man an einem Marktstand eine große Auswahl von Äpfeln finden, darunter rote Tafeläpfel und Boskop-Äpfel. In der Größe und Qualität unterschied sich das Sortiment nicht vom heutigen Angebot. Schon in den allerfrühesten Darstellungen wurde der Apfel zu einem erotischen Symbol. Das Bild von großen, runden Früchten war mit der Nacktheit im Garten Eden verbunden. Doch selbst als die Szenen aus dem Paradies aus den Ateliers der Künstler verschwanden, blieb die Assoziation des Apfels mit Sexualität erhalten, insbesondere mit der weiblichen Brust oder dem weiblichen Gesäß (Palter 2002). Diese Symbolik zeigt sich in römischen Mosaiken, etwa in Dossis *Allegorie des Herkules – Hexerei*, Van Hoves *Äpfel* und indirekt in Holman Hunts *Mietling*. Das Märchen *Schneewittchen und die sieben Zwerge* (1937 von Walt Disney verfilmt) verlieh dem Apfel eine böse Symbolik, die für jedes Kind unvergesslich ist. Und es scheint, dass dieses Bild den brillanten Mathematiker Alan Turing im Juni 1954 zum Selbstmord mit einem mit Cyanid versetzten Apfel inspirierte.

Und welche pomologische Bibliothek könnte ohne die wunderbaren Illustrationen von *The Herefordshire Pomona* (Hogg & Bull 1876–1885), *The Apples of England* (Taylor 1948), *Apples* (Bultitude 1983), *The English Apple* (Sanders 1988), *The Book of Apples* (Morgan & Richards 1993), Mary Martins lebenslangen Einsatz für den Ciderapfel in *Burcombes, Queenies and Colloggetts* (Spiers 1996) oder Korbinian Aigners eindrucksvolles Buch *Äpfel und Birnen* (2013) auskommen?

Briefmarke aus Paraguay (circa 1988), die das Gemälde *«Der Sündenfall»* von Peter Paul Rubens (1577–1640) zeigt. Das Original von circa 1615 befindet sich im Mauritshuis, Den Haag.
FOTO SERGEI NEZHINSKII/DREAMSTIME.COM

Berühmte Gemälde mit Äpfeln

Lucas Cranach (1472–1553), *Venus mit Amor als Honigdieb,* National Gallery, London; *Adam und Eva,* Courtauld Institute, London

Jan Gossaert (um 1478–1532), *Maria mit dem Kinde,* National Gallery, London

Dosso Dossi (Giovanni Luteri; um 1490–1542), *Allegorie um Herkules – Hexerei,* Galleria degli Uffizi, Florenz

Giuseppe Arcimboldo (um 1530–1593), *Vier Jahreszeiten, Herbst,* Pinacoteca Civica Tosio-Martinengo, Brescia

Joachim Beuckelaer (um 1533–1574), *Erde,* eine niederländische Marktszene aus einer Serie von vier Gemälden: *Luft, Erde, Feuer und Wasser,* National Gallery, London

Juan Sánchez Cotán (1560–1627), *Stillleben mit Wild, Gemüse und Früchten,* Museo del Prado, Madrid

Georg Flegel (1566–1638), *Mann und Frau vor einem Tisch mit Früchten und Gemüse,* private Sammlung

Caravaggio (Michelangelo Merisi; 1571–1610), *Früchtekorb,* Pinacoteca Ambrosiana, Milan

Nathaniel Bacon (1585–1627), *Die Köchin mit Stillleben von Gemüse und Früchten,* Tate Gallery, London

Balthasar van der Ast (1593–1657), *Früchtekorb,* National Gallery of Art, Washington, D.C.

Louise Moillon (1610–1696), *Die Obst- und Gemüsehändlerin,* Musée du Louvre, Paris

Cornelis Bisschop (1630–1674), *Frau schält einen Apfel,* Rijksmuseum, Amsterdam (siehe Seite 231)

Gerard ter Borch (1617–1681), *Die Apfelschälerin,* Kunsthistorisches Museum, Wien

Jan van Huysum (1682–1749), *Stillleben mit Früchten,* Teylers Museum, Haarlem

Jean-Baptiste-Siméon Chardin (1699–1779), *Weiße Teekanne mit weißen und roten Trauben, Äpfeln, Kastanien, Messer und Flasche,* private Sammlung

N. F. Gilet (um 1757), *Paris – der Schäfer, mit einem Apfel,* Musée du Louvre, Paris

Luis Mélendez (1716–1780), *Stillleben mit Obst und Käse,* Museo del Prado, Madrid

Samuel Palmer (1805–1881), *Der magische Apfelbaum,* Fitzwilliam Museum, Cambridge, England

Jean-François Millet (1814–1875), *Bauer beim Pfropfen eines Baumes,* Bayerische Staatsgemäldesammlungen, München

Gustave Courbet (1819–1877), *Stillleben mit Äpfeln,* Rijksmuseum, Amsterdam (und viele ähnliche Objekte andernorts, siehe Seite 1)

Frederick Sandys (1824–1904), *Vivien,* Manchester Art Gallery

William Holman Hunt (1827–1910), *Der Mietling,* Manchester Art Gallery, Manchester

Édouard Manet (1832–1883), *Stillleben – Früchte auf einem Tisch,* Musée d'Orsay, Paris

Edward Burne-Jones (1833–1898) und J. H. Dearie, *Pomona,* Wandteppich aus Wolle und Seide, Victoria and Albert Museum, London (siehe Seite 136)

Henri Fantin-Latour (1836–1904), *Stillleben mit Blumen und Früchten,* Musée d'Orsay, Paris

Paul Cézanne (1839–1906), *Stillleben mit Äpfeln,* Fitzwilliam Museum, Cambridge, England; *Stillleben mit Äpfeln, Flasche und Stuhl,* Courtauld Institute, London; *Stillleben mit Äpfeln und kleinen Kuchen,* private Sammlung (2005 in New York verkauft)

Gustav Klimt (1862–1918), *Apfelbaum I,* früher Belvedere, Wien, 2006 an die Familie Bloch-Bauer zurückgegeben und im selben Jahr in New York verkauft

Henri Matisse (1869–1954), *Äpfel,* Art Institute, Chicago

Pablo Picasso (1881–1973), *Die Äpfel,* Philbrook Museum of Art, Tulsa, Oklahoma

Georges Braque (1882–1963), *Der Apfel,* Honolulu Academy of Arts, Hawaii

Georgia O'Keeffe (1887–1986), *Apfelfamilie – 2,* Georgia O'Keeffe Museum, Santa Fe, New Mexico

René Magritte (1898–1967), *Das ist kein Apfel,* private Sammlung; *Der Sohn des Menschen,* private Sammlung

Balthus (Balthasar Klossowski de Rola; 1908–2001), *Stillleben mit Figur,* Tate Gallery, London

Ural Tansykbayev (1904–1974), *Apfelpflücken* (1933), Savitsky Karalkalpakstan Art Museum, Nukus, Usbekistan

Francine van Hove (geboren 1942), *Die Äpfel,* Galérie Alain Blondel, Paris

Uzakbergen Saparov (1943–2008), *Äpfel pflücken* (1976), Savitsky Karalkalpakstan Art Museum, Nukus, Usbekistan

Die Symbolik hat auch auf unerwartete Weise in der geläufigen Bezeichnung «Big Apple» für New York City überlebt (Society for New York City History 1995). Dieser Name wurde früher auch Jazzgrößen und berühmten Sportlern verliehen. Er leitet sich von einem Bordell in der 142 Bond Street ab, das Evelyn Claudine de Saint-Évremond, eine Einwanderin aus Frankreich, im frühen 19. Jahrhundert gegründet hatte. Evelyn wurde schnell als Eva bekannt und bezeichnete dementsprechend ihre Damen als *«meine unwiderstehlichen Äpfel»*, während ihre Stammkunden bei Besuchen von *«einer Kostprobe von Evas Äpfeln»* sprachen. Mit der Zeit erhielt die Stadt Namen wie «The Apple Tree» und «The Real Apple», 1907 war «The Apple» oder «The Big Apple» in den allgemeinen Sprachgebrauch übergegangen – ohne die ursprünglichen Konnotationen. Das Apple Marketing Board in Upstate New York versuchte schließlich, den Namen vollständig reinzuwaschen. Alarmiert von den sinkenden Obstverkäufen initiierte das Board eine Kampagne, um den Trend umzukehren, und warb mit gesunden Sprichwörtern und Redensarten wie «An apple a day keeps the doctor away» («Jeden Tag einen Apfel essen, dann kann man den Doktor vergessen») und «As American as apple pie» («So amerikanisch wie ein Apfelkuchen»). Mademoiselle Evelyn und ihre Stammgäste hätten gelacht! Aber es wird kein Zufall gewesen sein, dass vom frühen 16. bis ins frühe 18. Jahrhundert ein «apple-squire» in England ein Zuhälter war (Oxford English Dictionary).

Der Apfel in Deutschland

Mit der Entwicklung der Veredlung und den Errungenschaften mittelalterlicher Künstler nahm die Bewunderung des Apfels Fahrt auf. Das erste ernst zu nehmende Kunstwerk, das den Apfel gegenständlich und nicht stilisiert zeigt, stammt aus dem frühen 16. Jahrhundert. Poeten und Schriftsteller folgten bald. Hieronymus Bock (1498–1554), ein deutscher Botaniker, schrieb bereits 1546:

> *«Wie reich beschenkt die Natur, die Mutter aller Dinge, und wie voller Wunder sie ist, zeigen alle ihre Erzeugnisse, aber nichts so sehr wie die Vielfalt und fast unbegrenzte Zahl der Apfelsorten. Wer könnte behaupten, Form, Geruch und Geschmack aller Äpfel zu beschreiben, die allein in Deutschland vorkommen, ganz zu schweigen von denen anderer Regionen? Niemand, nicht einmal Cloatius selbst* [ein Schriftsteller des ersten Jahrhunderts v. Chr.], *der nach Ruellius' Über die Natur der Bäume* [Ruel 1536], *Kap. 1, 97, etwa 20 Apfelsorten aufzählt, könnte allen einzelnen Apfelsorten auch nur einen Namen geben. Obwohl die Natur, wie gesagt, bei der Schöpfung von Früchten und besonders von Äpfeln sehr verschwenderisch war, will ich mich bemühen, wenigstens die gebräuchlichsten Äpfel in Deutschland kurz zusammenzufassen. Es gibt Kulturäpfel und es gibt Wildäpfel. Unter diesen beiden Oberbegriffen ist eine fast unbegrenzte Anzahl von Apfelsorten zusammengefasst. Manche Sorten sind groß, manche klein. Manche Sorten sind rund, andere länglich. Manche Sorten sind sauer, andere süß. Manche Sorten sind früh reif, andere*

spät reif. Manche Sorten sind weißschalig, andere gelbschalig. Manche Sorten sind leicht, andere stark gerötet. Manche Sorten sind nur außen rot, andere sind auch innen rot, wieder andere sind mit länglichen roten Flecken in Form von Striemen übersät.
So vielfältig und unterschiedlich diese Apfelsorten auch sind, sie gehören alle zu denselben Stämmen, demselben Holz, denselben Zweigen, denselben Blättern und sehr ähnlichen Blüten. Sie alle wachsen ebenso schnell wie sie schnell vergehen. Ihre Stämme sind mit einer Rinde bedeckt, die außen schorfig und gräulich und innen von wächserner Farbe ist; sie wird zur Herstellung eines gelben Farbstoffs verwendet.
Der Apfel mag einen fruchtbaren, reichen, kühlen und feuchten Boden. Seine Blätter sind runder als die der Birne und größer als die der Quitte. Er blüht später als die Birne, Anfang Mai. Bei einigen Sorten ist die Blüte reinweiß, bei anderen rosa. Die Äpfel reifen zu unterschiedlichen Zeiten. Einige reifen früh um den Johannistag. Andere reifen im August. Die spätesten Äpfel reifen im Herbst. Der Reifegrad der Äpfel lässt sich an der Schwärze der Kerne erkennen.
Die alten Schriftsteller wiesen darauf hin, dass der Apfel zu zwei Jahreszeiten, im Frühjahr und im Herbst, gesät werden sollte. Zu diesem Thema siehe Columella in seinem Buch über Bäume. Es ist wichtig, die Wurzeln der Äpfel vor Würmern zu schützen. Das kann man tun, indem man dem Beispiel der Alten folgt und Schweinemist, vermischt mit menschlichem Urin, über die Wurzeln gießt. Menschlicher Urin ist für alle Bäume mit wurmstichigen Wurzeln, über die er gegossen wird, von außerordentlichem Nutzen.»

Alte deutsche Apfelnamen

In Deutschland existierte schon zu Zeiten von Hieronymus Bock eine große Anzahl verschiedener Apfelsorten mit vielen unterschiedlichen Schreibweisen, zum Beispiel *Apffel, Opffel* und *Oppfel,* aber das ist im frühen 16. Jahrhundert nicht überraschend. Die früh im Jahr reifenden Äpfel wurden Sanct Johans Opffel genannt (Room 1998). Angeblich reiften sie bis zum 24. Juni, dem Johannistag. Äpfel, die im August reiften, mit roten Malen oder Striemen bedeckt und süß waren, nannten sich Augstoppfel. Im Herbst reifende Sorten mit weißer, gelber oder rötlicher Schale und süßem Geschmack wurden wegen ihres köstlichen Geruchs und Geschmacks Würzoppfel genannt.

Andere Äpfel, ebenso groß und ähnlich süß, aber rot gefleckt, nannten sich Schragenopffel oder Hergotsoppfel. Längliche, bauchige, weißschalige und ebenfalls süße Äpfel hießen Stromelting und Genszopffel. Dazu kommen Paradeiszopffel (Paradiesäpfel) oder schlicht Paradies genannte Äpfel. Außerdem gab es eine unbegrenzte Anzahl an sauren Äpfeln. Häufige deutsche Namen, die sich bei Hieronymus Bock finden, sind: Kolopffel, Weinopffel, Heissling, Hermelting, Stremling, Speierling, Heimelting oder Frawenopffel. Schließlich kam noch der Holzopffel (Holz-Apfel) hinzu.

'Bismarck', 1886 in Tasmanien gezüchtet. Das Pappmaché-Modell (Apfel 221) stellte Heinrich Johannes Arnoldi (1813–1882) in Elgersburg in Thüringen im Auftrag der Thüringer Pomologischen Gesellschaft zu Gotha her.
MIT FREUNDLICHER GENEHMIGUNG DES SANTOS MUSEUM OF ECONOMIC BOTANY, BOTANISCHER GARTEN ADELAIDE, AUSTRALIEN.

Querschnitt eines Pappmaché-Modells eines Apfels von Arnoldi.
MIT FREUNDLICHER GENEHMIGUNG DES SANTOS MUSEUM OF ECONOMIC BOTANY, BOTANISCHER GARTEN ADELAIDE, AUSTRALIEN.

Auswahl von Apfelmodellen der Pappmaché-Reihe von Arnoldi im Santos Museum of Economic Botany.
MIT FREUNDLICHER GENEHMIGUNG DES SANTOS MUSEUM OF ECONOMIC BOTANY, BOTANISCHER GARTEN ADELAIDE, AUSTRALIEN.

Zwischen 1750 und 1800 gab es in den deutschsprachigen Ländern mehr als 120 unterschiedliche Bücher zum Thema Apfel (Janson 1996). Viele davon enthielten plagiierten mittelalterlichen Unsinn wie etwa, dass frisches Ochsenblut, das über die Wurzeln eines Apfelbaums gegossen wurde, die Früchte rot färben würde.

Apfeldarstellungen in Deutschland

Im 19. Jahrhundert wurden in Deutschland die schönsten Apfelmodelle hergestellt. Sie dienten als Referenzstücke für Obstbauern, aber auch als eigenständige Kunstwerke. Die Pappmaché-Modelle der Firma Heinrich Arnoldi & Co in Gotha (Kanellos 2013, Mabberley 2013) stellten den Höhepunkt einer langen Tradition dar, in der Gelehrte in Ermangelung von Aufbewahrungsmöglichkeiten für Pilze und Früchte zunächst auf Sammlungen botanischer Kunst zurückgriffen. Die vielleicht bemerkenswerteste dieser frühen Sammlungen ist das Papiermuseum von Cassiano Dal Pozzo, einem Freund Galileo Galileis, der Poussin beauftragte, für ihn zu malen. Dieses Papiermuseum aus dem 17. Jahrhundert befindet sich heute in der königlichen Sammlung von Schloss Windsor und konzentriert sich in botanischer Hinsicht vornehmlich auf Pilze und Zitrusfrüchte. Die Technik der Wachsmodellierung, erst Mitte des 17. Jahrhunderts perfektioniert, gelangte aus Italien nach Deutschland. Bereits 1796 taucht in Deutschland ein pomologisches Kabinett mit zwölf Wachsmodellen auf, das bis 1811 auf 298 Modelle anwuchs. Auf die Wachsmodelle folgten weitere wie die Arnoldi-Modelle aus Pappmaché, das preiswerter und weniger zerbrechlich war und außerdem realistischere Bemalung ermöglichte.

Heinrich Johannes Arnoldi (1813–1882) war Besitzer einer 1808 von seinem Vater gegründeten Porzellanmanufaktur in Thüringen. Die Fabrik befand sich in Elgersburg am Rand des Thüringer Walds südlich von Erfurt und produzierte ursprünglich Wasserleitungen bis das Unternehmen in den 1820er-Jahren die Erlaubnis erhielt, Porzellan herzustellen. Später wurde

'Heuchelheimer Schneeapfel', ein Pappmaché-Modell der Firma SOMSO Modelle GmbH, Deutschland (Modell Nr. 03/85). Schneeäpfel sind alte Sorten aus Frankreich und Deutschland, die später in Nordamerika eingeführt wurden und als Vorfahren der Sorte 'McIntosh' gelten.

Schloss Elgersburg ein Kurort. Der norwegische Maler Edvard Munch zum Beispiel hielt sich um 1906 zeitweilig dort auf, malte Landschaft und Menschen. Zuvor hatte allerdings die Familie Arnoldi das Schloss bewohnt und dort keinen Geringeren als Goethe (der Elgersburger Porzellan besaß) zu seinem letzten Geburtstag vor seinem Tod im Jahr 1832 beherbergt. Arnoldi begann mit der Herstellung von Fruchtmodellen aus Porzellan, die jedoch beim Brennen um rund zehn Prozent schrumpften. Daher wurde das Porzellan durch Arnoldis spezielles Pappmaché abgelöst, das er *Kompositionsmasse* nannte. Die Zusammensetzung dieses Pappmachés ist offenbar ein Betriebsgeheimnis.

1855 beauftragte die Thüringer Pomologische Gesellschaft zu Gotha Arnoldi damit, Nachbildungen von Früchten anzufertigen, um die pomologischen Reichtümer der Region zu dokumentieren. Die Herstellung jedes Modells dauerte zwei Jahre: Aus Gips wurde eine Gussform der Frucht hergestellt und mit einer Lage Pappmaché gefüllt, die beiden Hälften wurden zusammengesetzt und dann mit einer dünnen Schicht Gips bedeckt. Kelchblätter und Fruchtstiel wurden hinzugefügt, bevor sie angemalt und zum Schluss gewachst wurden. Die beiden letzten Schritte wurden im zweiten Jahr ausgeführt. Dabei diente eine zweite frische Frucht als Modell, damit die Färbung genau stimmte. Bis 1866 wurde die Serie in Europa einschließlich Russland mehr als 150-mal verkauft, zusätzlich auch in den USA und Australien. Die preisgekrönten Modelle wurden bis 1899 hergestellt, die komplette Serie umfasste 456 Modelle. Die Familie Arnoldi verkaufte das Unternehmen 1898. Von 1899 bis 1909 scheint sich eine Firma, die als Arnoldi firmierte und vielleicht von derselben Fabrik ausging, stattdessen auf die Herstellung von Porzellanpuppen verlegt zu haben. Sie wurde 1984 geschlossen (und ist nun eine Touristenattraktion wie das Thermometermuseum). Ab 1880 stellte Markus Sommer im thüringischen Sonneberg ebenfalls Obstmodelle aus Pappmaché her. Das Unternehmen, das heute von der vierten und fünften Generation der Familie geführt wird, ist immer noch in diesem Bereich tätig (siehe Fotos auf den Seiten 12, 13, 176 und 194). Die Modelle werden sowohl in Sonneberg, wo es ein Firmenmuseum gibt, als auch in Coburg in Bayern produziert.

Mindestens zwölf Arnoldi-Serien sind in Europa bekannt, des Weiteren Modellkollektionen von mindestens acht anderen Herstellern. Seinerzeit war das ein großes Geschäft. Obwohl sie für didaktische Zwecke bestimmt waren, sind diese Modelle eigenständige Kunstwerke und werden heute von Sammlern eifrig gesucht. Die Sammlung im Santos Museum of Economic Botany im Botanischen Garten Adelaide in Südaustralien ist eine der vollständigsten auf der Welt und umfasst 360 Modelle von Äpfeln, Birnen, Pflaumen, Pfirsichen und einer Aprikose. Die frischen Früchte stellte Friedrich Adolph Haage bereit, der in Erfurt eine Gärtnerei besaß. Seine Sammlung, insbesondere von Kakteen, war berühmt und wurde von Liszt, Humboldt und Goethe besucht. Die Pappmaché-Modelle in Adelaide erwarb Moritz Richard Schomburgk, Leiter des Botanischen Gartens und Deutscher. Er hielt es für unmöglich, einen Obstgarten mit den damals in Südaustralien wachsenden Früchten anzulegen und zu unterhalten. Die Modelle gehörten zu den ersten Dingen, die er für das Museum erwarb. Die ersten 150 Modelle kosteten zehn Guineen.

Neben Modellen von Pflaumen, Pfirsichen und der Aprikose sind bis heute 161 Birnen- und 225 Apfelmodelle erhalten – darunter bekannte wie 'Blenheim Orange', 'Ribston Pippin' und 'Belle de Boskoop'. Aber neben all den Reinetten, Pippins und Court-Pendus, die in diesen Sammlungen zu finden sind, sind die meisten heute unbekannt. Das macht sie faszinierend und zu einem wichtigen Lehrstück für die breite Öffentlichkeit, die sich heute glücklicherweise zunehmend für historisches Obst und Gemüse interessiert: Die Sammlung hilft uns zu verstehen, was wir bereits verloren haben und durch die Praktiken der Supermärkte weiter zu verlieren drohen.

Das vielleicht größte pomologische Meisterwerk aus Deutschland ist Korbinian Aigners *Äpfel und Birnen* (2013). Aigner (1885–1966) war ein bayerischer Priester und Pomologe. Er geriet mit dem Naziregime, das er in seinen Predigten anprangerte, in Konflikt. 1937 wurde er mit einer Geldstrafe belegt, 1940 verhaftet, verurteilt, eingesperrt und schließlich in die Konzentrationslager Dachau und Sachsenhausen deportiert. Dort pflanzte er Apfelbäume zwischen den Baracken und züchtete sogar neue Sorten. Nach dem Ende des Zweiten Weltkriegs kehrte er in seine Pfarrei zurück und begann, Aquarelle von Äpfeln in Originalgröße zu malen, insgesamt 649 Apfelsorten (neben 289 Birnensorten). Die Aquarelle werden heute in der Technischen Universität München aufbewahrt und stellen ein erlesenes Verzeichnis in Bildern dar, das erst 2013 veröffentlicht wurde.

Das rätselhafte Wort *«Reinette»*

Unter den hervorragenden veredelten Dessert- oder Tafelapfelsorten Nordeuropas und Großbritanniens enthalten viele Namen das Wort «Reinette», zum Beispiel 'Ananas Reinette', 'Orléans Reinette', 'Reinette du Canada', 'Reinette Rouge Étoilée', 'Heusgen's Golden Reinette', 'Luxemburger Renette' (sic) und 'Reinette d'Obry'. Es sind vorwiegend, aber nicht ausschließlich französische Sorten. Erstmals scheint dieser Name um 1540 für die französische 'Reinette Franche' verwendet worden zu sein. Dann folgte im frühen 17. Jahrhundert eine Gruppe von Sorten, darunter die französische 'Reinette de Mâcon', die englische 'Golden Reinette' um 1650 und die immer noch häufig kultivierte französische 'Reinette Grise Ancienne' um 1653. Höchstwahrscheinlich wurde *renatus*, das lateinische Wort für Wiedergeburt, als *reinette* verballhornt. Dies sorgte für endlose Verwirrung durch die Fehldeutung, es bestehe ein gewisser Zusammenhang mit dem französischen *reine* für Königin, also der *«Apfel der kleinen Königin»*. Langford (1681a) schrieb: *«Daher erlebte der Name eine Art Wiedergeburt.»*

Eine Interpretation ist, dass zumindest einige Reinetten Spielarten einer gut eingeführten Sorte sind, die markante und attraktive Unterschiede aufweisen. (Eine Spielart ist ein Teil einer Pflanze, der morphologische Unterschiede zum Rest der Pflanze zeigt; Spielarten werden oft vegetativ vermehrt, um neue Kulturformen zu gewinnen.) Die Sorte 'Cox's Orange Pippin' ist in dieser Hinsicht besonders unbeständig und bringt eine Reihe kleiner Fruchtmutanten hervor. Da sie den unterstützenden und wohlerprobten Genotyp der Elternsorte haben, wurden sie über die Jahrhunderte als erfolgreiche eigenständige Sorten selektiert. Eine Bestätigung dafür liefert eine Zeile in Draytons *Poly-Olbion: «Der Renat: obwohl er zuerst vom Pippin kam.»*

Äpfel in Lehrbüchern

In dem posthum veröffentlichten Werk des deutschen Arztes und Botanikers Valerius Cordus (1515–1544) finden sich die ersten modernen Verzeichnisse mit Beschreibungen von Äpfeln, die in Europa wuchsen (Hooker 1989). Abgesehen von der Veredlung war der allgemeine Anbau von Äpfeln und anderen Obstsorten Ende des 17. Jahrhunderts bereits gut beschrieben. Worlidge (1669), Meager (1670), Langford (1681a, b) und «A Lover of Planting» (1685) lieferten allgemeine Anleitungen. Beale (1653), Austen (1657), Rea (1665) und Venette (1685) gaben umfassende und genaue Anweisungen zum Beschneiden. Das Gleiche galt überall in Europa in der jeweiligen Landessprache, insbesondere seit der Publikation von Johann Domitzers (1531) *Ein Neues Pflantzbüchlin* und der Übersetzung von Petrus Laurembergs (1631) *Horticultura* aus dem Lateinischen ins Deutsche (siehe Janson 1996).

Hieronymus Bock rühmte die Vorzüge des Apfels und zeigte die Bandbreite der Sorten auf, gab aber, abgesehen von zweifelhafter Information bezüglich Düngung, nur wenig Informationen darüber, wie man die fremde Frucht anbaut. Etwa ab dem zweiten Viertel des 16. Jahrhunderts, der Zeit, in der die ersten Lehrbücher entstanden, erschienen zahlreiche Publikationen über den Apfel und in geringerem Maß auch die Birne (Janson 1996). Bei näherer Betrachtung – von einigen sind nur Fragmente erhalten – stellte man fest, dass sie einen großen Anteil alter Mythen und irreführender Information enthalten. Etwa zur selben Zeit wie Bock gaben Johan Domitzer (1531), John Fitzherbert (1548), Thomas Hill (1563), Leonard Mascall (1572) und John Gerard (1597) qualitativ hochwertigere Informationen zu den Veredlungsmethoden in Landessprache heraus (Kapitel 4).

Im 17. Jahrhundert gab es nicht nur eine Vielzahl literarischer Lobpreisungen und wertvoller Ausführungen, sondern es erschienen auch zahlreiche Listen mit am besten geeigneten Sorten: William Lawson (1618), Gervase Markham (1625, 1640), Ralph Austen (1657, 1658, 1676), John Evelyn (1664), John Rea (1665), Francis Drope (1672), John Worlidge (1676), Thomas Langford (1681a, b), «A Lover of Planting» (1685) (ein anonymer Autor, der einiges von Langford abschrieb [Juniper & Juniper 2003]), George London und Henry Wise (1699a, b) und Samuel Collins (1717). Des Weiteren sind beispielsweise Jean de La Quintinyes (1690) *Instruction pour les Jardins Fruitiers …*, René Dahurons *Nouveau Traité de la Taille des Arbres Fruitiers* (1696) und zahlreiche Kupferstiche von Apfelsorten aus Frankfurt in *Dendrographias* von Joannes Jonston (1662), einem weit gereisten Polen schottischer Herkunft, zu nennen. Und in den «New Plantations» in Nordamerika gab es Listen von Früchten für Obstgärten, beispielsweise von William Hughes (1672).

Viele dieser Texte wurden zwischen verschiedenen Sprachen hin- und herübersetzt und die zugehörigen Abbildungen «reisten» mit. Jan van der Groens (1669, 1681) einflussreiches und gut illustriertes Werk *Le Jardinier du Pays-Bas* erschien auf Niederländisch, Französisch und Deutsch. Die meisten Abbildungen waren aus Laurembergs (1631) *Horticultura* und anderen früheren Werken übernommen. Charles Cottons (1675) *Planters Manual* ist anders als behauptet keine Originalarbeit, sondern eine Übersetzung von *Instructions pour les Arbres Fruitiers* von Robert Triquet (Janson 1996 verwendet die alte französische Form «Triquel»), aber vermutlich stammt der Text auch nicht von ihm, sondern von François Vautier, Arzt Ludwigs XIV – er ist also ein weiteres Plagiat (Bunyard 1918).

John Evelyn fand neben dem Schreiben über Salatpflanzen (Evelyn 1699) noch Zeit und übersetzte die Werke von mindestens drei französischen Pomologen: Jean Baptise Le Gendre, Nicolas de Bonnefons und Jean de La Quintinye. Einige Werke wurden vom Französischen ins Englische, Italienische, Niederländische und Deutsche übertragen – oder umgekehrt. Oft wurde wenig oder gar nicht auf die Urheber verwiesen und die Bibliografen werden großen Aufwand betreiben müssen, um zu entscheiden, wessen Text und wessen Abbildungen die Originale sind und in welcher Sprache ursprünglich veröffentlicht wurde. Nach dem Erlass des Urheberrechtsgesetzes 1709 ist der erste vollständige Originaltext auf diesem Gebiet vermutlich Philip Millers *The Gardeners Dictionary* von 1731.

Im 18. Jahrhundert wurde weiter publiziert, allerdings mehr echte Erstausgaben, vor allem als es möglich wurde, Farbabbildungen zu erstellen, zunächst in Form handkolorierter Kupferstiche, wie beispielsweise in Johann Hermann Knoops (1758) prächtiger *Pomologia.* Stephen Switzer (1724) gab umfassende Anleitungen, insbesondere zum Veredeln, zu Unterlagen und zum Schnitt. Batty Langley (1729; siehe auch Henrey 1975) verband exotische Gartenarchitektur mit einer umfassenden Kenntnis von Obstsorten. Thomas Hitts (1755) *Treatise of Fruit-Trees* erlebte nicht weniger als fünf Auflagen. Thomas Barnes (1759) war einflussreich, insbesondere in Bezug auf Methoden zur Stecklingsgewinnung, und der produktive Thomas Andrew Knight (1797, 1811) verbreitete das pomologische «Evangelium» weiter.

Seit dem frühen 19. Jahrhundert strömten Texte in allen größeren Landessprachen auf den Markt, darunter Henry Phillips' *Pomarium Britannicum* (1820) und das extravagante Buch im Folioformat *Pomona Austriaca* von Johann Kraft (1796–1798), die oft nicht nur Äpfel, sondern alle Früchte behandelten. Das erste und bedeutendste vollständig in Farbe gedruckte Buch über Obst war vermutlich die posthum veröffentliche Ausgabe (1807–1835) des Werks des unermüdlichen Obstsammlers Henri Louis Duhamel du Monceau (1700–1782). Ihm folgten Werke von Hooker (1818 und 1989), Ronalds (1831), Loudon (1844), Maund (1845–1851), Hogg (1851, 1884), Hogg und Bull (1876–1885) sowie *The Orchardist* des berühmten John Scott (1873). In Raphael (1990) und Janson (1996) finden sich weitere herausragende Beispiele wunderschön produzierter Werke über den Apfel. Die Handkolorierung war fast unerschwinglich und Robert Hogg musste zugeben, dass solche Werke *«wegen ihrer hohen Kosten mehr als Werke der Kunst anzusehen sind als solche von allgemeinem Nutzen.»*

Ab Ende des 19. Jahrhunderts war der Farbdruck weit verbreitet. Nun wurde die «Pomona» immer beliebter. Der vielleicht überschwänglichste und eloquenteste Pomologe war Edward Bunyard (1878–1939), der die Faszination und die Wertschätzung für den Apfel in seinem umfangreichen *A Handbook of Hardy Fruits More Commonly Grown in Great Britain* (1920) und *The Anatomy of Dessert* (1933) zusammenfasste. Darin schrieb er über den Säuregehalt, das Aroma, den Duft und die Konsistenz vieler Äpfel. Auf dem europäischen Festland ist Aigners Werk (2013) vermutlich die bedeutendste und eindrucksvollste Abhandlung des Jahrhunderts. Das 21. Jahrhundert steht bereits im Zeichen des allumfassenden Werks *The Illustrated History of Apples in the United States and Canada* in sieben Bänden von Daniel J. Bussey (2017), das 16 350 Sorten beschreibt und über 1400 der 3820 Apfelaquarelle wiedergibt, die zwischen 1886 und 1942 unter der Schirmherrschaft des Landwirtschaftsministeriums der Vereinigten Staaten entstanden.

Der Apfel in Folklore und Erzählungen

Äpfel fanden in Europa bald Eingang in die Folklore. Der 1585 erstmals in England erwähnte Weihnachtsbrauch «Wassailing» am 6. Januar sollte zu einer guten Apfelernte führen und beinhaltete Gesang, Schläge gegen Baumstämme und das Bespritzen von Wurzeln mit Cider. Mitte Juli, üblicherweise am St.-Swithin-Tag, dem 15. Juli (in manchen Grafschaften auch im Mai oder Juni), hoffte man auf Regen, um die Äpfel zu weihen und auf diese Weise eine gute Ernte zu sichern, die den ganzen Winter über reichte (Vickery 1995: 4–13). Im Zusammenhang mit Liebesbeziehungen legte man Äpfel unter das Kopfkissen, schälte die Schale in einem einzigen Streifen ab, schnippte die Kerne in die Luft und knickte den Stiel ab – Rituale, die den Aberglauben und die Obsession bezüglich des Apfels widerspiegeln. Auch glaubten die meisten Menschen auf dem Land, dass ein Apfelbaum, der gleichzeitig Blüten und Früchte trägt, den Tod vorhersagt.

Wie sehr der Apfel und seine zahlreichen Bewunderer in die Folklore und die Geschichten der Nationen Eingang gefunden haben, lässt sich anhand von fünf Beispielen kurz veranschaulichen. Wohl keine andere Frucht und kaum ein Nahrungsmittel findet in den Geschichten ähnlich oft Erwähnung wie der Apfel. Natürlich gibt es neben den nachfolgenden noch viele andere Apfelgeschichten mit bleibendem Ruf (Morgan & Richards 1993, Spiers 1996, Copas 2001).

Newtons Apfel

Isaac Newton wurde 1642 im Woolsthorpe Manor in Lincolnshire, England, geboren. Zweifellos war Newton ein sorgfältiger Beobachter der Natur, sodass es durchaus hätte sein können, dass er den Fall eines Apfels von einem Baum beobachtete und so zu seinen Überlegungen zur Schwerkraft kam. Entsprechend lautet auch die Anekdote, durch die der Apfel Eingang in die Folklore fand (Tallents 1956). Die Geschichte erschien 1727, Newtons Todesjahr, in einem volkstümlichen Bericht von Voltaire über Newtons Werk. In der Aufzeichnung eines Gesprächs mit Catherine Barton, Newtons Nichte, Vertraute und Haushälterin, notierte Voltaire: «*Eines Tages im Jahr 1666 verfiel Newton, als er aufs Land zurückgekehrt* [er war zurückgekommen, um der Pest zu entgehen] *und die Früchte eines Baums fallen sah … in eine tiefe Meditation über den Grund, der alle Körper so anzieht.*» Heute hält man es allerdings für wahrscheinlicher, dass Newton nicht bereits 1666 über den Fall des Apfels sprach, sondern erst gegen Ende seines Lebens, um seiner Entdeckung der Gesetze der Schwerkraft Farbe zu verleihen und sie in den Fokus zu rücken. Das gelang ihm besser, als er sich in seiner kühnsten Fantasie ausgemalt hätte.

Newtons Apfel wurde als ein 'Flower of Kent' identifiziert, eine Sorte, die erstmals von Parkinson (1629) beschrieben wurde und bis heute in Spezialsammlungen kultiviert wird. Es wurde behauptet, dass Newtons eigener Baum immer noch existiert. Er wurde erstmals 1806 beschrieben und 1820 gezeichnet. Diese Belege deuten auf ein knorriges und verdreht gewachsenes Exemplar hin, das immer noch auf dem Gelände des Herrenhauses steht. Die Kohlenstoff-14-Analyse einer Probe von den oberen, jüngeren Ästen ergab, dass der Baum in den 1700er-Jahren entstanden ist. Der ursprüngliche Baum, der abgestützt wurde, soll jedoch 1814 abgestorben und ein Teil seines Holzes zur Herstellung eines Stuhls in der Bibliothek von Woolsthorpe verwendet worden sein. Die Möglichkeit der Bildung von Ablegern zeigt, dass sich diese beiden Aussagen nicht notwendigerweise widersprechen.

Nach Angaben des australischen Gartenbauers Lester Snare, der in *The Sydney Morning Herald* vom 27. April 2012 zitiert wird, verfügt das Agricultural Institute in Orange in New South Wales, Australien, über einen «echten» Abkömmling, weil Brownlow Cust, der erste Baron Brownlow, knospende Triebe von Newtons Originalbaum entnahm und in seinem Herrenhaus, Belton House, Grafschaft Lincolnshire, kultivierte. In East Malling, England, soll er vermehrt worden sein und von dort wurden in den späten 1960er-Jahren Edelreiser nach Australien geschickt. Die daraus entstandenen veredelten Pflanzen sollen an der Monash University, Melbourne, angepflanzt und eine Pflanze an das Parkes Observatory («The Dish») in New South Wales geschickt worden sein. 2010 war dieser Baum aufgrund von Trockenheit so geschwächt, dass er kurz vor dem Absterben war, weshalb ein Edelreiser an das Agricultural Institute in Orange geschickt wurde. Zu den anderen 'Flower of Kent'-Äpfeln, die als «Newton

Apple Tree» bezeichnet werden, gehört auch ein Baum auf dem Campus der University of Washington, Seattle, USA, der aus Material aus Cornell stammt. Der Apfel schaffte es sogar auf eine britische 18-Pence-Briefmarke, die aus Anlass des 300. Jahrestags von Newtons *Principia* herausgegeben wurde.

Newton entdeckt gentechnisch veränderte Früchte.
ABGEDRUCKT MIT FREUNDLICHER GENEHMIGUNG VON *PRIVATE EYE* UND DEM KÜNSTLER RODGER MCPHAIL (RODGIE).

'Norfolk Beefin'

Nur sehr wenige einzelne Apfelsorten fanden wegen ihrer kulinarischen Vorzüge Eingang in die Folklore (Ward 1988). 'Norfolk Beefin', dessen Name nach John C. Smith von *peau fine* (französisch für «schöne Schale», was auf den Apfel sicher zutrifft) abgeleitet ist, wird auch als Fleischapfel bezeichnet, was sich auf seine blutrote Färbung beziehen könnte. Diese Sorte war im 18. und 19. Jahrhundert auf den Märkten häufig anzutreffen, besonders in East Anglia in England. Pfarrer James Woodforde (1740–1803) notierte dazu im April 1780 in seinem Tagebuch: *«Sandte Richter Buxton heute Morgen einen Korb meiner ausgezeichneten Beefans, einer sehr feinen Apfelsorte.»* Und etwas später: *«Ein Apfel von meinem Beefan-Baum wog 13 Unzen. Dafür bekam ich einen Wager of Nancy von 0,6 d.»* Beefins sind typische Äpfel der Reifeklasse 3 (siehe Abbildung auf Seite 69) und fallen im Obstgarten meist unbeschädigt vom Baum auf die Erde.

Biffin ist in der englischen Grafschaft Norfolk das Wort für Kochapfel. Am Ende des Arbeitstags, wenn Brot und sonstige Backwaren aus dem sich abkühlenden kommunalen Steinbackofen geholt worden waren, wurde ein Blech mit Biffin-Äpfeln vorbereitet. *«Man nehme ein Backblech»,* hieß es in den Anweisungen aus dieser Zeit (Beresford 1924, Morgan & Richards 1993), *«bedecke es mit Weizenstroh, auf das man die Äpfel legt, decke es dann mit einem anderen Backblech ab, auf das man je nach Größe des Blechs Backgewichte von sieben bis elf Pfund* [drei bis fünf Kilogramm] *legt. Dann lässt man sie 40 bis 48 Stunden im Ofen.»* Ihr guter Ruf als Bratapfel hat sich bis heute gehalten. 'Blenheim Orange', 'Striped Beefin' oder 'Herefordshire Beefin' lassen sich so zubereiten, aber angeblich kein anderer Apfel.

'Bramley's Seedling'

'Bramley's Seedling' wurde zwischen 1809 und 1815 von Mary Anne Brailsford in einem Bauerngarten in der Church Street in Southwell, Nottinghamshire, England, gezüchtet. Nach einer Plakette am Haus der Brailsfords trug der Baum 1838 Früchte, als Matthew Bramley, ein Metzger, dort wohnte. Angeblich erlaubte Bramley 1856 einem Gärtner aus dem Ort, Henry Merryweather, Edelreiser zu schneiden. Seine Bedingung war, dass die daraus entstehenden Bäume seinen Namen tragen sollten, daher die heutige Bezeichnung 'Bramley's Seedling'. Sie wurden 1862 zum Verkauf angeboten, drei Äpfel kosteten zwei Schillinge (zehn Pence). Die Herkunft des Saatguts ist unbekannt, aber der Originalbaum, 1900 in einem Sturm umgeweht, lebte 2018 noch, obwohl er durch Hallimasch-Befall geschwächt war. Eine attraktive Mutante mit leuchtend roter Farbe, als 'Crimson Bramley' bekannt, entstand um etwa 1913 in der Gegend von Southwell; auch sie ist verbreitet. Bramleys sind triploid und daher als Polleneltern von geringem Wert, da sie keinen entwicklungsfähigen Pollen produzieren.

Der ursprüngliche 'Bramley's Seedling'-Baum ist längst zu alt, um gutes Edelreis zu gewinnen. Aber es wurden Zellen isoliert, durch Gewebekultur vermehrt und als klonale Abkömmlinge verteilt (Power & Cocking 1991). Viele derartige Klone, die von Apikalzellen abstammen, zeigen die Tendenz, vom Charakter der ursprünglichen Sorte abzuweichen, aber dieser Fehler trat bei den 'Bramley'-Klonen nicht auf.

In den fast zwei Jahrhunderten seiner Existenz hat sich 'Bramley's Seedling' zu einem der am meisten geschätzten Tafeläpfel entwickelt. Seine Anbaufläche ist sicher größer als die jedes anderen Tafelapfels in Großbritannien und möglicherweise weltweit. Anders als viele andere Sorten, wie beispielsweise der köstliche 'D'Arcy Spice', der mehr oder weniger auf die Region East Anglia beschränkt ist, wächst 'Bramley's Seedling' anscheinend fast überall.

Die Charakteristika eines guten Kochapfels, also eines Apfels, der gekocht werden muss, um schmackhaft zu sein, sind ein hoher Säure- und ein niedriger Tanningehalt. Es ist merkwürdig, dass Kochäpfel, unter denen 'Bramley's Seedling' der Führende ist, im Sortenrepertoire anderer Länder kaum vorkommen, auch wenn solche Länder eine ebenso lange oder noch längere Liste von benannten Äpfeln aufweisen wie Großbritannien. 'Rhode Island Greening' entstand wahrscheinlich als Zufallssämling unbekannter Herkunft in Green's End, Newport, Rhode Island, USA, wo ein Mr. Green einen Gasthof betrieb. Die Sorte war bereits in den frühen 1700er-Jahren bekannt und weit verbreitet. Sie war die Grundlage für den ursprünglichen «momma's apple pie», «Mamas Apfelkuchen» und wurde von Thomas Jefferson in Monticello angebaut. Heute genießt 'Rhode Island Greening' keinen so hohen Stellenwert mehr und ist nur noch selten als ganze Frucht im Handel verfügbar. Er ist als Dosenfrucht erhältlich, bei wenigen spezialisierten Züchtern, in den USA auch frisch. Eine von ihm abgeleitete Spielart (entstanden aus einer somatischen Mutation in einer Triebspitze) ist 'Northwest Greening', im Westen der USA bekannt. 'Bramley's Seedling' hingegen wurde überall auf der Welt gepflanzt und hat sich durchgesetzt, etwas, das kein anderer Tafelapfel erreicht hat.

'Ribston Pippin'

Neben 'Redstreak' für die Cider-Herstellung gehörte 'Ribston Pippin' zu den ersten Äpfeln, die nationales Ansehen genossen (siehe Abbildung auf Seite 67). Das Wort «Pippin» (*pépin*, französisch für Samen) gibt an, dass der betreffende Apfel als Zufallssämling entstanden war. Der erste 'Ribston Pippin' wuchs in Ribston Hall bei Knaresborough, Yorkshire, England, damals im Besitz von Sir Henry Goodricke (Simmonds 1946). Der Gärtner, Robert Clemesha oder Clemensha, säte eine Handvoll Samen aus, die vermutlich Sir Henry bereits 1688 mitgebracht hatte, als er und seine Braut einen Teil ihrer Flitterwochen in der Nähe von Rouen in Frankreich verbrachten.

Der ursprüngliche Baum wurde im Alter von etwa 100 Jahren umgeweht und durch Rinder beschädigt, aber er bildete Absenker und überlebte, geschützt durch einen Eisenzaun, bis November 1928. Um 1800 war 'Ribston Pippin' nicht nur in ganz Großbritannien bekannt, sondern wurde auch ins Ausland exportiert. Mrs. Beeton (1861) bezeichnete 'Ribstone' als einen ausgezeichneten Tafelapfel. Wie es oft bei herausragenden Veteranen der Fall ist, wurden seine ausgezeichneten Qualitäten erst spät erkannt: Erst 1962 wurde er mit einem «Royal Horticultural Society Award of Merit» ausgezeichnet.

Auch in der Literatur wurde er zum Begriff. In *The Pickwick Papers* schrieb Charles Dickens: *«... ein kleiner, dickschädliger Mann mit dem Gesicht eines Ribston Pippin.»* Und Hilaire Belloc bemerkte in *The False Heart: «Ich sagte zu Herz: Wie geht's? Herz antwortete: So gut wie einem Ribstone Pippin! Aber es log.»*

Darwin (1868) notierte, dass 'Ribston Pippin'-Bäume, die an geeignete, kühle Orte im kolonialen Indien exportiert worden waren, ihren ursprünglichen Fruchtcharakter zu behalten schienen, aber Säulenform annahmen. Die Schwierigkeiten, ganze Bäume mitsamt ihrem Wurzelsystem auf Segelschiffen um die halbe Welt zu transportieren, müssen immens gewesen sein.

'Blenheim Orange'

Eine der bekanntesten Tafelapfelsorten, die immer noch weit verbreitet angebaut wird, ist 'Blenheim Orange', die wahrscheinlich von 'Golden Reinette' abstammt (Ordidge et al. 2018). Es ist überliefert, dass um 1740 ein Mr. Kempster, Bewohner von Old Woodstock, an der Mauer von Blenheim Park, dem Sitz des Duke of Marlborough in der Nähe von Woodstock in der Grafschaft Oxfordshire einen Apfelsämling fand. Dieser Sämling stammte wahrscheinlich von einer weggeworfenen Frucht. Die Kempsters waren eine alteingesessene Familie, in der es Steinmetze und Steinbruchbesitzer gab, von denen einige am Bau des Palasts mitgearbeitet hatten.

Die Frucht zog wegen ihrer Größe, Schönheit, Farbe und hervorragenden Essqualität beachtliches Interesse auf sich. Sie wurde als 'Woodstock Pippin' oder 'Kempster's Pippin' bekannt. 1804 aber, nachdem dem Chefgärtner des Herzogs eine Schale mit diesen Äpfeln geschenkt worden war, kam man überein, sie 'Blenheim Orange Pippin' zu nennen, auch wenn der Name im Allgemeinen zu 'Blenheim Orange' verkürzt wird. In der Tat wurden Apfelsorten häufig umbenannt, um ihr Vermarktungspotenzial zu vergrößern. Eines der bekanntesten Beispiele ist die Sorte 'Winter King', die 1935 gezüchtet, aber 1944 nach Churchill in 'Winston' (siehe Abbildung auf Seite 67) umbenannt wurde. Im Gegensatz zu 'Ribston Pippin' erhielt 'Blenheim Orange' schon früh offizielle Anerkennung und wurde 1820 mit der «Banksian Silver Medal»

«Honour'd with Age». Das letzte Überbleibsel des ursprünglichen 'Ribston Pippin'-Baums in Ribston Hall, Knaresborough, North Yorkshire.

der (Royal) Horticultural Society ausgezeichnet. Die Sorte wurde in der ganzen Apfelwelt angebaut. In Frankreich wurde sie in 'Bénédictin' umbenannt.

Es gibt keine Abbildung von Kempsters ursprünglichem Baum, der 1853 abstarb, oder von den darauf wachsenden Äpfeln. Man muss sich daher auf Äpfel mit einem Stammbaum verlassen, die von Veredlungen mit Reisern des ursprünglichen Baums abgeleitet sind. Um 1820 bot John Jefferies aus Cirencester, Grafschaft Gloucestershire, als Erster 'Blenheim Orange'-Bäume in seiner Baumschule zum Kauf an. Um 1822 waren sie auch in einer Reihe von Baumschulen in London und im Garten der Horticultural Society in Chiswick erhältlich. William Hooker fertigte eine vortreffliche Zeichnung eines 'Blenheim Orange' an, der 1821 bis 1822 im Garten der Gesellschaft wuchs (Hooker 1989).

Aber gibt es überhaupt Äpfel, von denen man zuverlässig behaupten kann, dass sie direkt von Kempsters Baum abstammen? Hier ist Vorsicht geboten, denn es besteht nicht der geringste Zweifel, dass eine somatische Mutation stattgefunden hat, wie beim 'Crimson Bramley'. Außerdem bildet 'Blenheim Orange', obwohl triploid, einige Samen. Warum die Sämlinge oft mehr oder weniger «echt» ausfallen (Robb Smith 1956), ist unklar. In *Pomona Herefordensis*

(Knight 1811) finden sich eine Abbildung und Beschreibung eines 'Blenheim Orange', der sich deutlich von dem Apfel unterscheidet, den William Hooker ein paar Jahre später zeichnete. Die von Hooker abgebildete Sorte wird heute umgangssprachlich 'Broad-Eyed Blenheim Orange' genannt, um sie vom klassischen 'Blenheim Orange' zu unterscheiden. Bei den Bäumen, die normalerweise in Baumschulen erhältlich sind, handelt es sich um 'Broad-Eyed Blenheim Orange'. Aber auch Exemplare von Bäumen, die als «echter» Blenheim bezeichnet werden können, sind in spezialisierten Baumschulen zu bekommen.

Es wird vermutet, dass aus 'Blenheim Orange' eine Reihe herausragender Sorten hervorgegangen sind. Dazu gehören 'Bramley's Seedling' (um 1809), 'Cox's Orange Pippin' (um 1830), 'Annie Elizabeth' (um 1860) und 'Newton Wonder' (um 1870). Bekannte Kreuzungen aus 'Blenheim Orange' (Robb-Smith 1956) sind 'George Carpenter' (1902), 'Edward VII' (1903) und 'Howgate Wonder' (etwa 1915). Selbst wenn sich manche dieser Behauptungen bezüglich der Vaterschaft mit molekularen Methoden nicht rechtfertigen lassen, hat sich 'Blenheim Orange' trotz seiner irregulären genetischen Beschaffenheit als bemerkenswerter Elter erwiesen.

Äpfel, die keine sind

Auch wenn der «Apfel» bzw. die Bezeichnung in der jeweiligen Landessprache bereits seit 1788 in Redewendungen und Metaphern auftaucht, ist Vorsicht geboten, denn wie in der Genesis handelt es sich nicht bei allen «Äpfeln» wirklich um solche. Beispielsweise waren die klassischen Äpfel der Hesperiden vermutlich eher Quitten (zum Teil wurden sie auch für Zitrusfrüchte gehalten) (Mabberley 2004).

Die australischen Buschäpfel (oder Buschkokosnüsse) sind ebenfalls keine Äpfel, sondern Gallen von bis zu zwölf Zentimetern Durchmesser, die am «Desert Bloodwood», *Corymbia terminalis,* einem australischen Vertreter der Familie der Myrtengewächse (Myrtaceae), zu finden sind. Verursacher ist eine Schildlaus, *Cystococcus pomiformis.* Die Aborigines sammeln sie wegen des nach Kokosnuss schmeckenden Fleisches und des essbaren, wasserhaltigen weiblichen Insekts darin.

Äpfel enthalten den natürlichen Aromastoff 2-Methylbuttersäureethylester oder Ethyl-2-methylbutyrat. Dieser Aromastoff wird häufig zur Parfümierung von Produkten wie Shampoo verwendet. Wurst und Schinken verleiht er ein fruchtiges Aroma. Allerdings wird er heute häufig durch synthetisches Methylacetat ersetzt – und was nach Apfel riecht, hat also meist nicht mehr viel mit echten Äpfeln zu tun.

Zu den «Nicht-Äpfeln» gehört schließlich auch der Augapfel, ebenso wie der Adamsapfel. Im Englischen spricht man von «apple-pie bed», wenn die Laken so gefaltet sind, dass man die Beine nicht darunter stecken kann, was vermutlich vom französischen *nappe pliée,* gefaltetes Tuch, abgeleitet ist. Der australische umgangssprachliche Ausdruck «She'll be apples» wiederum bedeutet anscheinend, dass alles gut wird. Er könnte von «apples and spice, nice» im Cockney Reim-Slang (Wilkes 1990), abgeleitet sein.

Kapitel 6

Der Weg des Apfels über die Meere

Obwohl es rund 6000 Jahre dauerte, bis der Apfel vom Tian Shan nach Westeuropa gebracht wurde, erreichte er in nur 300 Jahren alle anderen gemäßigten Regionen der Welt – mithilfe europäischer Kolonialmächte. Die Haltbarkeit und die Wirksamkeit gegen Skorbut prädestinierten die Früchte für den Transport.

In den neuen Lebensräumen zeigte der Kultur-Apfel eine zweite, unerklärliche Variation, die zur Selektion einiger der heute kommerziell wichtigsten Sorten führte, insbesondere 'Red Delicious' und 'Golden Delicious' in Nordamerika und 'Granny Smith' in Australien. Die meisten alten europäischen Sorten erwiesen sich in der neuen Umgebung als wenig zufriedenstellend. Die Selektion verlagerte sich daher auf Sorten mit geringem Winterkältebedarf (Low-Chill-Sorten), aber auch auf solche mit hohem Winterkältebedarf über längere Zeit (Extended-Cold-Chill-Sorten) für extremere Klimate.

Es scheint, dass der Apfel rund 6000 Jahre benötigte, um vom Tian Shan bis an den westlichen Rand Europas zu gelangen. Die folgende Besiedlung sowohl der westlichen Gebiete als auch der südlichen Hemisphäre verlief weitaus schneller. Ab Ende des 16. Jahrhunderts drangen europäische Nutzpflanzen in die neuen Kolonien. Im Gegensatz zu fast allen anderen Früchten oder Vitamin-C-Lieferanten ließen sich Äpfel, zumindest einige von ihnen, leicht transportieren und erwiesen sich damit als Segen für die Reisenden. Cider (Kapitel 7) war eine hervorragende Möglichkeit, um diese Vorzüge zu konzentrieren (und zu verstärken). Ralph Austen (1657) schrieb in *A Treatise of Fruit Trees: «Cider ist auch auf langen Seereisen von besonderem Nutzen.»*

«Früchtekorb» von Michelangelo Merisi da Caravaggio, 1571–1610.

Skorbut

Der Entdecker und Kartograf James Cook (1728–1779) soll der erste bedeutende Befürworter eines als Antiskorbutikum bezeichneten Mittels gewesen sein, um die desaströsen Folgen von Skorbut an Bord von Schiffen zu mindern. Später wurde es als Vitamin C identifiziert. Cook soll keinen einzigen Mann an dieser Krankheit verloren haben. Tatsächlich war das empirische Wissen über die Vorteile von Äpfeln und anderen Früchten schon lange vorher vorhanden. Zum Beispiel vermerkte John Tradescant der Ältere, Gärtner Charles I, der im Auftrag von Sir Dudley Digges auf einer Seereise ins nördliche Russland 1618 war (er sollte für die britischen Inseln neue Pflanzen sammeln), in seinem Tagebuch (Ashmole 1618, Leith-Ross 1984), dass sein Schiff das Nordkap am 6. Juli umrundete und er am 16. Juli in Archangelsk im heutigen europäischen Russland landete. Dort fand er eine *«niedrigwüchsige Beere* [möglicherweise eine Rauschbeere, *Vaccinium uliginosum,* es kann auch eine Moltebeere, *Rubus chamaemorus*, gewesen sein], *die von den Menschen gegessen wurde … als Medizin gegen den Skorbut»*. Daher sammelte er sofort *«eine Menge der Beeren, um Samen daraus zu gewinnen, und sandte einige an Robiens of Parris* [Jean Robin, Hofgärtner Heinrichs III, König von Frankreich, und Gründer des Jardin du Roi, heute Jardin des Plantes, Paris].»

Auf Cooks erster Südseereise, die 1768 begann, stammten die an Bord genommenen Äpfel von einem Freund von Cooks Botaniker Joseph Banks, Dr. John Fothergill (1712–1780). Fothergill war Quäker, Arzt und Naturforscher und besaß auf seinem Anwesen Upton Park, Stratford, Grafschaft Essex, England, eine Sammlung von Nutz- und Arzneipflanzen. Seine Äpfel hielten sich an Bord über ein Jahr (Carter 1988: 84). Berichten zufolge handelte es sich um Äpfel der Sorte 'Hunt Hall', die heute weder im britischen nationalen Apfelregister (Janes 1998), noch von Morgan and Richards (1993) gelistet sind, aber immer noch von Spezialisten in der Region Yorkshire angeboten werden. Walfangschiffe des 19. Jahrhunderts, die sehr lange unterwegs waren, deckten sich in Whitby im nördlichen England mit robusten Äpfeln (Reifeklasse 3?) aus Obstgärten in Yorkshire ein, außerdem mit Fässern mit Cider (Twiss 1999). Unter diesen Äpfeln befanden sich vermutlich die wohlbekannten harten, lokalen Sorten 'Huntsman' und 'Cockpit'.

Jede Schiffsbesatzung auf langer Reise lernte bald die vorbeugende Wirkung von Äpfeln vor Skorbut kennen und der Apfel war vor der Zitrone praktisch die einzige Frucht, die weite Wege zurücklegte. Man wählte robuste, hartschalige Reifeklasse-3-Äpfel, die auch die Köpfe der Mannschaften Alexanders des Großen zertrümmert haben könnten, und verpackte sie in Fässer mit Sand, Kleie oder Sägemehl, damit sie die Bewegungen des Schiffs überstanden, wenn sie die Ozeane überquerten. Wahrscheinlich führte jedes Kriegsschiff ab dem 16. Jahrhundert Fässer mit Sand, Kleie oder Sägemehl mit, um die Decks bei heftigen Gefechten weniger rutschig zu machen.

Kolonien

Ungeachtet der Entwicklung und Verbreitung der Veredlungsmethoden (Kapitel 4) war das Sammeln von Äpfeln von selbst versamten Bäumen schon früh weit verbreitet. Die Hecken und Niederwälder Westeuropas müssen mit Wildäpfeln von sehr unterschiedlicher Qualität übersät gewesen sein. Aber hier und da stießen die Menschen beim Anlegen von Hecken und Gräben auf Bäume mit großen und süßen Äpfeln, wie Autoren von Rabelais (*«legt Schulen* [Saatbeete] *mit ihren Pippins in eurem Land an»* aus *Gargantua und Pantagruel*) bis Shakespeare (Kapitel 5) belegen.

Als die ersten Kolonisten über das Meer in die Neue Welt zogen, erscheint es daher ganz natürlich, alle Samen aus den Küchenabfällen zu retten, sie zu reinigen und zu gegebener Zeit zu pflanzen. Die strengen Winter auf dem nordamerikanischen Kontinent erledigten den Rest. Mit ziemlicher Sicherheit keimten im frühen 17. Jahrhundert Apfelsamen aus europäischen Beständen in den Pflanzungen der Kolonisten – Franzosen, Holländer und Briten – an der nordamerikanischen Ostküste (Bazely 1991). Zwar muss die Anzahl verschiedener Genotypen, die über den Ozean transportiert wurden, sehr gering gewesen sein, dennoch scheint jede Kolonisierung zu einer explosionsartigen Zunahme neuer Sorten geführt zu haben.

Bald wurden Äpfel in der Region Tidewater im östlichen Virginia, USA, angepflanzt, vermutlich zunächst durch Aussaat von Samen, etwas später folgten ausgewählte Sorten in Form von Edelreisern. Das Gebiet wird von den Flüssen James, York und Potomac durchflossen und von den Gezeiten der Chesapeake Bay beeinflusst. Samuel de Champlain (nach ihm ist der Lake Champlain benannt, der an der Nordgrenze der US-Bundesstaaten Vermont und New York liegt und an die kanadische Provinz Québec angrenzt) pflanzte die ersten aus der Normandie stammenden Apfelbäume auf den Höhen oberhalb der Stadt Québec. 1626 hatte der Arzt seiner Expedition, Louis Hébert, in der Nähe einen ganzen Obstgarten mit Apfelbäumen (Martin 2000). Apfelsamen waren zusammen mit Quittenkernen im *Memorandum* der Samen, die von England an die Massachusetts Company gesandt werden sollen, aus dem Jahr 1629 aufgelistet.

Die anhaltend niedrigen Wintertemperaturen in Amerika führten zu einem neuen spontan entstandenen Cluster von Sorten wie 'Jonathan', 'Wagener', 'Red Delicious' (ursprünglich 'Hawkeye') und 'Golden Delicious' (ursprünglich 'Mullin's Yellow Seedling'), die in diesem extremeren Klima kräftig keimten. 'Golden Delicious' ist weder, wie allgemein angenommen, französisch, noch das Ergebnis einer bewussten Hybridisierung; die Sorte wurde 1912 als Zufallssämling mit 'Grimes Golden' als einem Elter in einer Hecke auf der Farm der Familie Mullin in Bomont in Clay County, West Virginia, gefunden und 1916 in den Handel gebracht (Upshall 1976). Der Originalbaum überlebte in einem mit einem Hängeschloss verschlossenen Stahlkäfig mit Alarmanlage bis in die 1950er-Jahre (Pollan 2001). 'Golden Delicious' erlangte

'Granny Smith', ein Pappmaché-Modell der Firma SOMSO Modelle GmbH, Deutschland (Modell Nr. 03/85).

Berühmtheit, als er nach 1945 vom Landwirtschaftsministerium der Vereinigten Staaten im Rahmen des Marshall-Plans zur Wiederherstellung der europäischen Landwirtschaft nach Europa gebracht wurde.

'Golden Delicious' wurde zur meistangebauten kommerziellen Sorte in Frankreich. Er (oder der amerikanische 'Red Delicious') war möglicherweise sogar der am häufigsten angebaute Apfel auf der Welt, auch wenn der australische 'Granny Smith' ihn überholen sollte. 2017 machte er in den USA nur 4,1 Prozent der kommerziellen Apfelverkäufe aus, 'Red Delicious' 10 Prozent und 'Granny Smith' 11,1 Prozent, weit übertroffen vom neuseeländischen 'Gala' mit 23,2 Prozent, amerikanischen 'Honeycrisp' mit 19 Prozent und 'Fuji' mit 12,7 Prozent (https://www.statista.com/statistics/191352/fresh-apple-category-sharein-2011/).

Das Tempo, mit dem Varianten des Apfelgenoms selektiert wurden, lässt sich aus einer im späten 18. Jahrhundert verfassten und heute in Colonial Williamsburg, Virginia, aufbewahrten Sortenliste erschließen. Nach Osten wie nach Westen, in Richtung der kolonisierten Länder und wieder zurück nach Großbritannien, waren einzelne Sorten nur selten erfolgreich (Darwin 1868), aber es war offensichtlich ein gewisses gesellschaftliches Ansehen damit verbunden, «alte englische» Sorten in einem kolonialen Umfeld anzubauen. Zu nennen sind in diesem Zusammenhang 'Baker's Nonsuch', 'Baker's Pearmain', 'Bray's White Apple', 'Clark's Pearmain', 'Dutch Pippin', 'Ellis', 'Father Abraham', 'French Pippin', 'Gillese's Cyder', 'Golden Pippin', 'Golden Russet', 'Green Old England', 'Harrison's Red', 'Harvey's Holland Pippin', 'Horse', 'Hugh's Crab', 'Lightfoot's Father Abraham', 'Lightfoot's Hughes', 'Lone's Pearmain', 'Ludwell Seedling', 'May', 'Newtown Pippin', 'New York Yellow', 'Non-Pareil', 'Old England', 'Pamunkey Eppes', 'Red', 'Royal Pearmain', 'Ruffin Large Cheese', 'Sally Gray's', 'Sorsby's Father Abraham', 'Sorsby's Hughes', 'Summer Codling', 'Westbrooke's Sammons' und 'Winter Codling'. Von diesen sind trotz des offensichtlich englischen Anklangs fast aller Namen vermutlich lediglich 'Golden Pippin', 'Golden Russet' und 'Non-Pareil' tatsächlich echte englische Sorten.

Philipp Forsline (pers. Mitt. 2003) berichtet, dass alle einheimischen nordamerikanischen Äpfel auffallend adstringierend sind. Die amerikanischen Ureinwohner, die in manchen Gebieten eine sehr ausgefeilte Gartenbaukultur mit Nutzpflanzen wie Bohnen, Kürbissen und Mais entwickelt hatten, scheinen das Potenzial der einheimischen Wildäpfel wie *Malus angustifolia, M. coronaria, M. fusca* und *M. ioensis* nicht ausgeschöpft zu haben, auch wenn *M. coronaria* anscheinend gelegentlich für Cider verwendet wurde (Hedrick 1919). In der heutigen Zeit werden eingeführte und einheimische Äpfel frisch oder getrocknet gegessen, zu Gelee verarbeitet und auch in einer Reihe medizinischer Zubereitungen verwendet. Die Kitasoo an der Küste von British Columbia lagern Äpfel für die Verwendung im Winter in Wasser, das mit Säugetier- oder Fischfett oder -öl versiegelt ist (Moerman 1998).

Veredlung war in Amerika im 17. und 18. Jahrhundert und sogar bis ins frühe 19. Jahrhundert nicht sehr verbreitet. Die Siedler verließen sich stattdessen auf das erfolgreiche Keimen von Apfelsamen, wie es die Völker Zentralasiens immer noch tun. Holländische, englische und französische Sorten wurden sicherlich von Zeit zu Zeit in Form ganzer veredelter Pflanzen über den Atlantik gebracht, so wie es auch anderswo der Fall war. William Coxe (1817) notierte, dass er in Philadelphia mehrere 'Calville'-Sorten aus Frankreich, 'Leathercoat [sic] Russet', 'Ribstone Pippin' und 'Redstreak' für Cider anpflanzte. Veredelte Apfelbäume, die als Ganzes transportiert worden waren, verhielten sich jedoch manchmal unvorhersehbar. Wie Darwin (1868) feststellte, verwandelte sich 'Ribston Pippin' in eine Säulenform, nachdem er in Indien eingepflanzt worden war.

Insgesamt waren die europäischen Apfelsorten für das amerikanische Klima wenig geeignet. Sie setzten jedoch oft Samen an, wenn sie fertil waren und auf kompatible Partner trafen. Die Samen keimten nach den extremen kontinentalen Wintern bereitwilliger, deutlich besser als in den milden Wintern der Heimatländer oder im maritimen Europa. Die europäischen Sorten hybridisierten möglicherweise in gewissem Umfang mit heimischen Wildäpfeln, aber obwohl

'Golden Pippin'.

diese Hybriden eine gewisse Bedeutung für die Züchtung von Zierapfelsorten haben, scheinen sie nicht nennenswert Eingang in die Zuchtlinien der Plantagenäpfel gefunden zu haben. Es sind zwar Kreuzungen mit *M. fusca* im pazifischen Nordwesten *(M. × dawsoniana)* und «künstliche Hybriden» mit *M. ioensis* wie *M. × soulardii* bekannt (Dickson 2014), doch diente der Kultur-Apfel nur selten als lebensfähige Pollenquelle bei der Hybridisierung mit einheimischen amerikanischen Wildäpfeln (Dickson et al. 1991).

Die genetische Diversität, die sich bei den Äpfeln infolge der hervorragenden Keimrate nach den kalten Wintern entwickelte, war bald bedeutend größer als in Europa. Das Potenzial für Kreuzungen zwischen Sorten war enorm, sodass das östliche Nordamerika von Virginia nach Norden bis weit über die kanadische Grenze hinaus eine ausgedehnte natürliche Versuchsstation wurde, die dazu diente, eine große Zahl offen bestäubter und selbst versamter Apfelsorten zu prüfen, und zwar meist unwissentlich.

Jan van Riebeeck soll Sämlinge von Kultur-Äpfeln nach Südafrika mitgenommen haben, wo er 1652 Kapstadt gründete (Hedrick 1919). Sommergrüne Obstbäume werden nun jenseits der Hottentots Holland Mountains kultiviert, die mit ungefähr 350 Meter höher liegen und deutlich niedrigeren Wintertemperaturen ausgesetzt sind als die ersten Ansiedlungen um Kapstadt – gelegentlich treten Fröste auf. In ähnlicher Weise entstand 'Granny Smith' als Zufallssämling in der Nähe von Sydney, Australien, in den 1850er-Jahren (Mabberley 2001). Die Samen stammten von tasmanischen Äpfeln, die in dem deutlich kühleren Klima der Insel häufig Frost ausgesetzt waren. In Sidney jedoch fehlte der Kältereiz. Tasmanien war als «Apfelinsel» bekannt und es wird behauptet, dass William Bligh (bekannt durch die Bounty) 1788 den ersten Apfelbaum pflanzte. Um 1860 gab es in Tasmanien 120 Sorten in Obstplantagen und in den 1920er-Jahren entwickelte sich eine bedeutende Exportindustrie. Später begann die Europäische Union, den britischen Markt zu bedienen, was – neben anderen Faktoren – dazu führte, dass Tasmanien 2012 überhaupt keine Äpfel mehr exportierte.

In der Ära der kolonialen Ausbreitung des Apfels fand sicherlich eine unbewusste Selektion hin zu Sorten mit geringem Winterkältebedarf statt (Low-Chill-Sorten). Die Entwicklung von Low-Chill-Genomen ist heute Routine in Apfelzuchtprogrammen, um die Akzeptanz und Ausbreitung neuer Apfelsorten zu beschleunigen. Anderseits sind in Regionen mit extremem Kontinentalklima, wie im amerikanischen Mittelwesten und großen Teilen Russlands, Extended-Cold-Chill-Sorten gesucht, die längere Perioden mit sehr niedrigen Temperaturen benötigen.

Kapitel 7

Jenseits von Nachtisch: Cider und Zieräpfel

Äpfel sind reich an Flavonoiden, die freie Radikale binden, sowie an Vitamin C, das auch im Cider noch enthalten ist. Bei der Herstellung von Cider entsteht durch die Gärung außerdem Vitamin B12. Cider ist in Asien unüblich, war aber bereits in den westlichen Zivilisationen der Antike bekannt, besonders in Nordwesteuropa, von wo aus er nach Nordamerika gelangte. Samen aus Produktionsrückständen wurden unter anderem von Johnny Appleseed über die USA verbreitet. In Asien und anderswo ist das Trocknen von Äpfeln als Nahrungsmittel ein wichtiger Wirtschaftszweig. Bei einigen wichtigen modernen Sorten handelt es sich um intraspezifische Hybriden, deren vermutete Abstammung durch moderne molekulare Techniken jedoch häufig infrage gestellt wird. Unter den sehr winterharten Sorten, die in den USA gezüchtet werden, gibt es neben reinen Zieräpfeln auch eine geringe Anzahl interspezifischer Hybriden.

Gesundheitliche Aspekte

Wegen der guten Transportierbarkeit und Haltbarkeit sind Äpfel seit Langem das beliebteste Obst bei Stadtbewohnern, die keine frischen Lebensmittel aus eigenem Anbau ernten können. Im 18. Jahrhundert wurden große Mengen von Äpfeln nach London gebracht und zu Penny-Beträgen von Marktschreiern in den Straßen verkauft. Im Winter boten Frauen an den Straßenecken heiße Äpfel an. Die Äpfel wurden auf Blechen über Pfannen mit glühender Holzkohle geröstet (Westminster City Archives, Cries of London (1804): Stratford Place, Baking or Boiling Apples). Ende des 19. oder Anfang des 20. Jahrhunderts wurden in den Vereinigten Staaten erstmals «candy apples» (kandierte Äpfel) für das Weihnachtsgeschäft hergestellt, später in Großbritannien «toffee apples» und in Frankreich (wohl unvermeidlich) *«pommes d'amour»* (Liebesäpfel) genannt. Auf einen Stab gesteckt und in eine geschmolzene

«Äpfel» von Henri Matisse, 1916.

rote Zuckermischung mit Zimtgeschmack getaucht, waren die Äpfel (nun mit einem harten süßen Überzug) eine beliebte Nascherei für Kinder – und sind es mancherorts immer noch.

2014 wurde «der kleinste Apfel der Welt», der als Snackapfel vermarktet wird, von der UN-Wirtschaftskommission für Europa als Apfel anerkannt – nach vier Jahren Papierkram und damit verbundener Bürokratie. Zuvor hatte man ihn für zu klein gehalten, um als Apfel zu gelten. Es handelt sich um die Sorte Rockit®, deren Früchte nur etwas größer als ein Golfball sind. Sie wurde in Neuseeland gezüchtet, einem Zentrum für Obstinnovationen wie Kiwi, Kiwibeere, Kiwano, Babaco und vielen sehr erfolgreichen Apfelsorten. Rockit wird jetzt auch in Australien und im amerikanischen Bundesstaat Washington angebaut. International wird dieser Apfel, der besonders in Asien populär ist, in Öko-Kunststoff-Behältern inmitten von Süßwaren verkauft. Es ist ein Versuch, den Geschmack weg von zuckerhaltigen Süßigkeiten und hin zu einer gesünderen Ernährung zu lenken.

In der Tat wurden die gesundheitlichen Vorteile von Äpfeln immer wieder gepriesen:

> *«Aus weinähnlichen Äpfeln wird auf dieselbe Weise wie aus Quitten eine ausgezeichnete Latwerge hergestellt, die sowohl angenehm für den Gaumen als auch bei brennendem Fieber sehr geeignet ist, da sie den Durst löscht und den nachlassenden Appetit anregt, und zwar auf eine viel angenehmere Art und Weise als jede andere Apothekenzubereitung.*
> *Saure Äpfel halten die Darmtätigkeit in Schach, kontrollieren den Urin, verhindern Erbrechen und Aufstoßen, eine Fähigkeit, die besonders Wildäpfeln zueigen ist. Süßen Äpfeln wird nachgesagt, dass sie den Darm entlasten und Würmer austreiben.»*

Die englische Redewendung «An apple a day keeps the doctor away» («Jeden Tag einen Apfel essen, dann kann man den Doktor vergessen») stammt angeblich erst aus dem Jahr 1913, scheint aber von einem Sprichwort abgeleitet zu sein, das in den 1860er-Jahren in Pembrokeshire, Wales, aufgezeichnet wurde:

> *Eat an apple on going to bed,*
> *And you'll keep the doctor from earning his bread*
> *(Iss vor dem Zubettgehen einen Apfel*
> *Und du hinderst den Arzt daran, sein Brot zu verdienen)*

Der Apfel in seiner Vielfalt und seinen unterschiedlichen Darreichungsformen ist ein sehr guter, wenngleich nicht herausragender Bestandteil der Ernährung. Frische Äpfel liefern von Sorte zu Sorte unterschiedlich viel Vitamin C, Kaliumsalze, Carotinoide und Ballaststoffe (McWhirter & Clasen 1996). Der Tafelapfel 'Ribston Pippin' enthält 30 Milligramm Vitamin C pro 100 Gramm Fruchtfleisch und einige der Kochäpfel, insbesondere Triploide wie 'Bramley's Seedling', kommen diesem Wert nahe. Zwar liegen seit mindestens 400 Jahren Erkenntnisse vor, aber erst als die Wirkung gegen Skorbut und die chemische Natur von Vitamin C wissenschaftlich bewiesen waren (Hall & Crane 1933), wurden Tabellen mit relativen Nährwerten veröffentlicht, oft in dem lobenswerten Bemühen, den Verzehr zu steigern.

Äpfel sind auch besonders reich an einer als Flavonoide bezeichneten Gruppe von Verbindungen. Die Hauptwirkung auf die menschliche Gesundheit könnte darin bestehen, dass sie krankheitsauslösende freie Radikale abfangen. Dabei handelt es sich um schädliche Moleküle, die Auslösefaktoren für chronische Erkrankungen wie Herzkrankheiten, Krebs, Diabetes und Asthma sein können. Äpfel scheinen viele wirksame Radikalenfänger zu enthalten, dazu gehören Flavonoide wie Catechin und Quercetin. Der Gehalt an Antioxidanzien ist in rotfrüchtigen Sorten wie 'Redlove', die in der Schweiz gezüchtet wurde, am höchsten.

Apfelpektin und -polyphenole sind dafür bekannt, dass sie den Fettstoffwechsel anregen und die Produktion entzündungsfördernder Moleküle reduzieren. Der Verzehr von Äpfeln und anderen «weißen Früchten» wird mit einem geringeren Schlaganfallrisiko in Verbindung gebracht.

In nicht pasteurisiertem Cider bleibt ein Großteil des Vitamin C erhalten, zudem entsteht infolge der Gärung auch eine große Menge Vitamin B12. Da es keine gewöhnliche pflanzliche Quelle dafür gibt, war dieses Vitamin B12 aus der Hefegärung im mittelalterlichen ländlichen Großbritannien oder Frankreich oder im kolonialen Winter wertvoll, wenn nicht sogar lebensrettend, wenn Fleisch wenig verfügbar war. Durch Pasteurisierung, die für die Massenmarkttauglichkeit wesentlich ist, fehlt dieses Vitamin inzwischen praktisch allen kommerziell produzierten Cidern.

Cider oder Cyder

Cider ist ein Wort, das in fast allen indoeuropäischen Sprachen vorkommt, jedoch in den Sprachen der wärmeren Regionen am längsten existiert haben dürfte. Der moderne englische Begriff *cider,* der bis ins 19. Jahrhundert fast durchgängig *cyder* geschrieben wurde, entstand aus dem mittelenglischen *sidre,* das seinerseits aus dem altfranzösischen Wort gleicher Schreibweise hervorging. Dieses Wort ist wahrscheinlich mit dem altlateinischen *sicera* (griechisch *sikera*) verwandt.

Orientiert man sich jedoch an dem umfassenden Text *The History and Virtues of Cyder* des verstorbenen Roger French (1982), unterscheidet sich *Cyder* deutlich von *Cider.* Es scheint, dass es sich zu Produktionsbeginn in England kurz nach der normannischen Eroberung, als Cyder ausschließlich aus gepresstem Apfelsaft ohne Wasserzusatz hergestellt wurde, definitiv um ein alkoholisches Getränk handelte, ähnlich stark wie Wein. Entweder legal oder illegal wurde Cyder dann mit beträchtlichen Mengen von Wasser jeglicher Trinkqualität verdünnt, um zu Cider zu werden – der verbliebene Ethanolgehalt wird in Verbindung mit den Tanninen aus den Äpfeln immer noch effektiv alle vorhandenen Bakterien abtöten.

Cider-Äpfel werden traditionell in vier Kategorien eingeteilt: süß, bittersüß, säuerlich und sauer (Tabelle 2). Die dritte und vierte Kategorie sind so adstringierend, dass sie nach allgemeinem Geschmack ungenießbar sind. Bittersüße Äpfel enthalten mehr als 0,2 Prozent Tannine (nach Gewicht und Volumen) und weniger als 0,45 Prozent Säure, hauptsächlich Äpfelsäure. Säuerliche haben den gleichen Tanningehalt, aber einen höheren Säuregehalt. Die meisten Cider-Produzenten setzen bei der Vergärung einen gewissen Prozentsatz konventioneller süßer Äpfel zu (Tafel- und Kochäpfel wie 'Golden Delicious' oder 'Bramley's Seedling').

Tabelle 2: Apfelsorten für die Cyder- und Cider-Herstellung*

Sorte	Reifezeit	Typ	Äpfelsäure (Prozent)	Tannine (Prozent)
'Bulmer's Foxwhelp'	früh	säuerlich	1,91	0,22
'Somerset Redstreak'	früh bis mittel	bittersüß	0,19	0,28
'Sweet Alford'	mittel	süß	0,22	0,15
'Sweet Coppin'	mittel	süß	0,20	0,4
'Ashton Brown Jersey'	spät	bittersüß	0,14	0,23
'Bramley's Seedling'	spät	sauer	0,85	0,05
'Chisel Jersey'	spät	bittersüß	0,22	0,40
'Dabinett'	spät	bittersüß	0,18	0,29
'Golden Delicious'	spät	leicht sauer	0,45	0,06
'Kingston Mill'	spät	säuerlich	0,58	0,19
'Médaille d'Or'	spät	bittersüß	0,27	0,64
'Tom Putt'	spät	sauer	0,68	0,14
'Yarlington Mill'	spät	bittersüß	0,22	0,32

* Verschiedene Analysemethoden können unterschiedliche Werte für chemische Bestandteile ergeben; die angegebenen Zahlen dienen nur als Vergleichswerte.

'Bulmer's Foxwhelp'.

'Readstreak' aus Knight: *Pomona Herefordiensis*, 1811.

In den Ländern Zentralasiens scheint es keine Tradition der Cider-Herstellung zu geben, auch wenn Äpfel und andere Früchte, in der Regel in getrockneter Form, nach wie vor in kochendem Wasser eingeweicht werden, um eine Reihe von Aufgüssen herzustellen. «Apfelwein» ist hingegen heute in China populär. Möglicherweise waren die mobilen, halbnomadischen Völker, die diese Regionen über viele Jahre bewohnten, nicht in der Lage, mit den schweren Gerätschaften, dem Transport von Flüssigkeiten in Flaschen oder Fässern und den komplexen, im Grunde unbeweglichen Pressen, die für die Cider-Herstellung erforderlich waren, umzugehen. Es besteht kaum Zweifel daran, dass die Entwicklung des Mahlens und Pressens verschiedener Obstarten zur Herstellung alkoholischer Getränke parallel zu den Methoden verlief, die bei Oliven und Trauben angewandt wurden, und bis zu einem gewissen Grad auch parallel zur Herstellung von Ale und Bier.

Zweifellos stellt die Erfindung von Cider einen äußerst wirkungsvollen, aber wiederum unbeabsichtigten Antrieb für die Evolution des Apfels dar. Sicherlich fielen bei der Verarbeitung von Cider-Äpfeln deutlich mehr und weit vielfältigere Samen an als beim bewussten, kontrollierten Anbau von Tafel- und Kochapfelsorten. Cider-Herstellung bringt tendenziell einen vielfältigeren Genpool hervor als jedes andere Anbausystem, insbesondere in ländlichen Gemeinschaften, die auf selbst versamte Apfelbäume angewiesen sind. Als der Apfel aus Zentralasien nach Westen in sesshaftere Gesellschaften gelangte, lieferte er nicht nur lebensnotwendige Nahrung für ländliche Gemeinschaften im Winter, sondern auch ein vitaminreiches Getränk. Gleichzeitig beschleunigte sich die Evolution des Apfels. Diese parallelen Entwicklungen waren in Nordamerika besonders wichtig.

Für die Herstellung von Cider in größeren Mengen muss das Fruchtfleisch zu kleinen Stücken zerkleinert werden, aber nicht zu Mus, aus dem sich nicht mehr leicht Saft gewinnen lässt. Beim Mahlen und Zerkleinern von Äpfeln, in kleinem Maßstab wie auf industrieller Ebene, wird seit jeher darauf geachtet, dass die Samen unversehrt bleiben. Zerbrochene Samen würden dem Getränk einen bitteren Geschmack verleihen, da sie Amygdalin enthalten, das bei Kontakt mit Wasser Cyanid freisetzt. Die für die erfolgreiche Keimung sehr bedeutsame Trennung der Samen vom Plazentagewebe erfolgt in der Apfelmühle oder dem Mahlwerk mechanisch.

Die Untersuchungen von French (1982) lassen vermuten, dass die Maschinen den Geräten ähneln, die für die Zerkleinerung von Oliven und die Gewinnung von Olivenöl entwickelt wurden. Ein solcher Zusammenhang könnte, wie French vermutet, darauf hinweisen, dass auch die besonders tanninreichen Cider-Äpfel eine südlichere Herkunft haben könnten als die nördlichen Tafel- oder Kochäpfel. Aber diese Vermutung muss erst noch mit modernen molekularen Methoden bestätigt werden.

Die verwendeten Maschinen sind das Ergebnis eines beträchtlichen Erfindungsreichtums. John Worlidge (1676) brachte mit seiner «Ingenio» (ein Begriff, der auch für die fast zeitgleich in der Karibik entwickelten Zuckerrohrmühlen verwendet wurde) präzises Fachwissen über den Mahlvorgang ein. Darüber hinaus suchte der erfinderische Worlidge nach einem Mittel gegen das Manko der damaligen Spindelpressen, bei denen der Druck nicht kontinuierlich war. Dass seine bemerkenswerte Maschine je gebaut wurde, muss bezweifelt werden, aber aus den veröffentlichten Zeichnungen ergibt sich, dass sie sicherlich in der Lage gewesen wäre, einen gleichmäßigen Druck auf das sorgfältig zerkleinerte Apfelfruchtfleisch auszuüben.

Worlidge wandte seine Aufmerksamkeit auch den verschiedenen Phasen des Gärungsprozesses zu, der Abfüllung in Flaschen, die durch die raschen technischen Fortschritte bei der Glasherstellung in Großbritannien begünstigt wurde, und der Lagerung von «echtem» Cider. (Eine

«Ingenio» aus John Worlidge: *Vinetum Britannicum*, 1676.

Die konstant arbeitende Presse aus John Worlidge: *Vinetum Britannicum,* 1676.

verständliche Darstellung von Worlidges Werk liefern Juniper und Juniper 2003.) Sein Fass, korrekter ein «Stund» oder «Stound», ist so konstruiert, dass die natürliche Haut, die sich bei der Gärung bildet, nicht aufbricht, sondern sich verfestigt, wenn der Inhalt durch den Zapfhahn nach unten gezogen wird. In dem seinerzeit üblichen Fass hätte sich die Haut gedehnt und wäre gebrochen, was zu einer Verunreinigung durch Bakterien oder unerwünschte Hefen geführt hätte.

Andere Fachleute dieser Zeit suchten nach potenziellen *Cider*-Bäumen. Beispielsweise vermerkt der anonyme «A Lover of Planting» (1685) Bäume, *«die von sich aus gute Cider-Früchte tragen (was man nach der Breite und Größe der Blätter, die sie hervorbringen, vermuten kann)»*. Das deutet darauf hin, dass bereits in den Obstapfelpopulationen in britischen Hecken eine umfassende genetische Vielfalt vorhanden war und dass sich Cider-Produzenten dieses Potenzials bewusst waren.

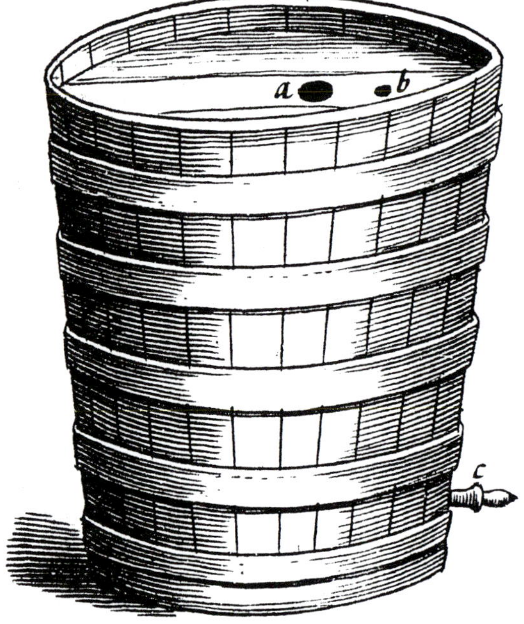

Cider-Fass aus John Worlidge: *Vinetum Britannicum,* 1676. a Spundloch; b kleines Entlüftungsloch; c Zapfhahn.

Cider im frühen Europa

Technologie, Anbau der benötigten speziellen Früchte (mit hohem Tanningehalt) und die Tradition des Cider-Trinkens gelangten möglicherweise von den Nicht-Muslimen im maurischen Spanien in das christliche Westeuropa. Wahrscheinlich kam diese Angewohnheit nach der normannischen Eroberung aus Frankreich nach England. Zweifellos stellten die Griechen und Römer schon viel früher Cider her. Es ist sogar möglich, dass Cider bei einigen der heroischen, gelegentlich tödlichen Trinkgelage Alexanders des Großen (Lane Fox 1973) eine Rolle spielte.

In Südfrankreich zeigt ein schönes römisches Mosaik aus der ersten Hälfte des dritten Jahrhunderts die gesamte Obstgartenindustrie, einschließlich der Cider-Herstellung. Es gibt keinen Grund zur Annahme, dass eine so wertvolle und weit verbreitete Technologie im finsteren Mittelalter gänzlich verschwunden wäre, nicht zuletzt wegen der Investitionen in die robusten, langlebigen Gerätschaften zum Zerkleinern und Pressen. Ebenso ist es wahrscheinlich, dass die ausgefeilte Kunst des Gartenbaus unter Karl dem Großen diese wichtigen Geheimnisse bewahrte. Cider-Herstellung scheint in Europa im dunklen Mittelalter nur im südlichen und südwestlichen Britannien, in der Bretagne und Normandie (dem Armorica der Antike) in Frankreich sowie in der Region Asturien im nördlichen Spanien aufrechterhalten worden zu sein (Pollard & Beech 1857). Im Übrigen gibt es zum Beispiel in Teilen der heutigen Türkei langjährige Traditionen der Cider-Herstellung, die mit dem Kontakt zu den Berbern und dem maurischen Spanien in Zusammenhang stehen könnten.

Cider in Großbritannien

Der erste handfeste urkundliche Beweis für die Herstellung von Cider in Großbritannien stammt aus der Nähe von Norfolk zur Regierungszeit von Johann Ohneland, König von England 1199–1216. Geoffrey Chaucer (ca. 1342–1400) kannte Cider mit Sicherheit, denn in den *Canterbury Tales* lässt er einige seiner Pilger Cider trinken. Hogg (1851) berichtete: *«Es gibt ein Getränk, mit dem sich die Vorfahren der Briten zu verwöhnen pflegten: Es wurde lambs-wool genannt, ein Wort, das vom mittelirischen* la mas abhal *(Gälisch ubhail) abgeleitet ist, in dem das Stammwort lammas steckt, das den Tag der Apfelfrucht bezeichnet.»* Das Getränk bestand aus Ale und dem Fruchtfleisch gebratener Äpfel, Zucker und Gewürzen (Gerard 1633).

Die Cider-Sorten mit ihren besonderen Eigenschaften ließen sich am besten in den Grafschaften im Westen Englands, insbesondere Herefordshire, Worcestershire, Gloucestershire, Somerset, Devon und Cornwall, anbauen. Ralph Austen (1657) schrieb:

> *«Ich muss den Menschen in Herefordshire und Worcestershire nichts über die guten Eigenschaften von* Perry *und* Cider *erzählen, sie wissen aus Erfahrung, dass sie nahrhaft und bekömmlich sind, das heißt, nicht nur gut für die Gesundheit, sondern auch für ein langes Leben förderlich sind, und dass Weine, die aus den besten Sorten von Äpfeln und Birnen hergestellt werden, ein besonderer* Cordiall *sind, der die Geister erheitert und belebt und das Herz froh macht wie Wein aus Trauben. Und man hat beobachtet, dass diejenigen, die Cider und Perry täglich oder häufig als ihr gewöhnliches Getränk trinken, im Allgemeinen gesunde Menschen und langlebig sind … Und dass es einen Arzt zum Bettler machen wird, wenn er an einem Ort lebt, an dem Cider und Perry allgemein gebräuchlich sind.»*

Edward Drope (1672) erklärte in einem Vorwort zu *A Short and Sure Guid in the Practice of Raising and Ordering of Fruit-Trees* seines verstorbenen Bruders Francis:

> *«… dass Menschen in den Cider-Ländern aktiv und kräftig ein hohes Alter erreichen, wie aus einer Geschichte hervorgeht, die ich hier einfüge und die ich von einem ehrenwerten und gelehrten Autor* [Lord Verulam] *übernommen habe, dass bei einem Leichenschmaus in Herefordshire ein Tanz von acht Männern aufgeführt wurde, deren summiertes Alter sich auf 800 Jahre belief.»*

Scudamores 'Redstreak'

Kurz nach der Ermordung des Duke of Buckingham 1628 zog sich Viscount Scudamore (1601–1671) auf seinen Besitz in Holme Lacey in Herefordshire zurück – er war politisch in Ungnade gefallen, da er Buckingham unterstützt hatte. Dort konzentrierte er sich darauf, Obstgärten anzulegen, Obstbäume aus Samen zu ziehen und Cider herzustellen. Sein Ziel war es, mit dem weit überlegenen französischen Produkt jener Zeit mithalten zu können. Zu den spektakulärsten Züchtungen gehörte 'Redstreak', der zum Inbegriff für qualitativ hochwertigen Cider wurde. Es wird berichtet, dass bei Scudamores Weihnachtsfestlichkeiten 1639 nach der Rückkehr von seiner Tätigkeit als Botschafter am Hof von Ludwig XIII von Frankreich rund 1200 britische Gallonen (5500 Liter) Cider verbraucht wurden (Ward 1988, 1992). Ralph Austen (1657), der die erste Cider-Fabrik in Oxford errichtete, erwähnte erstmals 'Redstreak' und John Evelyn (1664) notierte in seiner *Pomona; … Concerning Fruit-Trees in Relation to Cider: The Making, and Several Ways of Ordering It,* dass durch Scudamores Beispiel *«ganz Herefordshire in gewisser Weise ein einziger Obstgarten geworden ist … Der Red-strake, Bromesbury-Crab und jener andere hoch gerühmte Wildling, der Oken-pin genannt wird, als die für Cider am besten geeigneten; jedoch ist aus hinreichenden Gründen keiner mit dem Red-strake vergleichbar.»* Im selben Jahr schrieb Beale (1664): *«Bisher hat die Wahl der Graff oder Frucht so viel Übergewicht, dass der Red-strake-Cider überall den üblichen Cider ausstechen wird, so wie die Traube von Frontignac, Canary oder Bacharach die normale französische Traube übertrifft.»*

Vinetum Britannicum

Als man die Herstellung von Cider in der Literatur zu beschreiben begann, gipfelten die Texte 1676 in dem brillanten, umfassenden und übersichtlichen *Vinetum Britannicum* von John Worlidge. Zu diesem frühen Zeitpunkt war Worlidge offensichtlich nicht nur mit 'Redstreak' und all seinen Vorteilen vertraut, sondern auch mit praktisch allen anderen Spirituosen aus allen bekannten destillierten Getränken, einschließlich Reiswein – ebenso mit Kaffee, Tee und Kokosmilch. Er scheint auch ein genialer Ingenieur gewesen zu sein, denn er schlug mechanische Verbesserungen für die Herstellung von Cider und die moderne Art und Weise der Abfüllung von Getränken in Flaschen vor.

Im späten 17. Jahrhundert (Haines 1684), während des gesamten 18. Jahrhunderts (Philips 1708; Stafford 1755) und bis ins frühe 19. Jahrhundert hinein wurden zahlreiche Bücher über Cider verlegt (siehe Janson 1996), angeregt durch die Weinpreise, die der anhaltende Krieg mit Frankreich in unerhörte Höhen getrieben hatte. Die Ausgabe von William Forsyths *Treatise* aus dem Jahr 1803 listet 197 Apfelsorten auf und bildet sie ab, darunter viele Cider-Äpfel.

Die Bewunderung für den Cider-Apfel erreichte mit der Veröffentlichung der *Pomona Herefordensis* von Thomas Knight 1811 einen bildlichen Höhepunkt. Unter anderem illustrierten Alice Ellis und Edith Bull den 'Redstreak' in *Herefordshire Pomona* von Hogs und Bull (1876–1885). Gegen Ende des 19. Jahrhunderts und bis ins 20. Jahrhundert hinein ging die Cider-Industrie in Großbritannien jedoch zurück, was teilweise darauf zurückzuführen war, dass anhaltender Frieden mit Frankreich herrschte und der Preis für guten Wein gefallen war.

Die Industrie wurde ab 1903 durch die Long Ashton Research Station in der Nähe von Bristol gestützt und aus ihrem moribunden Zustand wiederbelebt (Marsh 1983). Bodenbedingungen, Veredlungsunterlagen, Lagerung und Aufbereitung wurden eingehender erforscht (Williams 1987). Auch beschäftigte man sich intensiv mit der Identifizierung geeigneter Sorten, die für die anspruchsvolle industrielle Produktion wichtig sind (Williams & Child 1965). Heute werden sogar in Supermärkten sortenreine Cider verkauft.

Cidre in Frankreich

Die Industrie in Frankreich ist alt, groß und vielfältig und umfasst nicht nur viele Cidres, die französische Variante von Cider, sondern auch Apfelsäfte und viele Sorten des Calvados genannten Eau de Vie. Die Destillation von Cidre scheint in keinem anderen Land ernsthaft Fuß gefasst zu haben, außer in geringem Umfang in Südwestengland, aber *«im Vergleich mit den Cidre-Apfel-Plantagen in England haben die französischen Obstplantagen ein viel größeres Spektrum an Sorten bewahrt, die dazu verwendet werden können, Apfelsaft, Cidre und Calvados herzustellen»* (übertragen nach einer Übersetzung aus Boré & Fleckinger 1997). Das individuelle Recht, Cidre legal zu destillieren und eigenen Calvados *(Les Bouilleurs de Cru)* herzustellen, wurde von den Familien und den Besitzern besonderer Obstgärten vehement verteidigt, sodass diese Praxis in beschränktem Umfang überlebt hat. Die Anschläge an den Hoftoren, die *Calva de Ferme,* Calvados vom Hof, ankündigen, sind jedoch Vergangenheit.

Die französische Industrie startete früh durch. Julien Le Paulmier de Grentemesmil beschrieb 1588 in seinem Werk *De Vino et Pomaceo Libri Duo* die Anlage von Obstplantagen und die Herstellung von Cidre sehr detailliert (siehe Janson 1996). 1589 wurden allein in der Normandie bereits 65 Sorten von Cidre-Äpfeln angebaut, Ende des 19. Jahrhunderts waren es 300. Heute scheint sich die Industrie auf die Bretagne und die Normandie zu konzentrieren, dazu kommen wenige Obstplantagen südlich von Paris. Derzeit sind viele Hundert Cidre-Sorten aufgelistet (Boré & Fleckinger 1997), aber die meisten Sortennamen sind sehr lokal begrenzt – einige tragen offensichtlich sehr alte bretonische (keltische?) Namen wie 'Chuero Bruz' und 'Chuero ru Bihan' – Namen, die für den durchschnittlichen Franzosen bedeutungslos sind. In der Tat sind sie für einen gebürtigen Frankophonen ebenso schwierig auszusprechen wie für einen Anglophonen. Ist es möglich, dass sich einige dieser Namen aus der Zeit vor der römischen Eroberung erhalten haben?

Im Gegensatz zu Tafel- und Kochäpfeln und zahlreichen Birnen und Pflaumen finden sich nur wenige französische Cidre-Sorten in den englischen Listen von Äpfeln. Und trotz früher Verbindungen zu Frankreich wird, soweit bekannt, in Nordamerika keine einzige Sorte verwendet. Dieser Mangel an Überschneidungen hat zu der Vermutung geführt, dass die französischen Cidre-Sorten durch Kreuzungen zwischen römischen Sorten des Kultur-Apfels, die sich über das nordwestliche Europa ausbreiteten, und aus dem lokalen, tanninreichen *Malus sylvestris* entstanden sind. Diese Vermutung muss noch durch Kreuzungsversuche bestätigt werden. Solche sauren Äpfel wurden möglicherweise als wertvoll für eine lokale Industrie ausgewählt, aber wegen ihres relativ geringen Werts im Verhältnis zu ihrer Menge wurden sie vermutlich nicht weit von den Obstgärten weg transportiert. Im Gegensatz zu den sehr süßen oder kulinarisch wertvollen Kochäpfeln wurden sie auch keiner breiteren Öffentlichkeit bekannt. Die Amerikaner und Kanadier konsumierten zumindest in der Frühzeit der Kolonisation große Mengen von Cyder, Cider und Applejack, scheinen aber mit wenigen Ausnahmen keine eigenen Cider-Sorten gezüchtet zu haben.

Cider in Nordamerika

Cider («hard cider») und Apfelsaft («soft cider») wurden in den amerikanischen Kolonien schon früh hergestellt. 1647 wurde berichtet, dass in Virginia *«twenty butts of cyder»* (20 große Fässer) produziert und Mitte des 17. Jahrhunderts sowohl Cider als auch Apfelessig (unentbehrlich für die Lagerung vieler Nahrungsmittel unter tropischen Bedingungen) von Virginia aus nach Westindien exportiert wurden (Calhoun 1995). Cider war vermutlich nicht nur aus ernährungsphysiologischer Sicht auf diesen langen Seereisen nützlich.

'Coeur de Boeuf ' aus Poiteau: *Pomologie Francaise,* Bd. 4, 1846.

Beweise für die Bedeutung des Apfels in den Gemeinschaften, die immer noch Pioniercharakter hatten, kamen in einer archäologischen Fundstätte aus der Kolonialzeit ans Licht. In Boston, US-Bundesstaat Massachusetts, enthüllt ein Abort in der Cross Street eine Fülle an Details über die Ernährung nordamerikanischer Kolonisten im 17. Jahrhundert. Einige der Pflanzenreste, hauptsächlich die kleinen Samen, waren fäkalen Ursprungs, darunter reichlich Samen von Äpfeln, Birnen, Brombeeren, Holunderbeeren, Kürbissen und einer Reihe von Gewürzen (Dudek et al. 1998). Das Vorhandensein von Obstbaumsamen deutet darauf hin, dass Mitte des 17. Jahrhunderts Obstgärten fest etabliert waren. Zu dieser Zeit wurden Äpfel und Birnen häufig für alkoholischen Cider («hard cider») sowie für Obstkuchen und andere Gerichte verwendet.

Eine echte Cider-Industrie hatte in den USA gegen Ende des 19. Jahrhunderts aber fast aufgehört zu existieren. Der angebotene Cider wurde aus unverkäuflichen Tafeläpfeln hergestellt, ohne Rücksicht auf die Qualität. Die Abstinenzbewegung und die Prohibition führten fast zum Untergang des Cider – ein Status, von dem er sich nun kräftig erholt. Nick Howard weist jedoch darauf hin (briefl. April 2018), dass

> *«die überwiegende Mehrzahl der Cider gesüßte, mit Kohlensäure versetzte, vergorene Apfelsaftkonzentrate sind und nicht mit dem typischen Cider in Großbritannien vergleichbar …* [aber] *es gibt sicherlich einen Markt für Craft-Cider nach dem Vorbild von Craft-Bier und er ist in größeren Städten ziemlich populär … es gibt sogar eine Cider-Manufaktur, von der ich weiß, in den Twin Cities* [Minnesota]*, die den 'Chestnut Crab' als Grundlage verwendet.»*

Dies ist Teil des globalen Trends, bei dem sich der Wert von Cider-Verkäufen nach Schätzungen in der Dekade bis 2016 vervierfacht haben dürfte (https://www.statista.com/statistics/300874/global-dollar-sales-of-cider).

Johnny Appleseed

John Chapman wurde 1744 in Leominster, Massachusetts, geboren und starb 1845 in Fort Wayne, Indiana. Der Name «Chapman» ist die altenglische Bezeichnung für einen fahrenden Händler oder Krämer und liefert uns einen Hinweis auf Johns intensive Reisetätigkeit und sein Verkaufstalent. Zusammen mit der Swedenborg-Doktrin verbreitete er eine nahezu unendliche Zahl zufälliger Kreuzungen über einen großen Teil des Kontinents. Bei der Verbreitung von Saatgut und der Anlage von Obstgärten scheint er erfolgreicher gewesen zu sein als bei der religiösen Bekehrung, daher der Spitzname Johnny Appleseed. Chapman verteilte Apfelsamen, meist aus Abfall von Apfelpressen, auf Farmen praktisch im gesamten damaligen westlichen Grenzgebiet, durch das Tal des Ohio bis hinauf in das damalige Northwest Territory und über die kanadische Grenze (Martin 2000). Eine seiner Lieblingssorten soll 'Rambo' gewesen sein, die vermutlich aus Samen entstanden ist, die 1637 aus Schweden nach Amerika gelangten. Es handelt sich also um einen der ersten «amerikanischen» Äpfel.

Es wird berichtet, dass Chapman manchmal einen Rumpf eines Doppelrumpf-Kanus vollständig mit Apfelsamen füllte. Veredlung lehnte er ab:

> *«Man kann den Apfel auf diese Weise verbessern, aber das ist nur eine Erfindung des Menschen und es ist ein Frevel, Bäume so zu zerschneiden. Die richtige Methode ist es, gute Samen auszuwählen und sie in guten Boden zu pflanzen, und nur Gott kann den Apfel verbessern.»* (Pollan 2001)

Es gab noch einen weiteren Grund für die Ausbreitung von Äpfeln. Es kommt nicht oft vor, dass geltendes Recht die Evolution direkt unterstützt, aber eine Landvergabe im alten Northwest Territory Ende des 18. Jahrhunderts verpflichtete Siedler dazu, für die Erteilung der Urkunde mindestens 50 Apfel- oder Birnbäume zu pflanzen. Das Ziel war es, Bodenspekulation einzudämmen, indem Siedler im wörtlichen wie im übertragenen Sinn dazu angeregt wurden, Wurzeln zu schlagen. Da ein typischer aus Samen gezogener Apfelbaum mindestens zehn Jahre benötigt, bis er Früchte trägt, war ein Obstgarten ein Zeichen für dauerhafte Sesshaftigkeit. Aus diesen zufällig zusammengesetzten Apfelwäldern wählten die Baumveredler später die besten Exemplare aus (Pollan 2001). John Chapman wäre darüber nicht erfreut gewesen.

Auf diese Weise wurde ein beträchtlicher Teil Nordamerikas dank menschlicher Verbreiter zu einer multiedaphischen, multiklimatischen, sich von Norden nach Süden erstreckenden Saatgut-Versuchsstation, ähnlich wie die großen ostwestlichen Handelswege durch den Tian-Shan und um ihn herum.

Die überwiegende Mehrheit von Chapmans Bäumen werden kaum genießbare, bittere Äpfel hervorgebracht haben, «splitters» im lokalen Dialekt. Aber von den frühesten Siedlungen bis fast 1900 wurden die in Nordamerika angebauten Äpfel vermutlich getrunken, nicht gegessen (Pollan 2001). Alkoholhaltige und alkoholfreie Apfel(saft)getränke waren sowohl in der Stadt als auch auf dem Land üblich. Der Säuregehalt war bei der Cider-Herstellung oft von Vorteil (Tabelle 2). So brachte Johnny Appleseed Alkohol an die Grenze, verbreitete Apfelsamen und trieb unbewusst die Evolution des Apfels voran.

Die Vorzüge von Cider

Die Herstellung von Cider verbreitete sich nach der normannischen Eroberung in ganz Großbritannien, auch wenn zuvor zumindest in kleinem Maßstab schon Cider hergestellt wurde. Die Gründe für die Beliebtheit sind nicht schwer zu finden. Leichte alkoholische Getränke boten dort, wo sauberes Wasser Mangelware war, Sicherheit, insbesondere in bevölkerten Gebieten und im tiefen Winter. Zudem lieferte Cider Vitamin C und B12. Wurde er während oder nach der Gärung der Äpfel mit Wasser verdünnt, so wurde er oft als «cyderkin» oder «small cider» bezeichnet und galt als sicheres und praktisch nicht berauschendes Getränk, das sich auch für Kinder eignete. Cider oder «small cider» wurde (zumindest nicht bei Landarbeitern) durch kein anderes Getränk ersetzt, bis der Tee im 19. Jahrhundert allgemein verfügbar wurde. Durch abgekochtes Wasser und den hohen Gerbstoffgehalt bot er einen doppelten Sicherheitsvorteil. Cider war in Somerset sogar bis zum Zweiten Weltkrieg Bestandteil des täglichen Lohns von Landarbeitern (Copas 2001). Auch später noch bekamen ihn die Arbeiter, die auf den Feldern von Gloucestershire arbeiteten (D. J. M. pers. Beob.).

In Westeuropa hatte Bier oder Ale einen ähnlichen Stellenwert. Dünnbier aus einer zweiten Gärung galt zumindest bis Ende des 19. Jahrhunderts als sicheres Getränk für Kinder. Noch in den späten 1920er-Jahren wurde es mittags und abends an den Tischen der Colleges in Oxford und Cambridge serviert, da die örtliche Wasserversorgung unzuverlässig war. In Amerika war das für Bier benötigte Getreide kaum zu beschaffen. Das vorhandene Getreide wurde nicht zu Bier verarbeitet, sondern zu Whiskey destilliert, der als hochwertiges Produkt mit geringem Volumen zum Verkauf auf den Markt gebracht wurde.

Im Gegensatz zu Getreide wuchsen Äpfel auf fast jedem kargen Boden oder steinigen Hang und erforderten nur minimale Aufmerksamkeit. Äpfel ließen sich auch leichter anbauen als die arbeitsintensiven Reben, selbst dort, wo das Klima für Trauben geeignet war. Mehr noch, in schlechten Zeiten, in denen Futtermangel herrschte, wie zum Beispiel 1815 bis 1816 (Coxe 1817), wurden Schweine und Pferde bis Ende Dezember mit minderwertigen Äpfeln gefüttert und das Vieh auf den Weiden erhielt «pomace», den Trester aus zerkleinertem Fruchtfleisch und Samen, der als Rückstand aus Apfelpressen stammte.

Auch die Samen, die Johnny Appleseed transportierte, stammen aus den Tresterhaufen, die im Herbst übrigblieben, nachdem die Pressen, die vor den Scheunen der Landwirte standen, ihre Arbeit getan hatten. So fleißig er auch war, John Chapman hätte nie die Mengen von Saatgut, die er einsetzte, durch Aufschneiden von Äpfeln und Entnahme der Samen gewinnen können. Wahrscheinlich wusch er die Trestermasse durch ein Rüttelsieb oder grobes Sieb. Auf diese Weise ritzte er vermutlich die Samen weiter an und trennte sowohl die nutzlose Pulpe als auch die kleinen, nicht entwicklungsfähigen Kerne ab. Für diese allgemeine

Praxis gibt es auch schriftliche Belege (Coxe 1817 in Kapitel 2 «On the Management of a Fruit Nursery»):

> *«Die Samen, die im Allgemeinen für diesen Zweck verwendet werden, werden aus dem Trester von Cider-Äpfeln gewonnen – sie können im Herbst auf reichem Boden, der durch Grubbern und die Entfernung von Unkraut fachgerecht vorbereitet wurde, entweder breitwürfig oder in Reihen ausgesät und mit feiner Erde bedeckt werden; oder sie können vom Trester abgetrennt, gereinigt und getrocknet und in einem dichten Kasten oder Fass aufbewahrt werden, um im Frühling ausgesät zu werden: Letztere Methode kann angewandt werden, wenn Baumschulen an neuen oder entfernt liegenden Orten angelegt werden sollen, erstere ist einfacher und wird hauptsächlich praktiziert.»*

In den USA wurden 1810 allein in Essex County, New Jersey, 198 000 Barrels (ungefähr 24 Millionen Liter) Cider hergestellt. Anders als in Großbritannien und Frankreich wurden jedoch nur sehr wenige amerikanische Äpfel speziell für die Cider-Herstellung gelistet. 'Hewe's Crab' oder 'Hugh's Crab', der im frühen 18. Jahrhundert in Virginia entstanden sein könnte, ist eine seltene Ausnahme. Eine andere Sorte, die in Betracht kommt, ist 'Smith's Cider', vermutlich etwa 1776 als Sämling in Pennsylvania entstanden. Aber selbst der 'Smith's Cider' wird nicht ausschließlich für Cider genutzt, sondern auch als Kochapfel. Entgegen der allgemeinen Regel, dass englische Äpfel in der neuen Welt nicht gedeihen, wurde der berühmte 'Redstreak', auch wenn es vermutlich nicht mehr das Original ist, vor allem in den südlichen Vereinigten Staaten als ausgezeichnete Bereicherung für die Cider-Herstellung verbreitet angebaut:

> *«Er* ['Redstreak'] *wurde in diesem Land von den Nachfahren der englischen Siedler in New York, New Jersey und Pennsylvania großflächig angebaut. Es wird angenommen, dass das Klima Amerikas den Charakter dieses Apfels wiederbelebt hat, der sich in seinem Ursprungsgebiet durch die lange Dauer der Sorte verschlechtert hatte.» (Coxe 1817)*

Wenn man Cider einige Wochen lang mit natürlichen Hefen gären lässt, erreicht er einen etwa halb so hohen Alkoholgehalt wie Wein. Dieser gegorene Saft wird in den USA als «hard cider» bezeichnet. Die Destillation von gegorenem Apfelsaft (Calvados) war in Nordamerika nicht verbreitet, da sie kaum erforderlich war. Wenn man ein Fass mit «hard cider» auf die Veranda stellte und den tiefen Temperaturen eines nordamerikanischen Winters aussetzte, kam es zu einer natürlichen Phasentrennung und ein Teil des Wassers wurde auf der Oberfläche zu Eis. Das Eis wurde entfernt und der Prozess wiederholt, bis die verbleibende Flüssigkeit zu Apfelschnaps mit einem Alkoholgehalt von 33 Prozent geworden war. Im Kapitel «Of the Concentration of Cider by Frost» beschrieb Coxe (1817) diese Methode ausführlich. Der Vorteil der Gefriermethode bestand darin, dass keine Destillationsausrüstung benötigt wurde, die Beweise für eine illegale Aktivität liefern und die Aufmerksamkeit der Steuerfahnder hervorrufen könnte.

Natürlich vergorener Cider enthält nicht nur den hohen Vitamin-C-Gehalt der Frucht, sondern auch andere Vitamine. Bei der Pasteurisierung werden diese überwiegend hitzeempfindlichen Vitamine jedoch fast vollständig zerstört, daher werden sie vielen modernen Produkten für den Massenmarkt künstlich zugesetzt. Ein in den 1970er-Jahren in England auf dieselbe Art und Weise wie im 17. und 18. Jahrhundert hergestellter Cider, bei dem jedoch ein beliebter moderner bittersüßer Apfel wie 'Strawberry Norman' verwendet wurde, enthielt 33,8 Milligramm Vitamin C pro 100 Gramm (French 1982). Wird Wasser zugesetzt, verdünnt sich der Vitamin-C-Gehalt ebenso wie der Alkoholgehalt. Bei einem handelsüblichen, pasteurisierten Cider kann der Wert auf nur 3,3 Milligramm Vitamin C pro 100 Gramm sinken.

Andere Methoden der Konservierung von Äpfeln

Neben der Herstellung von Cider gibt es eine Reihe weiterer Verarbeitungsmethoden, die ebenfalls die hervorragenden ernährungsphysiologischen Eigenschaften von Äpfeln erhalten. Die einfachste Methode ist das Lagern ganzer Äpfel. Unter geeigneten Bedingungen lassen sich viele Apfelsorten lagern, bei manchen verbessert sich dadurch sogar der Geschmack. Die Namen alter Apfelsorten wie 'Douzins' könnten auf ihre Lagerfähigkeit hinweisen. 'Douzins' ist eine Verballhornung des französischen *deux ans*, zwei Jahre – der Name ist in dem Kochapfel 'Hambledon Deux Ans' aus dem 18. Jahrhundert bewahrt, der für seine Lagerfähigkeit gerühmt wurde. 'French Crab' (auch 'John Apple' genannt), offenbar der Elter von 'Granny Smith' (Mabberley 2001), soll ebenfalls zwei Jahre haltbar sein. Viele Äpfel können im Ganzen gelagert werden, wenn sie vor starken Frösten geschützt sind. Sie können eingegraben (in mit Stroh ausgekleideten Gruben im Boden unterhalb der Frosttiefe) oder in Scheiben geschnitten und getrocknet werden.

Wie das sumerische Grab der Königin Pu-abi gezeigt hat, ist das Trocknen von Äpfeln eine sehr alte Methode. Sie erfordert wenig unmittelbaren oder langfristigen Energieaufwand, bewahrt den vollen Nährwert der Frucht und macht die sonst tanninreichen, bitteren Früchte genießbar (Wiltshire 1995, Renard et al. 2001). Wahrscheinlich werden die löslichen Tannine der frischen Früchte durch Schneiden und Trocknen aus den Zellvakuolen freigesetzt und irreversibel an Proteine und Kohlenhydrate des Zytoplasmas gebunden. In den USA war die Lagerung ganzer, frischer Äpfel über einen kontinentalen Winter zwar möglich, aber schwierig und die Ausfallquote war beträchtlich. Die Trocknung hatte daher besondere Bedeutung, wie man an der Tatsache ablesen kann, dass 1876 ein einzelner Spediteur aus Baltimore 900 Kilogramm getrocknete Äpfel nach Deutschland verschickte (Calhoun 1995).

Es gab noch eine weitere Methode für die Konservierung von Äpfeln in Nordamerika: die Herstellung von «apple butter» (eine Art Apfelkraut). Apfelpulpe, oft von beschädigten Früchten, wurde entkernt, gekocht, gesiebt und zu einer dicken «Apfelbutter» eingekocht, manchmal unter Zugabe von Gewürzen wie Zimt und Nelken. Dieses kulinarische Verfahren setzte als eines der wenigen tatsächlich intakte Apfelsamen für eine mögliche spätere Keimung frei. Fast jeder Apfel war geeignet, aber Kenner bevorzugten die Sorten 'Wolf 'und 'Buff' (Calhoun 1995). Manchmal wurde auch etwas Cider hinzugefügt. Das Kochen dauerte bis zu zwölf Stunden und die daraus resultierende zähflüssige, nahezu feste «Apfelbutter» wurde in Tontöpfe gefüllt, mit dickem Papier abgedeckt und in Kellern gelagert.

Jia Sixie (1982) dokumentierte in *Qi Min Yao Shu (Notwendige Fertigkeiten für die Massen)* Rezepte für die Konservierung von Äpfeln aus dem China des sechsten Jahrhunderts:

> *«Um naichao* [Apfelmehl] *herzustellen. Sammle überreife nai* [Malus domestica], *lege sie in einen Tontopf und bedecke die Öffnung mit einer Schüssel, um Fliegen abzuhalten. Nach sechs oder sieben Tagen, wenn sie sehr angefault sind, gieße genug Alkohol hinein, um sie zu bedecken, und rühre kräftig um, bis sie wie Reisschleim werden. Füge Wasser hinzu, rühre wieder, dann siebe, um die Schale und die Kerne zu entfernen. Lass sie sich eine gute Zeit lang setzen, dann gieße die Flüssigkeit ab, füge wieder Wasser hinzu und rühre wie vorher um. Höre auf, wenn es nicht mehr schlecht riecht. Gieße die Flüssigkeit ab, lege ein Tuch darüber und verwende Asche, um den Saft aufzusaugen, wie bei der Herstellung von Reismehl. Wenn kein Saft mehr da ist, schneide die Masse in Stücke in der Größe eines Kammrückens* [?] *und trockne sie in der Sonne. Mahle zum Schluss zu Puder. Süße und Säure sind gut ausgewogen und der Duft ist einzigartig.*
> *Um linqinchao herzustellen. Wenn linqin* [möglicherweise *Malus × prunifiolia (M. asiatica)*] *rot und reif sind, schneide sie auf und entferne Samen, Kerngehäuse und Stiele. Lege sie in die Sonne zum Trocknen. Mahle oder zerstoße sie und siebe sie durch feine Seide* [Filtertuch]. *Mahle oder zerstoße die groben Teile wieder, bis sie so fein wie möglich sind. Nimm einen 2,5 Zentimeter großen Löffel voll von diesem Pulver und schütte es in eine Schüssel mit Wasser. Das ergibt eine ausgezeichnete Brühe. Wenn die Stiele nicht entfernt wurden, ist sie sehr bitter; wenn die Samen drinbleiben, wird sie sich nicht über den Sommer halten; wenn die Kerngehäuse nicht verworfen werden, dann ist sie sehr sauer. Um linqinchao trocken zu essen, mische einen Teil mit zweit Teilen Reis-Chao* [zu Mehl gemahlener gekochter Reis, ähnlich wie das tibetische Tsampa].
> *Der Geschmack ist wirklich gut.*
> *Um naifu* [getrocknete Äpfel] *herzustellen. Wenn nai reif sind, schneide sie in der Mitte durch, trockne sie in der Sonne und fertig sind sie.»*

Noch heute scheint es, als ob ab Ende August und den ganzen September hindurch fast jede Gemeinde in Zentral- und Osteuropa und in Zentralasien mit dem Trocknen von Früchten

Trocknen von Früchten auf einer Straße in der Nähe von Turpan, Xinjiang, China.

beschäftigt ist. Besonders in Asien, wo es bis Ende September glühend heiß ist, scheint es, als werde jedes Wellblechdach, jede Betonfläche und sogar jedes Stück glatter, schwarzer Asphalt zum Trocknen von Früchten genutzt. Vorwiegend sind es Trauben und Aprikosen, die vor allem für den Export bestimmt sind, aber Äpfel liegen nicht weit dahinter.

Apfelanbau

Die weltweite Apfelproduktion beläuft sich heute auf viele Millionen Tonnen pro Jahr. 2005 wurde berichtet, dass es in den Vereinigten Staaten (die Nummer 2 hinter China mit 37 Millionen Tonnen Äpfel pro Jahr) etwa 7500 kommerzielle Anbauer in 36 Staaten gab (Hanson), die etwa 5,7 Millionen Tonnen pro Jahr produzieren – und daran hat sich seither wenig geändert (https://en.wikipedia.org/wiki/List_of_countries_by_apple_production; https://www.statista.com/statistics/193274/us-total-apple-production-since-2000/). Etwa 67 Prozent werden in unverarbeitetem Zustand konsumiert, der Rest zu Saft, Soßen oder alkoholischen Getränken verarbeitet. Die zehn meist angebauten Sorten sind in abnehmender Reihenfolge 'Red Delicious', 'Gala', 'Granny Smith', 'Fuji', 'Golden Delicious', 'Honeycrisp', 'McIntosh', 'Rome',

'Cripps Pink'/Pink Lady® und 'Empire'. Die zehn wichtigsten als Frischobst verkauften Sorten sind 'Gala', 'Red Delicious', 'Fuji', 'Granny Smith', 'Honeycrisp', 'Golden Delicious', 'McIntosh', 'Cripp's Pink'/Pink Lady®, 'Braeburn' und Jazz®.

Der US-Bundesstaat Washington ist seit den 1920er-Jahren der größte Erzeuger (vor allem von 'Red Delicious') und produzierte 2004 mehr als die Hälfte der landesweiten Gesamtproduktion von 4,7 Milliarden Kilogramm (Choy Leng Yeong 2005), 2010 waren es 58 Prozent der Gesamtproduktion bzw. 68 Prozent der frisch verzehrten Äpfel (http://extension.wsu.edu/chelandouglas/agriculture/treefruit/horticulture/apples_in_washington_state). Der Anteil von 'Red Delicious' an der Produktion des Bundesstaats fiel von Dreivierteln in den 1980er-Jahren auf weniger als ein Drittel 2011, während der Anteil von 'Golden Delicious' auf acht Prozent zurückging und weiter fällt. Der älteste noch erhaltene Apfelbaum des Bundesstaats steht in Vancouver, Washington. Der «Vancouver's Old Apple Tree» wurde 1826 im heutigen Old Apple Tree Park gepflanzt, wo jeweils am ersten Samstag im Oktober das Old Apple Tree Festival stattfindet. Edelreiser gibt die Urban Forestry Commission ab.

Die amerikanische Industrie investierte auch in die künstlerische Gestaltung der Apfelkisten, die für dem Transport innerhalb des Landes und nach Übersee verwendet werden. Als wertvollstes Agrarprodukt des Bundesstaats Washington bekam der Apfel Kultstatus, es gibt sogar einen Golden-Apple-Fernsehpreis und der Apple Cup ist das wichtigste

Etikett für eine Steige Äpfel der Firma Moon Brand Apples aus Yakima, Washington, USA.

American-Football-Spiel zwischen Universitäten in Washington. 2003 verzehrten Amerikaner im Durchschnitt mehr als sieben Kilogramm Äpfel pro Jahr und auch wenn das 20 Prozent weniger sind als 1989, ist es immer noch die zweitbeliebteste Obstart nach der Banane. 2016 exportierten die Vereinigten Staaten Äpfel im Wert von 936,4 Millionen US-Dollar; eine Leistung, die China mit 1,5 Milliarden US-Dollar allerdings in den Schatten stellte (http://www.worldstopexports.com/apples-exports-by-country).

In Europa sind die größten Einzelproduzenten Polen und Italien, gefolgt von Frankreich. In Frankreich entfielen schätzungsweise etwa 60 Prozent der kommerziellen Pflanzungen in den 2000er-Jahren auf 'Delicous'. In Großbritannien sind die nach Verkaufszahlen führenden kommerziell angebauten Sorten der neuseeländische 'Gala' und der von ihm abgeleitete 'Royal Gala' (21 Prozent), der aus Neuseeland stammende 'Braeburn' (17 Prozent), 'Cox's Orange Pippin' (17 Prozent), der aus Amerika stammende 'Golden Delicious' (14 Prozent), der aus Australien stammende 'Granny Smith' (11 Prozent) und andere Sorten (15 Prozent). Britische Apfelliebhaber sollten mit einer gewissen Bescheidenheit zur Kenntnis nehmen, dass es in Großbritannien zwar mehr als 2000 unterschiedliche Sorten von Tafeläpfeln gibt (Janes 1998), aber nur 'Cox's Orange Pippin' (dessen Pollen-Elter unbekannt ist) eine englische Züchtung ist und die Abstammung der meisten anderen (außer z. B. 'Gala', bei dem es sich um 'Kidd's Orange Red' × 'Golden Delicious' handelt), einschließlich 'Bramley's Seedling', entweder unbekannt oder strittig ist. Weitere wichtige Sorten mit unbekanntem Ursprung sind die amerikanische Sorte 'Jonathan' (vielleicht ein Sämling von 'Esopus Spitzenburg' Ende des 18. Jahrhunderts in New York State; Hanson 2005), die kanadischen Sorten 'McIntosh' und 'Wine-Sap' (vielleicht aus New Jersey), 'Belle de Boskoop' (auch 'Schöne von Boskoop' genannt) aus den Niederlanden und die dänische Sorte 'Ingrid Marie' (angeblich eine Kreuzung zwischen 'Cox's Orange Pippin' und 'Cox's Pomona'). Die intensiven Bemühungen der Pflanzenzüchter weltweit haben zu einigen Erfolgen geführt, aber die Züchtung von Äpfeln für eine weltweite kommerzielle Verbreitung ist immer noch ein hochriskantes Unterfangen.

Apfelholz

Zu den Vorzügen des Apfelbaums gehört neben den Früchten auch das Holz. Auch wenn große Stämme nicht oft zu finden sind, verwendeten die frühen Siedler in Nordamerika Apfelholz für Hämmer, Fäustel, Spaltkeile, Griffe von Handsägen und anderen Werkzeugen, für Maschinenlager, Mühl- oder Wasserräder, Schusterleisten und Schaukelstühle. Selten fand es Verwendung für Flöten und andere Musikinstrumente, Schüsseln, Spielzeug und Schränke. Außerdem war es eines der beliebtesten Kaminhölzer, da es in einem sich erwärmenden Raum einen herrlichen Duft verströmt. Diese vielfältigen Anwendungsmöglichkeiten, für die sich allerdings nur Holz verwertbarer Größe von ausgewachsenen Apfelbäumen eignet, sorgten

Als Feuerholzvorrat für den Winter gesammeltes Apfelholz in der Nähe von Jalal-Abad, Kirgisistan.

dafür, dass selbst versamte Apfelbäume nicht überall, wo sie auftauchten, als wertlos angesehen und gerodet wurden. Dies hat dazu geführt, dass sehr viele Bäume aus zufälliger Bestäubung überlebten, oft bis in extrem hohes Alter, unabhängig von ihrem unmittelbaren kulinarischen Wert, und einen riesigen langlebigen Genpool potenzieller Sorten bildeten, ähnlich wie in der Heimat des Apfels in Zentralasien.

Apfelhybriden

Thomas Andrew Knight kannte sich gut mit Cider aus und war einer der ersten, der sich wissenschaftlich mit dem Thema Pflanzenzüchtung beschäftigte (Knight 1797). Lange vor Gregor Mendel kam er der Entdeckung der stofflichen Natur der Vererbung sehr nah. Unglücklicherweise wählte er immer wieder Merkmale aus, die wir heute als polygen bezeichnen würden, die also nicht von einem einzigen Gen kontrolliert werden, wie Mendels runde oder schrumpelige Erbsen, sondern von multigenen, vernetzten Systemen, die schwierig zu analysieren sind.

Knight kannte die verheerenden Auswirkungen von Obstbaumkrankheiten wie Apfelschorf (verursacht durch den Ascomyceten *Venturia inaequalis*) und Apfelwicklerbefall (*Cydia pomonella*, in älteren Arbeiten oft den Gattungen *Enarmonia* oder *Carpocapsa* zugeordnet). Er versuchte, Apfelsorten wie beispielsweise den sehr schorfanfälligen 'Doctor Harvey' mit resistenten Formen des kurz zuvor eingeführten sibirischen Beeren-Apfels *(Malus baccata)* zu kreuzen. Mehrere der entstandenen Hybriden waren zunächst erfolgreich, insbesondere 'Siberian Bittersweet' und 'Siberian Harvey'. Hooker (1818 und 1889) beschrieb 'Siberian Harvey' und Hogg (1884) empfiehlt beide Sorten, aber keine scheint überlebt zu haben. Erst im 20. Jahrhundert erlangten solche Hybriden, die vielleicht als *M.* × *prunifolia* bezeichnet werden sollten, Bedeutung. Der erste sehr winterharte Tafelapfel 'Wealthy' ist ein wichtiger Bestandteil des Apfelzuchtprogramms im US-Bundesstaat Minnesota und wird oft als Hybride angesehen, ist in Wirklichkeit aber keine.

Konventionelle Apfelzüchtung konzentrierte sich lange auf eine sehr geringe Anzahl von Sorten (Hampson & Kemp 2003), zum Beispiel:

'Allington Pippin' = 'Goldparmäne' (siehe Seite 66) × 'Cox's Orange Pippin'
'Charles Ross' = 'Peasgood Nonsuch' × 'Cox's Orange Pippin'
'Cox's Orange Pippin' stammt aus einem Samen von 'Ribston Pippin' (siehe Seite 67)
'Discovery' (siehe Seiten 66 und 67) = 'Worcester Pearmain' × 'Beauty of Bath'
'Falstaff' = 'James Grieve' × 'Golden Delicious'
'Fiesta' = 'Cox's Orange Pippin' × 'Ida Red'
'Fuji' = 'Ralls Janet' × 'Delicious'
'Gala' = 'Kidd's Orange Red' × 'Golden Delicious'
'Greensleeves' = 'James Grieve' × 'Golden Delicious'
'Jonagold' = 'Jonathan' × 'Golden Delicious'
'Jupiter' = 'Cox's Orange Pippin' × 'Starking'
'Katy' oder 'Katja' = 'James Grieve' × 'Worcester Pearmain'
'Kidd's Orange Red' = 'Cox's Orange Pippin' × 'Delicious'
'King George V' stammt aus einem Samen von 'Cox's Orange Pippin'
'Laxton's Superb' = 'Wyken Pippin' × 'Cox's Orange Pippin'
'Laxton's Triumph' = 'Goldparmäne' (siehe Seite 66) × 'Cox's Orange Pippin'
'Malling Kent' = 'Cox's Orange Pippin' × 'Jonathan'
'Merton Pippin' = 'Cox's Orange Pippin' × 'Sturmer Pippin' (siehe Seite 69)
'Merton Worcester' = 'Cox's Orange Pippin' × 'Worcester Pearmain'
'Michaelmas Red' = 'Mcintosh' × 'Worcester Pearmain'
'Newport Cross' = 'Devonshire Quarrenden' × 'Cox's Orange Pippin'
'Pink Lady' = 'Golden Delicious' × 'Lady Williams'

'Sunset' stammt aus einem Samen von 'Cox's Orange Pippin'
'Tydeman's Early Worcester' = 'Mcintosh' × 'Worcester Pearmain'
'Tydeman's Late Orange' = 'Laxton's Superb' × 'Cox's Orange Pippin'
'William Crump' = 'Cox's Orange Pippin' × 'Worcester Pearmain'
'Winston' (Abbildung auf Seite 67) = 'Cox's Orange Pippin' × 'Worcester Pearmain'
(Das Wort «Pearmain» in 'Worcester Pearmain' ist vermutlich eine Anspielung auf die birnenförmige Frucht.)

Viele vermutete Abstammungen erweisen sich als falsch, wenn moderne DNA-Methoden zur Analyse eingesetzt werden (Kitahara et al. 2005), und zweifellos wird man viele der obigen Angaben in Zukunft korrigieren. Beispielsweise hielt man 'Honeycrisp', die wichtige kältefeste Sorte, die in Minnesota entstand (und in Europa 'Honeycrunch' genannt wird), für eine Kreuzung zwischen 'Honeygold' und 'Macoun', stattdessen sind 'Keepsake' (Cabe et al. 2005) und 'MN1627', der von 'Duchess of Oldenburg' × 'Golden Delicious' abstammt (Howard et al. 2017), die Eltern. Die Verwendung einer begrenzten Zahl von Sorten für die Züchtung in Verbindung mit der Tatsache, dass großflächige Apfelanpflanzungen weniger als ein Dutzend Sorten umfassen, führt zu einer inzestuösen Situation, die auf lange Sicht vermutlich nicht nachhaltig ist (Noiton & Alspach 1996, Volk et al. 2015).

Zieräpfel

In China, Japan und bis zu einem gewissen Grad in Europa, vor allem aber in den Vereinigten Staaten haben sich Pflanzenzüchter auf eine Reihe wilder *Malus*-Arten konzentriert und aus ihnen hohe Sträucher oder kleine Bäume von großem und bleibenden Zierwert gezüchtet.

Wahrscheinlich war *M. spectabilis* die erste *Malus*-Art, die als Zierapfel anerkannt wurde, auch wenn manche Fachleute sie für eine Hybride halten. Dieser Apfel, auch Asiatischer Apfel, *hai-t'ang* oder Pracht-Apfel genannt, mit seinen rosaroten Knospen, die sich zu schönen, leuchtend hellrosa Blüten öffnen, wurde schon zur Zeit der T'ang-Dynastie, 618–907, kultiviert. Er wurde vielfach auf dem Gelände des Kaiserpalasts in Peking gepflanzt und die kleinen, aber sehr sauren Früchte wurden in kandierter Form gegessen.

Einige wenige Hybridsorten wurden für die Herstellung von Apfelgelee verwendet, darunter 'John Downie' (selbstfertil) in Großbritannien, 'Chestnut Crab' in Minnesota (vor 1921 gezüchtet) und 'Dolgo' in St. Petersburg, Russland (vor 1917 gezüchtet). Aufgrund der arbeitsintensiven Herstellung ist es heute aber leider ein seltener Anblick auf dem Teetisch.

OBEN: 'John Downie', eine Hybrid-Sorte.
AQUARELL VON MARY ANNE STEBBING (1845–1927).

RECHTS: Abbildung aus *Herbier général de l'amateur* von Mordant de Launay und Jean Claude Mien (1817).

Von wem stammen 'John Downie' und andere Zieräpfel wie 'Cheal's Scarlet', 'Dartmouth' und 'The Siberian' ab? Die Literatur schweigt sich dazu aus. Der Vielblütige Apfel oder Japanische Wild-Apfel *(Malus × floribunda)* könnte in Japan vor 1862 entstanden sein, aber seine Herkunft gilt als unbekannt (Fiala 1994), obwohl es sich wahrscheinlich um *M. sieboldii* (heute zu *M. toringo*) × *M. baccata* handelt. Mit seinen üppigen, intensiv duftenden, zahlreichen Blüten, seiner bemerkenswerten Krankheitsresistenz und seiner Fähigkeit, so viele herausragende Hybriden hervorzubringen, gehört der Vielblütige Apfel zu den am häufigsten gepflanzten Zieräpfeln. Wie die meisten Zieräpfel hat *M. × floribunda* kleine, langstielige, durch Vögel verbreitete, gelbbraune Früchte ohne kulinarischen Wert. Trotzdem ist die Art heute in der Apfelzüchtung in Nordamerika von Bedeutung.

'Niedzwetzkyana'

Mit Ausnahme von 'Niedzwetzkyana' spielen großfrüchtige Äpfel bei der Züchtung von Zieräpfeln keine Rolle. Wegen der auffallenden Erscheinung wurde dieser besonders dunkle süße Apfel 1894 auf den Britischen Inseln und 1897 in den Vereinigten Staaten eingeführt. Niels Hansen, ein Pflanzenjäger und Züchter an der Agricultural Experiment Station der Universität von South Dakota in Brookings, erhielt die Samen von Vladislav E. Niedzwiecki (auch Niedzwetsky und Niedzwetzky geschrieben; 1855–1918). Niedzwiecki war ein russischer Rechtsanwalt und Amateur-Naturforscher, der nach Almaty, Kasachstan, verbannt wurde. Von dort schickte er laut Wikipedia-Eintrag zuerst Samen an Georg Dieck vom Arboretum in Zöschen in Deutschland. Hansen kreuzte ihn mit *M. baccata*, woraus die «Rosybloom»-Gruppe von Zieräpfeln entstand (Fiala 1994), die vermutlich als *M.* × *prunifolia* bezeichnet werden sollten. Viele «Rosybloom»-Sorten haben eine auffallend karminrote Schale und ebensolches Fruchtfleisch, ihr herausragendes Merkmal sind die leuchtend purpurroten Blütenblätter. Die Früchte sind meist ungenießbar. Es ist auch möglich, dass die Zierapfelsorten 'Wisley Crab' und 'Harry Baker' von der englischen Sorte abstammen, aber das wurde durch Mikrosatelliten- oder andere DNA-Analysen weder bestätigt noch widerlegt. I. V. Michurin behauptete, dass der Zierapfel 'Belfleur Krasnyi', 1914 in Murmansk in Russland gezüchtet, ebenfalls *M. sieversii* 'Niedzwetzkyana' als Elter hatte (Fayers 2002). Auch diese Vermutung muss durch Kreuzungsexperimente überprüft werden. Aussagen zur Abstammung in der Literatur sind mit Vorsicht zu genießen.

'Niedzwetzkyana' scheint eine seltene Farbmutante zu sein, die im Tian Shan nur sehr selten vorkommt. Die Früchte werden auf den asiatischen Märkten angeboten. Zwar wird sie manchmal als eigenständige Art behandelt, aber sie ist nur eine Variante von *Malus sieversii*. Die Blätter, Blattstiele, Zweige und sogar das junge Holz sind purpurrot, aber besonders spektakulär sind die dunkelrosa Blüten. Die Frucht ist mittelgroß, kegelförmig und gerippt, oftmals ist das gesamte Fruchtfleisch purpurrot. Der Apfel ist saftig, aber nahezu geschmacklos und ohne kulinarische Bedeutung. Bereits im Sämlingsstadium lässt sich das spätere Aussehen erkennen und lokale Dorfbewohner oder Hirten graben junge Pflanzen aus, um sie auf den Märkten zu einem hohen Preis zu verkaufen.

'Niedzwetzkyana'.
AQUARELL VON ROSANNE SANDERS.

Vermutlich fand 'Niedzwetzkyana' mit ihren auffallenden Blüten und Früchten und der Fähigkeit zur Hybridisierung sowohl bewusst als auch zufällig Eingang in die Zierbaumzüchtung. Wahrscheinlich stammen einige Zieräpfel unserer Gärten zum Teil und ganz zufällig von ihr ab.

Es gibt eine frühe, aber wenig überzeugende Erklärung für die rote Färbung des Fruchtfleischs. Im Zentrum steht Micah Rood, ein wohlhabender Farmer aus Franklin, Pennsylvania, USA. Eines Tages im Jahr 1693 sprach ein reisender Schmuckverkäufer auf dem Gehöft vor. Am nächsten Morgen wurde er ermordet unter einem Apfelbaum in Roods Obstgarten gefunden. Der Farmer wurde nie strafrechtlich verfolgt, aber im folgenden Herbst waren alle Früchte des verhängnisvollen Baums durch und durch rot gefärbt. Kurz darauf wurde der Farmer unter ungeklärten Umständen tot aufgefunden. Das Phänomen wird heute «Fluch von Micah Rood» genannt (Room 1998).

Es gibt aber noch eine wahrscheinlichere Erklärung für das rot gefärbte Fruchtfleisch mancher Äpfel. Unter den verschiedenen Wildapfelbäumen im Fruchtwald gibt es Individuen mit einer multiallelischen Form der Kontrolle für eine hohe Anthocyan-Produktion, daher die leuchtende Farbe eines Apfels der Reifeklasse 1. Wenn diese multiplen Loci in einer bestimmten Kombination und hohen Frequenz zusammentreffen, ist das Ergebnis nicht nur eine leuchtend rote Fruchtschale, sondern meist auch rote Blätter und Zweige, rotes Stammgewebe, rote Rinde und rote Knospen sowie gelegentlich ein teilweise oder vollständig rot gefärbtes Fruchtfleisch. Dies ist charakteristisch für die Sorten 'Beauty of Bath', 'Bloody Ploughman', 'Discovery', 'McIntosh Red', 'Reinette Rouge Étoilée', 'Spartan' und 'Ten Commandments'. Bei 'Niedzwetzkyana' sind daher vermutlich einfach diese speziellen Gensequenzen extrem ausgeprägt.

«Apfelschälendes Mädchen» von Cornelis Bisschop, 1667.

Kapitel 8

Zusammenfassung und Schlusswort

Zur Zeit von Kyros dem Großen vor etwa 2500 Jahren ließ ein wohlhabender persischer Großgrundbesitzer einen Paradiesgarten für seine Familie und seine Gäste anlegen. Dort wuchsen Äpfel, die sich in Größe, Aussehen, Geschmack und anderen Merkmalen, also in ihrer genetischen Identität, nicht wesentlich von denen unterschieden, die wir heute in unseren Gärten von den Bäumen pflücken oder im Supermarkt auswählen.

Vor etwa 120 Millionen Jahren tauchten die ersten Blütenpflanzen auf, wie Fossilienfunde belegen. Sie begannen langsam, andere Pflanzenformen wie Moose, Farne, Schachtelhalme, Palmfarne und Nadelgehölze zu verdrängen, aber ersetzten sie nie vollständig. Irgendwo, vielleicht im heutigen Südchina, erschienen die ersten Vertreter der Familie der Rosengewächse – wo genau auf dieser sich ständig verändernden Erde werden wir sicherlich nie erfahren. Es muss in der Kreidezeit vor ungefähr 100 Millionen Jahren gewesen sein (Xiang et al. 2016).

Vor vielleicht zehn Millionen Jahren wurde eine frühe Form des Apfels auf Gebirgszügen isoliert, die sich zusammen mit der Landmasse von Zentralasien hoben. Diese Urapfelbäume trugen kirschgroße, langgestielte Früchte, die vermutlich von Vögeln verbreitet wurden. Die meisten Wildapfelarten, auch die in Nordamerika heimischen, haben saure oder zumindest adstringierende Früchte.

Vor rund 1,75 Millionen Jahren begannen die Gletscher, sich in West- und Mitteleuropa auszudehnen. Der Tian Shan war jedoch nie vergletschert. Darüber hinaus wurde die Vegetation des Gebirges und seiner Ausläufer durch Regenfälle und in dicken Schneeschichten gespeichertes Wasser begünstigt. Erosion und Erdbeben führten dazu, dass neue Gesteinsformationen und Böden entstanden. Als die Gletscher sich auszudehnen begannen, bildeten sich um den Tian Shan herum Wüsten, insbesondere im Osten. Auf diese Weise war der Tian Shan vom

«Der Sohn des Mannes» von Rene Magritte, 1964.

Äpfel, die an einem einzigen Tag im Fruchtwald im Dsungarischen Alatau, Kasachstan, gesammelt wurden.

restlichen Asien und von Europa abgeriegelt. In diesem Refugium führten die Interaktionen zwischen den pflanzlichen Pionieren und den Tieren, insbesondere den Bären, langsam zu bemerkenswerten Veränderungen des Apfels bis zum heutigen Kultur-Apfel. Die geografische Isolation des Tian Shan und der intensive Selektionsdruck scheinen auch zu einer immensen Variabilität in der Apfelpopulation geführt zu haben – jeder Apfelbaum im Tian Shan ist ein kleines bisschen anders als die anderen, aber viele tragen süße Äpfel. Außerdem ist der Kultur-Apfel in der Lage, sich in dieser erstaunlichen Variabilität zu regenerieren, selbst wenn kleinste Populationen von Bäumen in andere Gebiete gebracht werden. Daher ist es kaum erstaunlich, dass Gross et al. (2014) nach einer vertieften Analyse berichteten, dass *«domestizierte Äpfel in den letzten acht Jahrhunderten keine signifikante Abnahme der genetischen Diversität zeigten»*.

Vor rund 10 000 Jahren, vielleicht auch etwas früher, erlebten die Menschen, die sich seit mindesten zwei Millionen Jahren von ihren unmittelbaren Vorfahren entfernt hatten, eine weitere dramatische Veränderung. Einige nomadische Völker von Jägern, Fischern und Sammlern vollzogen den Übergang zu einer sesshaften Lebensweise auf der Grundlage des Anbaus von Nutzpflanzen und der Lagerung von Nahrungsmitteln – die neolithische Revolution. Die beiden ersten Schauplätze dieses Übergangs lagen im Tal von Euphrat und Tigris, im heutigen Irak, Syrien und in der Türkei, und im Osten im Tal des Chang (oder Jangtse) im heutigen China (Karte 10). Die beiden aufstrebenden Zivilisationen lagen ungefähr 6000 Kilometer voneinander entfernt, aber etwa gleich weit westlich und östlich des Tian Shan. Langsam bildeten sich Handelswege zwischen diesen neolithischen Gemeinschaften aus, die mit ziemlicher Sicherheit alten Wanderrouten von Weidetieren folgten. Als die Sommer heißer wurden und die Gräser und Kräuter verdorrten, wurden die kürzeren, tiefer gelegenen Wüstenrouten aufgegeben. Stattdessen benutzten die Menschen die längeren, höher gelegenen, aber kühleren Routen durch die Berge. Diese führten durch Fruchtwälder mit Apfel-, Birnen-, Pistazien-, Pflaumen- und Walnussbäumen, deren Früchte sowohl für die Menschen als auch für Bären und andere Tiere attraktiv waren, vor allem auf den meist kühleren Nordhängen der Gebirgszüge.

Vor etwa 7000 Jahren wurde das Pferd, ein Tier der Steppen nördlich des Tian Shan, domestiziert. Diese Entwicklung beschleunigte die Wanderungen der expandierenden menschlichen Gemeinschaften in der Region. Sie förderte außerdem die weitere Ausbreitung des Apfels, denn anders als beim Kamel, das beim Kauen und während der Verdauung die Samen zerstört, passiert ein Apfelkern das Verdauungssystem eines Pferds unbeschädigt und wird in einem

KARTE 10: Neolithische Revolution. Die Landwirtschaft nahm ihren Anfang im Nahen Osten im sogenannten Fruchtbaren Halbmond an den Flüssen Tigris und Euphrat. Kurz darauf folgten ähnliche Entwicklungen im Tal des Chang (oder Jangtse) im Osten.

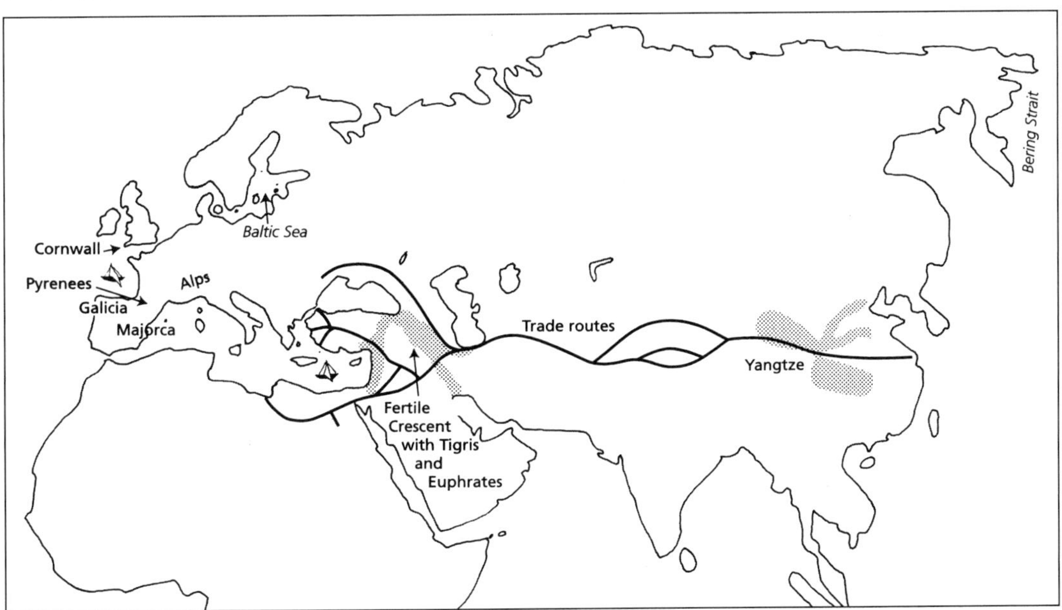

Domestiziertes Pferd.

fruchtbaren Wachstumsmedium abgelagert. So begann der süße Apfel des Tian Shan nach Westen zu wandern.

In Babylon wurde vor etwa 3800 Jahren die Veredlung von Obstbäumen perfektioniert. Diese revolutionäre Technik ermöglichte es, die schmackhaftesten Exemplare aus dem Wald in die neu entstehenden Gärten zu bringen, zunächst in Persien, dann in Griechenland und Rom. Kriege und Eroberungen beschleunigten ihre Verbreitung. Die Römer waren vielleicht die ersten, die den gesamten «Veredlungsapparat» – Unterlagen, Edelreiser und eine Reihe von Sorten – nach Britannien brachten. Aber es häufen sich die Hinweise darauf, dass selbst versamte Apfelbäume mit süßen Früchten in Westeuropa bereits vorhanden gewesen sein könnten. Von dieser erweiterten eurasischen Basis aus wurde der Apfel über die Meere transportiert.

Inzwischen ist die Vielfalt in Bezug auf Farbe, Form, Größe, Geschmack und Konsistenz der vielen Tausend Sorten in den Apfelanbauländern mit der Vielfalt im Tian Shan vergleichbar. Im krassen Gegensatz dazu basiert beispielsweise die Produktion von Kiwis *(Actinidia deliciosa)* fast ausschließlich auf einer einzigen Sorte, 'Hayward'.

Feigen, sowohl die Echte als auch die Maulbeerfeige, Trauben, Granatäpfel (Zohary & Spiegel-Roy 1975), Maulbeeren, Stachelbeeren und einige Rosaceen wie Himbeeren und Erdbeeren aus der kühl-gemäßigten Zone können aus Stecklingen gezogen werden, aber bei den meisten Vertretern des Subtribus Malinae und ihrer Verwandten, einschließlich Apfel, Birne, Quitte, Pflaume und Kirsche, ist die Stecklingsvermehrung praktisch nie erfolgreich. Und anders als beispielsweise die Banane, die auf der ganzen Welt faktisch steril ist und sich im Übrigen nicht ohne Weiteres veredeln lässt, hat der Apfel, ob veredelt oder auf eigenen Wurzeln, mit seiner potenziellen Fähigkeit, aus Samen zu wachsen, ein für seinen Arterhalt lebenswichtiges Sicherheitsnetz bewahrt.

Die Vielfalt vieler Nutzpflanzen hat sich im Lauf der Zeit unbeabsichtigt verringert. Bei einer Untersuchung von elf der 15 Apfelsorten, die 90 Prozent der US-amerikanischen Apfelproduktion ausmachen, kam man jedoch zu dem Schluss, dass die genetische Vielfalt in den letzten 800 Jahren nicht abgenommen hat und dass 95,1 bis 96,7 Prozent der bei diesen Sorten festgestellten Variationen auch bei den wilden Äpfeln des Tian Shan vorhanden sind (Gross et al. 2014). Wie häufig von verschiedenen Autoren vorgeschlagen wurde, kann es vor relativ kurzer Zeit zu einer Hybridisierung zwischen dem Kultur-Apfel und den in Europa heimischen *Malus*-Arten gekommen sein, aber das geschah vermutlich selten. Es ist möglich, dass das fast vollständige Fehlen von Endosperm in den Samen von Kultur-Äpfeln eine solche breite Auskreuzung verhindert hat.

Veredlung hat es ermöglicht, herausragende sortenreine Einzelbäume zu erhalten, die sich über lange Zeiträume – in einigen Fällen vielleicht bis zu 2000 Jahre – kaum oder gar nicht verändern.

Die Zukunft des Apfels

Die Saatgutproduktion fast aller wirtschaftlich wichtigen Getreide und Hülsenfrüchte, vieler Obstsorten und anderer Nutz- und Zierpflanzen wurde der Kontrolle des Erzeugers weitgehend entzogen. Es wird für den einzelnen Landwirt oder Gärtner immer schwieriger, Saatgut für eine neue Aussaat aus dem eigenen Anbau zu erhalten. Eine Kombination aus Grüner Revolution, agro-industrieller Kontrolle durch gentechnische Veränderungen und bürokratischem Zwang sorgt dafür, dass die genetische Basis unserer Lebensmittel immer mehr eingeschränkt wird.

Während der gesamten Vegetationsperiode sind in den Auslagen der Supermärkte aus wirtschaftlichen Gründen vermutlich weniger als 50 Apfelsorten zu finden. Doch wachsen in den Obstgärten verlassener Gehöfte, entlang der alten Bahntrassen, in Gebüschen, an Felshängen und in anderen Randgebieten in der gesamten westlichen Welt mit gemäßigtem Klima regelmäßig Apfelbäume unbekannter Abstammung, die sich selbst versamt haben. Die meisten sind nicht für eine Verwertung geeignet, außer für Schweinefutter oder «rough cider» (Cider aus nicht ausgelesenen Äpfeln), aber hier und da ist ein seltenes Spitzenexemplar zu finden. Warum solche Zufallsereignisse bei den ähnlich kultivierten Birnen und Pflaumen sehr selten auftreten, ist nicht geklärt.

Mit einfachen Methoden, die die bronzezeitlichen Landwirte im Tal von Tigris und Euphrat vor 3800 Jahren entwickelten und die leicht zu erlernen sind, können diese neuen Genotypen in alle vier Himmelsrichtungen verbreitet werden. Ihre Sämlinge entziehen sich der Kontrolle durch den Handel, behördlichem Druck oder den Vorstandsetagen der Agrarindustrie.

'Mela Panaja' aus *Pomona italiana, ossia trattato degli alberi fruttiferi* von Gallesio (1817).

Anhang

Systematik und Verbreitung von Apfelarten (zusammengestellt von D. J. M.)

Im Folgenden sind die Wildarten der Gattung *Malus* nach Phipps et al. (1990), Qian et al. (2008) und Dickson (2014) mit ihrer geografischen Verbreitung aufgeführt. Es sei hier jedoch darauf hingewiesen, dass eine solche Auflistung problembehaftet ist: Insbesondere in Europa und Asien bedarf es einer taxonomischen Aufarbeitung der Gattung, denn die modernen Floren (Flora Europaea, Flora of Turkey, Flora U.S.S.R., Flora of China und Flora of Japan) widersprechen sich in vielen Punkten.

K. Rushworth versuchte, das taxonomische Durcheinander um die Gattung *Sorbus* sensu lato zu lösen (The whitebeam problem, and a solution. Phytologia 2018; **100**: 222–247). Sein Schema für die *Sorbus-Pyrus*-Gruppe wendete er auch auf Äpfel an, was dazu führte, dass er die monophyletische Gattung *Malus* aufspaltete und die unten aufgeführten Sektionen als Gattungen behandelte. Die in Amerika heimischen Arten werden daher *Chloromeles* (Decaisne) Decaisne und *Sinomalus* Koidzumi (inkl. *Malus baccata*) zugeordnet. Das bedeutet, dass viele im Handel befindliche Apfelhybriden als intergenerische Hybriden anzusehen sind, für die keine Gattungsnamen vorgeschlagen wurden. Es ist daher unwahrscheinlich, dass dieses System, soweit es Äpfel betrifft, auf Zustimmung stößt.

Sektion *Malus*

Serie *Malus*

1.	*M. asiatica* Nakai (?Hybride – siehe Duan et al. 2017)	Xinjiang und Liaoning bis Yunnan
2.	*M. chitralensis* Vassilczenko	westliches Pakistan
3.	*M. crescimannoi* Raimondo	Sizilien
4.	*M. dasyphylla* Borkhausen (gelegentlich zu *M. sylvestris* oder *M. domestica* gestellt)	Mitteleuropa und Balkan
5.	*M. domestica* (Suckow) Borkhausen* (*M. pumila* Miller, *Pyrus malus* Linnaeus)	Kultur-Apfel

* *Malus domestica* hat dasselbe Referenzexemplar wie *Pyrus malus*. Wenn dieses in der Linnean Society of London aufbewahrte Exemplar eine «reine» alte Sorte ist, dann ist *M. sieversii* ein späteres Synonym. Viele Wissenschaftler (siehe Kapitel 2) sind der Meinung, dass moderne Sorten eine «kürzliche» Introgression von *M. sylvestris* subsp. *sylvestris* oder subsp. *orientalis* aufweisen, das heißt: «*M.* × *oxysepala* Czarna» (ein ungültig publizierter Name – aber es kann auf alle Fälle ältere binomische Namen geben). Wenn das Referenzexemplar, das offenbar von einem Baum in Uppsala, Schweden, aus den 1740er-Jahren stammt, *M.-sylvestris*-Gene hat, dann wäre logischerweise *Malus* × *domestica* (mit Synonym *M.* × *oxysepala*) der Name für einige moderne Sorten in diesem Hybridschwarm, während die «reinen» Sorten (viele in Russland [Nick Howard, pers. Mitt. April 2018]) *M. sieversii* oder vielleicht ein früherer Name wären, wenn die Typen solch früherer Namen ähnlich «rein» sind. Das muss noch erforscht werden. Sollte den unvollkommen genetisch isolierten und morphologisch sehr ähnlichen *M. sylvestris* und den ursprünglich kultivierten Süßäpfeln (einschließlich *M. sieversii*) ein infraspezifischer Rang zuerkannt werden (wie Linnaeus es selbst tat), dann wäre eine andere nomeklatorische Lösung, die die jüngste Divergenz widerspiegelt (cf. *Cedrus* spp.), dass der kultivierte Apfel Sorten von *M. sylvestris* «subsp. *sieversii*» (oder vielleicht subsp. *mitis* (Wallr.) Mansf.) und infraspezifische Kreuzungen mit subsp. *sylvestris* (*Pyrus malus* var. *sylvestris* L.) umfasst. Die gegen Apfelschorf resistenten Sorten wie 'Santana', die in den USA aus künstlichen Kreuzungen mit *M. floribunda* Siebold ex Van Houtte – selbst eine Hybride (*M. toringo* × *M. baccata* = *M.* × *floribunda*, einschließlich Rückkreuzungen, die als *M.* × *arnoldiana* (Rehd.) Sarg. und *M.* × *zumi* (Mats.) Rehd. bezeichnet werden) – entstanden, scheinen keinen lateinischen Namen zu haben.

5a.	*M. sieversii* (Ledebour) M. Roemer, einschließlich *M. niedzwetzkyana* Dieck	westliches Xinjiang
6.	*M. kirghisorum* Alexander & Andrej Fedorov	Iran, Zentralasien (siehe Abbildung auf Seite 10)
7.	*M. montana* Uglitzkich	Zentralasien
8.	*M. praecox* (Pallas) Borkhausen (gelegentlich zu *M. sylvestris* gestellt)	Russland
9.	*M. prunifolia* (Willdenow) Borkhausen (?Hybride – siehe Duan et al. 2017)**	Kirsch-Apfel; nordöstliches China
10.	*M. spectabilis* (Aiton) Borkhausen (vielleicht eine Hybride)	Asiatischer Apfel, Pracht-Apfel; Yunnan, östliches China
11.	*M. sylvestris* (Linnaeus) Miller mit subsp. *orientalis* (Uglitzkich) Browicz *(M. orientalis)*	Holz-Apfel; Europa (subsp. *sylvestris*) (siehe Abbildung auf Seite 9), Kaukasus, Iran
12.	*M. turkmenorum* Juzepczuk & Popov	Zentralasien

Serie *Baccatae*

13.	*M. baccata* (Linnaeus) Borkhausen inklusive *M. mandshurica* (Maximowicz) Komarov, *M. pallasiana* Juzepczuk	Beeren-Apfel; nordöstliches China, Sibirien, südlich bis Kasachstan im Tian Shan (siehe Abbildung auf Seite 42)
14.	*M. halliana* Koehne	zentrales und südliches China
15.	*M. hupehensis* (Pampanini) Rehder	Tee-Apfel; zentrales und östliches China
16.	*M. rockii* Rehder (= *M. baccata*?)	Bhutan, Tibet und nordwestliches Yunnan
17.	*M. sachalinensis* Juzepczuk	Sachalin
18.	*M. sikkimensis* (Wenzig) Koehne (= *M. baccata*?)	östlicher Himalaja
19.	*M. spontanea* (Makino) Makino	Japan

Sektion *Florentinae*

20.	*M. florentina* (Zuccarini) Schneider	Florentiner oder Italienischer Apfel; Italien, Balkan, Griechenland und Türkei

Sektion *Sorbomalus*

Serie *Sieboldianae*

21.	*M. toringo* (Siebold) de Vriese, einschließlich *M. sargentii* Rehder und *M. sieboldii* Rehder	Japan, Korea und China

** Wenn *M. prunifolia* als Hybride *(M. baccata* × *M. sieversii/domestica)* angesehen wird, lautet der Name für die Kirsch-Apfel-Gruppe *M.* × *prunifolia* (offenbar mit *M.* × *adstringens* Zabel, *M. asiatica* Nakai, *M.* × *astracanica* Dum.-Cours. und *M.* × *robusta* (Carr.) Rehd. als Synonymen).

Serie *Kansuenses*

22. *M. bhutanica* (W.W. Smith) J.B. Phipps, einschließlich *M. toringoides* (Rehder) Hughes	Gansu, südliches Sichuan und östliches Tibet
23. *M. fusca* (Rafinesque) Schneider***	Alaska-Apfel; Alaska bis Kalifornien
24. *M. kansuensis* (Batalin) Schneider	Zentralchina
25. *M. komarovii* (Sargent) Rehder	Jilin, China und Nordkorea
26. *M. transitoria* (Batalin) Schneider	Nord- bis Zentralchina

Serie *Yunnanenses*

27. *M. honanensis* Rehder	Nord- bis Zentralchina
28. *M. ombrophila* Handel-Mazzetti	nordwestliches Yunnan und südwestliches Sichuan
29. *M. prattii* (Hemsley) Schneider	nordwestliches Yunnan und südwestliches Sichuan
30. *M. yunnanensis* (Franchet) Schneider	Yunnan-Apfel; Süd- bis Zentralchina und Myanmar

Sektion *Chloromeles*

31. *M. angustifolia* (Aiton) Michaux	Schmalblättriger Apfel; östliches Nordamerika
32. *M. coronaria* (Linnaeus) Miller****, einschließlich *M. bracteata* Rehder, *M. glabrata* Rehder, *M. glaucescens* Rehder, *M. lancifolia* Rehder, *M. platycarpa* Rehder	Kronen-Apfel; östliches Nordamerika
33. *M. ioensis* (Alph. Wood) Britton*****	Prärie-Apfel; zentrales Nordamerika

Sektion *Docyniopsis*

Manchmal als Gattung *Docyniopsis* (Schneider) Koidzumi angesehen

34. *M. doumeri* (Bois) A. Chevalier, einschließlich *M. formosana* (Hayata) Kawakami & Koidzumi und *M. melliana* (Handel-Mazzetti) Rehder	Südchina, Laos und Vietnam
35. *M. tschonoskii* (Maximowicz) Schneider	Woll-Apfel; Japan

Sektion *Eriolobus*

Manchmal als Gattung *Eriolobus* (de Candolle) M. Roemer angesehen, Forte et al. (2002) hingegen argumentierten, dass sie mit Sektion *Chloromeles* verwandt ist.

36. *M. trilobata* (Labillardière) Schneider	Dreilappiger oder Elsbeer-Apfel; östliches Mittelmeergebiet

*** Hybriden mit *M. domestica* (= *M.* × *dawsoniana* Rehd.)

**** 'Matthew's Crab' soll eine Hybride (mit *M. domestica*) sein, für die der Name *M.* × *heterophylla* Spach veröffentlicht wurde.

***** Hybriden mit *M. domestica* = *M.* × *soulardii* (L. H. Bailey) Britton.

«Ein Baum, dessen Äpfel mit Tugenden beschriftet sind; Darstellung des tugendhaften christlichen Lebens», 1870, nach J. Bakewell, 1771.

THE TREE OF LIFE.

On either side of the river was there the Tree of Life which bare twelve manner of fruits. – Revelation, Chap. XXII, 2.

NEW YORK, PUBLISHED BY CURRIER & IVES, 115 NASSAU ST.

Literatur

'A Lover of Planting'. 1685. The Compleat Planter & Cyderist: or, Choice Collections and Observations for the Propagating All Manner of Fruit-Trees, and the Most Approved Ways and Methods Yet Known for the Making and Ordering of Cyder, and other English-Wines. London (siehe auch B. E. Juniper & S. B. Juniper, eds. 2003).

Aguiar, B., Veira, J., Cunha, A. E., Fonseca, N. A., Iezzoni, A., van Nocker S. & Vieria, C. P. 2015. Convergent evolution at the gametophytic self-incompatibility system in *Malus* and *Prunus*. PLoS One 10 (5): e0126138.

Aigner, K. 2013. Äpfel und Birnen: das Gesamtwerk. Mathes & Seitz, Berlin.

Akhmetov, A. K. 1998. History of Kazakstan: Essays. Ministry of Science–Academy of Sciences of the Republic of Kazakstan Institute of History and Ethnology. Gylym, Almaty.

Aldasoro, J. J., Aedo, C. & Navarro, C. 2005. Phylogenetic and phytogeographic relationships in Maloideae (Rosaceae) based on morphological and anatomical characters. Blumea 50: 3–52.

Allen, T. B. 1996. The Silk Road's lost world. National Geographic 189 (March): 44–51.

Amherst, A. M. T. 1894. A fifteenth-century treatise on gardening. By «Mayster ion Gardener.» Archaeologia 54: 157–172.

Amherst, A. 1895. A History of Gardening in England. Quaritch, London.

Anderson, E. 1952. Plants, Man and Life. Little Brown, Boston.

Ashmole, E. 1618. Diary of John Tradescant, the Elder, Voyage to Siberia in 1618. Bodleian Library manuscript 824, Oxford. (Ein vollständiges Transskript findet sich in Leith-Ross, P. 1984.)

Austen, R. 1657. A Treatise of Fruit-Trees Shewing the Manner of Grafting, Setting, Pruning, and Ordering of Them in All Respects: According to Divers New and Easy Rules of Experience; Gathered in the Space of Twenty Years. Oxford (1. Auflage 1653, eine weitere Auflage 1665).

Austen, R. 1658. Observations upon Some Part of Sr Francis Bacon's Naturall History As It Concernes, Fruit-Trees, Fruits, and Flowers. Oxford.

Austen, R. 1676. A Dialogue, or Familiar Discourse, and Conference Betweene the Husbandman, and Fruit-Trees. Oxford.

Ball, W. 1998. Following the mythical road. Geographical Magazine 70: 18–23.

Barber, E. W. 1999. The Mummies of Ürümchi. Macmillan, London.

Barnes, T. 1759. A New Method of Propagating Fruit-Trees, and Flowering Shrubs. London.

Bauhin, J. 1598. Historia Plantarum Universalis, Nova, et Absolutissima, cum Consensu et Dissensu Circa Eas. D. Chabrée & F. L. von Graffenried (eds). Yverdon, Schweiz.

Bazeley, B. 1991. Pips that made history. Country Life (23 May 1991): 90–91.

Beale, J. 1653. A Treatise on Fruit Trees Shewing their Manner of Grafting, Pruning, and Ordering, of Cyder and Perry, of Vineyards in England. Oxford.

Beale, J. 1664. Aphorisms concerning cider. In: Evelyn, J. Sylva. London: 21–29.

Beeton, I. 1861. The Book of Household Management. S. O. Beeton, London. (2000 Nachdruck herausgegeben von N. Humble in Oxford World's Classics, Oxford University Press.)

Beresford, J. (ed.). 1924. The Diary of a Country Parson (Parson James Woodforde), 5 vols. Clarendon Press, Oxford.

Bitocchi, E., Nanni, L., Bellucci, E., Rossi, M., Giardini, A., Zeuli, P. S., Logozzo, G., Stougaard, J., McClean, P., Attene, G. & Papa, R. 2012. Mesoamerican origin of the common bean (*Phaseolus vulgaris* L.) is revealed by sequence data. Proceedings of the National Academy of Sciences of the U. S. A. 109: E788–E796.

Bock, H. 1546. Kreüter Bůch. Strasbourg (weitere Ausgaben 1539, 1552, 1560).

Bökönyi, S. 1974. The Przevalsky Horse, translated from the Hungarian by Lili Halápy. Souvenir Press, London.

Boré, J. M. & Fleckinger, J. 1997. Pommiers à Cidre: Variétés de France. INRA Éditions, Paris.

Borkhausen, M. B. 1803. Theoretisch-praktisches Handbuch der Forstbotanik und Forsttechnologie, Vol. 2. Heyers, Giessen und Darmstadt.

Bošković, R. & Tobutt, K. R. 1999. Correlation of stylar ribonuclease isoenzymes with incompatibility alleles in apple. Euphytica 107: 29–43.

Boufford, D. E. & Spongberg, S.A. 1983. Eastern Asian–eastern North American phytogeographical relationships – a history from the time of Linnaeus to the twentieth century. Annals of the Missouri Botanical Garden 70: 423–439.

Bradley, R. 1724. New Improvements of Planting and Gardening, both Philosophical and Practical, 4th edition. London and Dublin. (Weitere Auflagen 1717–1726.)

Brandenburg, W. A. 1991. The need for stabilized plant names in agriculture and horticulture. In: D. L. Hawksworth (ed.). Improving the Stability of Names: Needs and Options. Regnum Vegetabile 123: 23–31.

Bretschneider, E. V. 1875. Notes on Chinese Mediaeval Travellers to the West. Shanghai.

Broecker, W. S. & Liu, T. 2001. Rock varnish: recorder of desert wetness? GSA Today 11: 4–10.

Browićz, K. 1970. Malus florentina – its history, systematic position and geographic distribution. Fragmenta Floristica Geobotanica 16: 1–83.

Brown, S. K. & Maloney, K. E. 2003. Genetic improvement of apple: breeding, markers, mapping, and biotechnology. In: D. C. Ferree & I. J. Warrington (eds). Apples: Botany, Production, and Uses. CABI Publishing, Cambridge, Massachusetts. pp. 31–60.

Browning, F. 1999. Apples: the Story of the Fruit of Temptation. Allen Lane, London.

Bugnon, L. (ed.). 1995. Les croqueurs des pommes [Die Apfelknacker]. Bulletin de Liaison 67 (premier trimestre): 29. Association Nationale des Croqueurs des Pommes, Belfort.

Bulliet, R. W. 1975. The Camel and the Wheel. Harvard University Press, Cambridge.

Bultitude, J. 1983. Apples: a Guide to the Identification of International Varieties. Macmillan, London.

Bunyard, E. A. 1918. Cotton's «Planter's manual.» Gardeners' Chronicle, ser. 3, 63 (27 April): 174–175.

Bunyard, E. A. 1920. A Handbook of Hardy Fruits More Commonly Grown in Great Britain: Apples and Pears. Murray, London.

Bunyard, E. A. 1933. The Anatomy of Dessert: With a Few Notes on Wine. Chatto and Windus, London.

Bunyard, G. & Thomas, O. 1906. The Fruit Garden, 2nd edition. Country Life, London.

Bussey, D. J. 2017. The Illustrated History of Apples in the United States and Canada. JAK KAW Press, Mount Horeb, Wisconsin.

Buttenschon, R. M. & Buttenschon, J. I. 1998. Population dynamics of *Malus sylvestris* stands in grazed and ungrazed, semi-natural grasslands and fragmented woodlands in Mols Bjerge, Denmark. Annales Botanici Fennici 35: 233–246.

Cabe, P. R., Baumgarten, A., Onan, K., Luby, J. L. & Bedford, D. S. 2005. Using microsatellite analysis to verify breeding records: a study of 'Honeycrisp' and other cold-hardy apple cultivars. HortScience 40: 15–17.

Cable, M. & French, F. 1936. George Hunter: Apostle of Turkestan. China Inland Mission, London.

Cable, M. & French, F. 1942. The Gobi Desert. Hodder and Stoughton, London (1984 Faksimile, Virago Press).

Calhoun, C. L., Jr. 1995. Old Southern Apples. McDonald and Woodward, Blacksburg, Virginia.

Campbell, C. S., Evans, R. C., Morgan, D. R., Dickinson, T. A. & Arsenault, M. P. 2007. Phylogeny of subtribe Pyrineae (formerly the Maloideae, Rosaceae): limited resolution of a complex evolutionary history. Plant Systematics and Evolution 266: 119–145.

Candolle, A. de. 1885. Origin of Cultivated Plants. Appleton, New York.

Cardia, P., Li, S. H. & Ferrand, N. 2002. The azure-winged magpie Cyanopica cyanus in Europe: a native or introduced species? Phylogeography in Southern European Refugia: Evolutionary Perspectives on the Origins and Conservation of European Biodiversity. CECA-ICETA, University of Porto, 11–15 March 2002, poster presentation, Vairão, Portugal.

Carswell, J. 2000a. An odyssey in blue and white. Cornucopia 5 (25): 36–39.

Carswell, J. 2000b. Blue and White: Chinese Porcelain Around the World. British Museum Press, London.

Carter, H. B. 1988. Sir Joseph Banks 1743–1820. British Museum (Natural History), London.

Choy Leng Yeong. 2005. State apple farmers struggle as prices fall. Seattle Post-Intelligencer (20 August 2005): C1, C8.

Church, A. H. 1981. The botany of the garden in Eden. In: D. J. Mabberley (ed.). Thalassiophyta and Other Essays of A. H. Church. Clarendon Press, Oxford. pp. 237–245.

Clark, M. 2003. Apples: A Field Guide. Whittet Books in association with Brogdale Horticultural Trust, Cotton, Ipswich.

Clutton-Brock, J. 1981. Domesticated Animals from Early Times. Heinemann and British Museum of Natural History, London.

Coart, E., Vekemans, X., Smulders, M. J. M., Wagner, I., van Huylenbroeck, J., van Bockstaele, E. & Roldán-Ruiz, I. 2003. Genetic variation in the endangered wild apple (*Malus sylvestris* (L.) Mill.) in Belgium as revealed by amplified fragment length polymorphism and microsatellite markers. Molecular Ecology 12: 845–857.

Coart, E., van Glabeke, S., de Loose, M., Larsen, A. S. & Roldan-Ruiz, I. 2006. Chloroplast diversity in the genus Malus: new insights into the relationship between the European wild apple (*Malus sylvestris* (L.) Mill.) and the domesticated apple (*Malus domestica* Borkh.). Molecular Ecology 15: 2171–2182.

Collins, S. 1717. Paradise Retriev'd: Plainly and Fully Demonstrating the Most Beautiful, Durable, and Beneficial Method of Managing and Improving Fruit-Trees. London.

Cook, M. 1676. The Manner of Raising, Ordering, and Improving Forrest-Trees. London. (Weitere Auflagen bis 1724.)

Cooper, J. H. 2000. First fossil record of azure-winged magpie Cyanopica cyanus in Europe. Ibis 142: 150–151.

Cooper, J. H. & Voous, K. 1999. Birds, bones and biogeography: Iberian azure-winged magpies come in from the cold. British Birds 92: 659–665.

Copas, L. 2001. A Somerset Pomona: The Cider Apples of Somerset. Dovecote Press, Dorset.

Cornille A., Gladieux, P., Smulders, M. J., Roldan-Ruiz, I., Laurens, F., Le Cam, B., Nersesyan, A., Clavel, J., Olonova, M., Feugey, L. & Gabrielyan, I. 2012. New insight into the history of domesticated apple: secondary contribution of the European wild apple to the genome of cultivated varieties. PLoS Genetics; 8 (5): e1002703.

Costa, L. M., Gutierrez-Marcos, J. F. & Dickinson, H. G. 2004. More than a yolk: the short life and complex times of the plant endosperm. Trends in Plant Science 9: 507–514.

Cotton, C. 1675. The Planters Manual: Being Instructions for the Raising, Planting, and Cultivating All Sorts of Fruit-Trees. London.

Cox, E. H. M. 1945. Plant Hunting in China. Collins, London.

Coxe, W. 1817. A View of the Cultivation of Fruit Trees, and the Management of Orchards and Cider: With Accurate Descriptions of the Most Estimable Varieties of Native and Foreign Apples, Pears, Peaches, Plums and Cherries, . . . Carey, Philadelphia (1976 Faksimile, Pomona Books, Rockton, Ontario).

Crossley, J. A. 1974. Malus Mill. apple. In: C. S. Schopmeyer (ed.). Seeds of Woody Plants in the United States. Agricultural Handbook 450. U.S. Department of Agriculture Forest Service, Washington, D.C. pp. 531–534.

Cunliffe, B. 2001. Facing the Ocean: The Atlantic and Its Peoples. Oxford University Press, Oxford.

Dahuron, R. 1696. Nouveau Traité de la Taille des Arbres Fruitiers. (Italienische Ausgabe 1698.)

Darlington, C. D. & Wylie, A. P. 1955. Chromosome Atlas of Flowering Plants. Allen and Unwin, London.

Darwin, C. 1845. Journal of Researches into the Natural History and Geology of the Countries Visited During the Voyage of H.M.S. Beagle Round the World. John Murray, London.

Darwin, C. 1868. The Variation of Animals and Plants Under Domestication, 2 vols. John Murray, London.

Degrandi-Hoffmann, G., Hooopingarner, R. A. & Klomparens, K. 1986. Influence of honey bees (Hymenoptera: Apidae) in-hive pollen transfer on cross-pollination and fruit set in apple. Environmental Entomology 15: 723–725.

Dewey, J. F., Shackleton, R. M., Chengfa, C. & Yiyin, S. 1988. The tectonic evolution of the Tibetan Plateau. Philosophical Transactions of the Royal Society of London, Series A, 327: 379–413.

Diamond, J. M. 1991. The earliest horsemen. Nature 350: 275–276.

Dickson, E. E. 2014. Malus. In: Flora of North America Editorial Committee, Flora of North America, Vol. 9. Oxford University Press, New York and Oxford. pp. 472–479.

Dickson, E. E., Kresovich, S. & Weeden, N. F. 1991. Isozymes in North American *Malus* (Rosaceae): hybridization and species differentiation. Systematic Botany 16: 363–375.

di Gristina, E., Raimondo, F. M. & Salmeri, C. 2016. New records of *Malus crescimannoi* (Rosaceae) in Sicily. 111o Congresso della Società Botanica Italiana III International Science Conference. Roma. 21–23 September 2016. Abstract 48.

Domitzer, J. 1531. Ein Neues Pflantzbüchlin, von Mancherley Artiger Propffung, und Beltzung der Bäum. Augsburg, Germany.

Donoghue, M. J., Bell, C. D. & Li, J. 2001. Phylogenetic patterns in northern hemisphere plant geography. International Journal of Plant Science 162 (6 suppl.): 541–552.

Drope, F. 1672. A Short and Sure Guide in the Practice of Raising and Ordering of Fruit-Trees. Oxford.

Drower, M. S. 1969. The domestication of the horse. In: P. J. Ucko & G. W. Dimbleby (eds). The Domestication and Exploitation of Plants and Animals. Duckworth, London. pp. 471–478.

Duan, N., Bai, Y., Sun, H., Wang, N., Ma, Y., Li, M., Wang, X., Jiao, C., Legall, N., Mao, L., Wan, S., Wang, K., He, T., Feng, S., Zhang, Z., Mao, Z., Shen, X., Chen, X., Jiang, Y., Wu, S., Yin, C., Ge, S., Yang, L., Jiang, S., Xu, H., Liu, J., Wang, D., Qu, C., Wang, Y., Zuo, W., Xiang, L., Liu, C., Zhang, D., Gao, Y., Xu, Y., Xu, K., Chao, T., Fazio, G., Shu, H., Zhong, G. Y., Cheng, L., Fei, Z. & Chen, X. 2017. Genome re-sequencing reveals the history of apple and supports a two-stage model for fruit enlargement. Nature Communications 8 (1): 249.

Dudek, M. G., Kaplan, L. & Mansfield King, M. 1998. Botanical remains from a seventeenth-century privy at the Cross Street Back Lot site. Historical Archaeology 32: 63–71.

Duhamel du Monceau, H. L. 1807–1835. Traité des Arbres Fruitiers. Nouvelle Édition, Augmentée d'un Grand Nombre des Espèces des Fruits Obtenus de Progrès de la Culture, Illustré par A. Poiteau et P.J.F. Turpin, 6 vols. Levrault, Paris, Strasbourg.

Dzhangaliev, A. D. 2003. The wild apple tree of Kazakhstan. Horticultural Reviews 29: 65–303.

Dzhangaliev, A. D., Salova, T. N. & Turekhanova, P. M. 2003. The wild fruit and nut plants of Kazakhstan. Horticultural Reviews 29: 305–371.

Ekwall, E. 1991. The Concise Oxford Dictionary of English Place Names, 4th edition. Clarendon Press, Oxford.

Evans, R. C. & Campbell, C. S. 2002. The origin of the apple subfamily (Maloideae; Rosaceae) is clarified by DNA sequence data from duplicated GBSSI genes. American Journal of Botany 89: 1478–1484.

Evelyn, J. 1664. Sylva, or, a Discourse of Forest-Trees, . . . to Which Is Annexed Pomona; or, an Appendix Concerning Fruit-Trees in Relation to Cider . . . . London. (Weitere Auflagen bis 1825.)

Evelyn, J. 1699. Acetaria. A Discourse of Sallets. London.

Evenari, M. 1949. Germination inhibitors. Botanical Reviews 15: 153–194.

Farrer, R. 1926. On the Eaves of the World, 2 vols. Arnold, London.

Fayers, G. 2002. More news on the apples from Kazakhstan. Flora Facts and Fables 31: 10–12.

Ferree, D. C. & Carlson, R. F. 1987. Apple rootstocks. In: R. C. Rom & R. F. Carlson (eds). Rootstocks for Fruit Crops. Wiley, New York.

Ferree, D. C. & Warrington, I. J. (eds). 2003. Apples: Botany, Production, and Uses. CABI Publishing, Cambridge, Massachusetts.

Fiala, J. L. 1994. Flowering Crabapples: The Genus Malus. Timber Press, Portland, Oregon.

Fischer, T. C., Malnoy, M., Hofmann, T., Schwab, W., Palmieri, L., Wehrens, R., Schuch, L. A., Müller, M., Schimmelpfeng, H., Velasco, T. & Martens, S. 2014. F1 hybrid of cultivated apple (*Malus × domestica*) and European pear *(Pyrus communis)* with fertile F2 offspring. Molecular Breeding 34: 817–828.

Fitzherbert, J. 1548. The Boke of Husbandry, 2nd edition. London. (1. Auflage 1523.)

Fois, B. (ed.). 1981. Il Capitulare de Villis [from Charlemagne's capitulary edict, that is, the chapter concerning farms], manuscript 287. A. Giuffrè, Milan. (Das Original des Capitulare befindet sich in der Herzog-August-Bibliothek in Wolfenbüttel, Cod. Guelf. 254 Helmst. Ein Faksimile wurde 1971 von Carlrichard Brühl, Stuttgart, veröffentlicht.)

Fok, K. W., Wade, C. M. & Parkin, D. 2002. Inferring the Phylogeny of Disjunct Populations on the Azure-winged Magpie, *Cyanopica cyanus*, from a Mitochondrial DNA Sequence. Phylogeography in Southern European Refugia: Evolutionary Perspectives on the Origins and Conservation of European Biodiversity. CECA- ICETA, University of Porto, 11–15 March 2002, poster presentation, Vairão, Portugal.

Forsline, P. L. 1995. Adding diversity to the national apple germplasm collection: collecting wild apples in Kazakhstan. New York Fruit Quarterly 3: 3–6.

Forsline, P. L., Dickson, E. E. & Dzhangaliev, A. D. 1994. Collection of wild *Malus, Vitis* and other fruit species genetic resources in Kazakhstan and neighboring republics. HortScience 29: 433.

Forsline, P. L., Aldwinckle, H. S., Dickson, E. E., Luby, J. L. & Hokanson, S. C. 2003. Collection, maintenance, characterization, and utilization of wild apples of central Asia. Horticultural Reviews 29: 2–61.

Forster, E. S. & Heffner, E. H. editors and translators. 1979. Lucius Junius Moderatus Columella on Agriculture, Vols 1–2, and on Agriculture and Trees, Vol. 3. With a recension of the text and an English translation by H. B. Ash. Loeb Classical Library, Harvard University Press, Cambridge, Massachusetts, and Heinemann, London.

Forsyth, W. 1803. A Treatise on the Culture and Management of Fruit Trees; . . . Longmans and Rees, London. (Weitere Auflagen bis 1824.)

Forte, A. V., Ignatov, A. N., Ponomarenko, V. V., Dorokhov, D. B. & Saveleyev, N. I. 2002. Phylogeny of the *Malus* (apple tree) species, inferred from the morphological traits and molecular DNA analysis. Russian Journal of Genetics 38: 1150–1160.

Fortune, R. 1847. Three Years' Wanderings in the Northern Provinces of China, Including a Visit to the Silk, and Cotton Countries: With an Account of the Agriculture and Horticulture of the Chinese, 2nd edition. Murray, London.

Frary, A., Nesbitt, T. C., Frary, A., Grandillo, S., van der Knaap, E., Cong, B., Liu, J., Meller, J., Elber, R., Alpert, K. B. & Tansley, S. D. 2000. A quantitative trait locus key to the evolution of tomato fruit size. Science 289: 85–88.

French, R. K. 1982. The History and Virtues of Cyder. St. Martin's Press, New York, and Hale, London.

Fuentes, I., Stegeman, S., Golczyk, H., Karcher, D. & Bock, R. 2014. Horizontal genome transfer as an asexual path to the formation of new species. Nature 511: 232–235.

Gamkrelidze, T. V. & Ivanov, V. V. 1984. The Indoeuropean Language and the Indoeuropeans. Mouton de Gruyter, Berlin.

Geibel, M., Dehmer, K. J. & Forsline, P. L. 2000. Biological diversity in *Malus sieversii* populations from Central Asia. Acta Horticulturae 538: 43–49.

Gerard, J. 1597. The Herball or Generall Historie of Plantes. London.

Gerard, J. 1633. The Herball or Generall Historie of Plantes . . . very much enlarged and amended by Thomas Johnson. London. (Weitere Auflagen bis 1636.)

Gopher, A., Abbo, S. & Lev-Yadun, S. 2001. The «when», the «where» and the «why» of the Neolithic revolution in the Levant. In: M. Budja (ed.). Documenta Praehistorica 28, Neolithic Studies 8. Ljubljana. pp. 49–62.

Grassi, F., Morico, G. & Sartori, A. 1998. *Malus* and *Pyrus* germplasm in Italy. In: L. Maggioni, R. Janes, A. Hayes, T. Swinburne & E. Lipman (eds). Report of a Working Group on *Malus/Pyrus*. Meeting 15–17 May 1997, Dublin. International Plant Genetic Resources Institute. pp. 45–49.

Gray, T. 1995. Devon Household Accounts, 1627–1659. Devon and Cornwall Record Society. BPC Wheatons, Exeter.

Greenberg, J. H. & Ruhlen, M. 1992. Linguistic origins of native Americans. Scientific American November 1992: 60–65.

Grew, N. 1675. The Comparative Anatomy of Trunks, Together with an Account of Their Vegetation Grounded Thereupon. London.

Grindon, L. H. 1885. Fruits and Fruit Trees. Home and Foreign. An Index to the Kinds Valued in Britain. Palmer and Howe, Manchester.

Groen, J., van der 1669, 1681. Le Jardinier du Pays-Bas. Vleugart, Brussels.

Gross, B. L., Henk, A. D., Richards, C. M., Fazio, G. & Volk, G. M. 2014. Genetic diversity in *Malus* × *domestica* (Rosaceae) through time in response to domestication. American Journal of Botany 101: 1770–1779.

Guilford, P., Prakash, S., Zhu, J. M., Rikkerink, E., Gardiner, S., Bassett, H. & Forster, R. 1997. Microsatellites in *Malus* × *domestica* (apple): abundance, polymorphism and cultivar identification. Theoretical and Applied Genetics 94: 249–254.

Haines, R. 1684. Aphorisms upon the New Way of Improving Cyder, or Making Cyder-Royal, Raising and Planting of Apple-Trees. London.

Hall, A. D. & Crane, M. B. 1933. The Apple. Hopkins, London.

Hampson, C. R. & Kemp, H. 2003. Characteristics of important commercial apple cultivars. In: D. C. Ferree & I. J. Warrington (eds), Apples: Botany, Production, and Uses. CABI Publishing, Cambridge, Massachusetts. pp. 61–89.

Hanski, I. & Cambefort, Y. (eds). 1991. Dung Beetle Ecology. Princeton University Press, Princeton, New Jersey.

Hanson, B. (ed.). 2005. The Best Apples to Buy and Grow. Brooklyn Botanic Garden, New York.

Harlan, J. R. 1992. Crops and Man. American Society of Agronomy, Madison, Wisconsin.

Harman, O. S. 2004. The Man Who Invented the Chromosome. Harvard University Press, Cambridge, Massachusetts.

Harris, S. A., Robinson, J. P. & Juniper, B. E. 2002. Genetic clues to the origin of the apple. Trends in Genetics 18: 426–430.

Hartlib, S. 1645. Discourse of Husbandrie used in Brabant and Flanders. London.

Harvey, J. H. 1981. Mediaeval Gardens. Batsford, London.

Harvey, J. H. 1985. The first English garden book. Garden History 13 (2): 83–101.

Harvey, J. H. 1992. Ibn Bassāl's The Book of Agriculture. Entwurf des verstorbenen John Harvey für eine Übersetzung der spanischen Fassung von José Millás Vallicrosa auf der Grundlage des fragmentarischen arabischen Texts und der erhaltenen Überreste der kastilischen Übersetzung aus dem späten 13. Jahrhundert, die in der Biblioteca National de España [Manuskript 10106] aufbewahrt wird. Die erhaltenen Teile der kastilischen Übersetzung wurde vor der Entdeckung eines arabischen Texts von José María Millás Vallicrosa in Al-Andalus 13: 347-430 (1948) veröffentlicht. Das gesamte Buch, soweit erhalten, wurde als Libro de Agricultura veröffentlicht, herausgegeben, übersetzt und mit

Anmerkungen versehen von Villacrosa und Muhammad Azīmān [Tetuán, Morocco, Instituto Muley el-Hasan, 1955]).

Hatton, R. G. 1917. Paradise apple stocks. Journal of the Royal Horticultural Society 42: 361–399.

Hearman, J. 1936. The Northern Spy as a rootstock when compared with other standardized European rootstocks. Journal of the Pomological and Horticultural Sciences 14: 246–275.

Hedrick, U. (ed.). 1919. Sturtevant's Notes on Edible Plants. Lyon, Albany, New York. (1972 Nachdruck als Sturtevant's Edible Plants of the World, Dover, New York.)

Hehn, V. 1902. Kulturpflanzen und Haustiere in Ihrem Übergang aus Asien nach Griechenland und Italien Sowie in das Übrige Europa, 7th edition. Borntraeger, Berlin. pp. 613–616.

Henrey, B. 1975. British Botanical and Horticultural Literature before 1800, 3 vols. Oxford University Press, Oxford.

Herrera, C. M. 1989. Frugivory and seed dispersal by carnivorous mammals, and associated fruit characteristics, in undisturbed Mediterranean habitats. Oikos 55: 250–262.

Hey, J. 2005. On the number of New World founders: a population genetic portrait of the peopling of the Americas. PLoS Biology 3: 965–975.

Hill, T. 1563. A Most Briefe and Pleasaunte Treatyse, Teachynge Howe to Dress, Sowe, and Set a Garden. London. (Weitere Auflagen bis 1608.)

Hitt, T. 1755. A Treatise of Fruit-Trees. London. (Und weitere Ausgaben.)

Hogg, R. 1851. British Pomology or a History, Description, Classification and Synonymes of the Fruits and Fruit Trees of Great Britain: The Apple. Groombridge, London.

Hogg, R. 1884. The Fruit Manual: a Guide to the Fruits and Fruit Trees of Great Britain, 5th edition. Journal of Horticulture Office, London.

Hogg, R. & Bull, H. G. (eds). 1876–1885. The Herefordshire Pomona, Containing Original Figures and Descriptions of the Most Esteemed Kinds of Apples and Pears. Jakeman and Carver, Hereford.

Hokanson, S. C., McFerson, J. R., Forsline, P. L., Lamboy, W. F., Luby, J. L., Dzhangaliev, A. D. & Aldwinckle, H. S. 1997. Collecting and managing wild *Malus* germplasm in its center of diversity. Horticultural Science 32: 173–176.

Hokanson, S. C., Lamboy, W. F., Kszewc-McFadden, A. & McFerson, J. R. 1998. Microsatellite (ssr) markers reveal genetic identities, genetic diversity and relationships in a *Malus* × *domestica* Borkh. core subset collection. Theoretical and Applied Genetics 97: 671–683.

Hokanson, S. C., Forsline, P. L., McFerson, J. R., Lamboy, W. F., Aldwinckle, H. S., Luby, J. L. & Dzhangaliev, A. D. 1999. Ex situ and in situ conservation strategies for wild Malus germplasm in Kazakhstan. Acta Horticulturae 484: 85–91.

Hokanson, S. C., Lamboy, W. F., Szewc-McFadden, A. K. & McFerson, J. R. 2001. Microsatellite (ssr) variation in a collection of *Malus* (apple) species and hybrids. Euphytica 118: 281–294, 363–372, 375.

Hooker, W. 1818. Pomona Londinensis Containing Coloured Engravings of the Most Esteemed Fruits Cultivated in British Gardens, Vol. 1. Published by the author and printed by James Moyes, Hatton Garden, London.

Hooker, W. 1989. Hooker's Finest Fruits: A Selection of Paintings of Fruits by William Hooker 1779–1832. Introduction by W. T. Stearn, descriptions by F. A. Roach. Herbert Press in association with the Royal Horticultural Society, London.

Hopf, M. 1973. Apfel (*Malus communis* L.); Aprikose (*Prunus armeniaca* L.). In: H. Beck, H. Jankuhn, K. Ranke & R. Wenskus (eds), Reallexikon der Germanischen Altertumskunde, Vol. 1.

Hopkirk, P. 1980. Foreign Devils on the Silk Road: the Search for the Lost Treasures of Central Asia. Murray, London. (1984 Nachdruck, Oxford University Press.)

Howard, N. P., van de Weg, E., Bedford, D. S., Pearce, C. P., Vanderzande, S., Clark, M. D., Soon Li The, Kichun Chai & Luby, J. L. 2017. Elucidation of the 'Honeycrisp' pedigree through haptotype analysis with a multi-family integrated SNP linkage map and a large apple (*Malus × domestica*) pedigree-connected SNP data set. Horticulture Research 4: art. 17003.

Howard-Bury, C. 1990. Mountains of Heaven: Travels in the Tien Shan Mountains, 1913. M. Keaney (ed.). Hodder and Stoughton, London.

Huckins, C. A. 1972. A Revision of the Sections of the Genus Malus Miller. Ph.D. thesis. Cornell University, Ithaca, New York.

Huckleberry, G., Stein, J. K. & Goldberg, P. 2003. Determining the provenience of Kennewick Man skeletal remains through sedimentological analyses. Journal of Archaeological Science 30: 651–665.

Hughes, W. 1672. The American Physitian; or, a Treatise of the Roots, Plants, Trees, Shrubs, Fruit, Herbs, &c. Growing in the English Plantations in America. London.

Isendahl, C. 2011. The domestication and early spread of manioc (Manihot esculenta Crantz): a brief synthesis. Latin American Antiquity 22: 452–468.

Ishikawa, S., Kato, S., Imakawa, S., Mikami, T. & Shimamoto, Y. 1992. Organelle DNA polymorphism in apple cultivars and rootstocks. Theoretical and Applied Genetics 83: 963–967.

Izhaki, I. & Safriel, U. 1989. Why are there so few exclusively frugivorous birds? Experiments on fruit digestibility. Oikos 54: 23–32.

Jacomet, S. 2005. Plant economy of the late 4th millennium BC cal in the northern Alpine foreland. XVII International Botanical Congress – Abstract 76. Vienna.

Janes, R. 1998. Catalogue of Cultivars in the United Kingdom: National Fruit Collection. Brogdale Horticultural Trust, London.

Janick, J. (ed.). 2003. Wild Apple and Fruit Trees of Central Asia. Horticultural Reviews Vol. 29.

Janick, J., Cummins, J. N., Brown, S. K. & Hemmat, M. 1996. Apples. In: J. Janick & J. N. Moore (eds), Fruit Breeding, Vol. 1, Tree and Tropical Fruits. Wiley, New York.

Janson, H. F. 1996. Pomona's Harvest: an Illustrated Chronicle of Antiquarian Fruit Literature. Timber Press, Portland, Oregon.

Janzen, D. H. 1982. Differential seed survival and passage rates in cows and horses, surrogate Pleistocene dispersal agents. Oikos 38: 150–156.

Jia Sixie. 1982. Qi Min Yao Shu. (Necessary skills for the masses, by a prefect of Gaoyang in Hebei, A.D. 534–550, edited and annotated by Miao Qiyu with Miao Guilong.) Agricultural Press, Beijing.

Jonston (manchmal Jonstonus geschrieben), J. 1662. Dendrographias sive Historiae Naturalis de Arboribus et Fructibus tam Nostri Quam Peregrini Orbis Libri X. [Schriften über Bäume, zehn Schriften zur Naturgeschichte von Bäumen und Früchten, sowohl aus unserem Gebiet als aus fremden]. Frankfurt.

Juniper, B. E. 1995. Waxes on plant surfaces and their interactions with insects. In: R. J. Hamilton (ed.). Waxes: Chemistry, Molecular Biology and Functions. Oily Press, Dundee.

Juniper, B. E. & Juniper, S. B. (eds). 2003. The Compleat Planter & Cyderist: Or, Choice Collections and Observations for the Propagating All Manner of Fruit-Trees, . . . by a Lover of Planting. . . . 1685. Published by the editors, Oxford and Dursley, Gloucestershire.

Juniper, B. E., Watkins, R. & Harris, S. A. 1999. The origin of the apple. Acta Horticulturae 484: 27–33.

Kalkman, C. 2004. Rosaceae. In K. Kubitzki (ed.). The Families and Genera of Vascular Plants, Vol. 6, Flowering Plants. Dicotyledons. Celastrales, Oxalidales, Rosales, Cornales, Ericales. Springer, Berlin. pp. 343–386.

Kanellos, T. 2013. Imitation of Life: a Visual Catalogue of the Nineteenth[-]century Fruit Models at the Santos Museum of Economic Botany in the Adelaide Botanic Garden. Board of the Botanic Gardens and State Herbarium, Adelaide.

Karlgren, K. B. J. 1940. Grammatica Serica. Script and phonetics in Chinese and Sino-Japanese. Museum of Far Eastern Antiquities, Bulletin 12: 1–471.

Kennedy, T. 1997. Old apples take root in national collection. Technology Ireland 29: 16–18.

Kitahara, K., Matsumoto, S., Yamamoto, T., Soejima, J., Kimura, T., Komatsu, H. & Abe, J. 2005. Parent identification of eight apple cultivars by s-rNase analysis and simple sequence repeat markers. HortScience 40: 314–317.

Knight, R. C., Amos, J., Hatton, R. G. & Witt, A. W. 1928. The vegetative propagation of fruit tree rootstocks. Report of the East Malling Research Station 14 and 15 for 1926–1927, supplement 2: 11–30.

Knight, T. A. 1797. A Treatise on the Culture of Apple & Pear, and on the Manufacture of Cider and Perry. London. (Weitere Auflagen bis 1818.)

Knight, T. A. 1811. Pomona Herefordiensis: Containing Coloured Engravings of the Old Cider and Perry Fruits of Herefordshire. With Such New Fruits as Have Been Found to Possess Superior Excellence. London.

Knoop, J. H. 1758. Pomologia, Dat Is Beschryvingen en Afbeeldingen van der Beste Soorten van Appels en Peeren, Welke Nederen Hoohg-Duitsland, Frankryk, Engelland en Elders Geagt Zyn, en Tot Dien Einde Gecultiveert Worden. Ferwerda, Leeuwarden.

Ko, K., Norelli, J. L., Reynoird, J. P., Brown, S. K. & Aldwinckle, H. S. 2002. T4 lysozyme and attacin genes enhance resistance of transgenic 'Galaxy' apples against Erwinia amylovora. Journal of the American Society for Horticultural Science 127: 515–519.

Kobel, F. P., Steinegger, P. & Anliker, J. 1939. Weitere Untersuchungen über die Befruchtungsverhältnisse der Apfel- und Birnsorten. Landwirtschaftliches Jahrbuch der Schweiz 53: 160–191.

Korban, S. S. & Skirvin, R. M. 1984. Nomenclature of the cultivated apple. HortScience 19: 177–180.

Kraft, J. 1796–1798. Pomona Austriaca, ou Arbres Fruitiers d'Autriche. Blumauer, Vienna.

Lack, H. W. with Mabberley, D. J. 1999. The Flora Graeca Story: Sibthorp, Bauer and Hawkins in the Levant. Oxford University Press, Oxford.

Lamarck, continued by Poiret, J. M. 1804. Pommier. Malus, Vol. 5. Encyclopédie Methodique Botanique. Agasse, Paris. pp. 559–563.

Lamb, H. H. 1995. Climate, History and the Modern World. Routledge, London.

Lamboy, W. F., Yu, J., Forsline, P. L. & Weeden, N. F. 1996. Partitioning of allozyme diversity in wild populations of Malus sieversii L. and implications for germplasm collections. Journal of the American Society for Horticultural Science 121: 982–987.

Lane-Fox, R. 1973. Alexander the Great. Allen Lane, London.

Langford, T. 1681a. Plain and Full Instructions to Raise All Sorts of Fruit-Trees that Prosper in England . . . . London. (Weitere Auflagen bis 1699.)

Langford, T. 1681b. The Practical Planter of Fruit Trees. London.

Langley, B. 1729. Pomona: Or, the Fruit-Garden Illustrated. London.

Lanner, R. M. 1996. Made for Each Other: a Symbiosis of Birds and Pines. Oxford University Press.

La Quintinye (manchmal La Quintinie geschrieben), J. de. 1690. Instruction pour les Jardins Fruitiers et Potagers, avec un Traité des Orangers, Suivy de Quelques Reflexions sur l'Agriculture. Barbin, Paris.

Lauremberg (manchmal Laurenberg geschrieben), P. 1631. Horticultura, Libris II. Comprehensa, 2 vols. Stromer und Reichenbach, Nürnberg.

Laurence (manchmal Lawrence geschrieben), J. 1716. The Clergy-Man's Recreation: Shewing the Pleasure and Profit of the Art of Gardening, 4th edition. Lintot, London.

Lawson, W. 1618. A New Orchard and Garden ... with the Country Housewifes Garden... London. (Weitere Auflage 1623.)

Leith-Ross, P. 1984. The John Tradescants: Gardeners to the Rose and Lily Queen. Owen, London.

Leroy, A. 1873. Dictionnaire de Pomologie Contenant l'Histoire, la Description, la Figure des Fruits Anciens et des Fruits Modernes les Plus Généralement Connus et Cultivés, Vol. 3, Pommes. Angers, Paris.

Lespinasse, Y. & Aldwinckle, H. S. 2000. Breeding for resistance to fire blight. In J. L. Vanneste (ed.). Fire Blight: the Disease and Its Causative Agent Erwinia amylovora. CABI Publishing, New York. pp. 253–273.

Lev-Yadun, S., Gopher, A. & Abbo, S. 2000. The cradle of agriculture. Science 288: 1602–1603.

Lewin, R. 1998. Young Americans. New Scientist 160: 24–28.

Lewin, R. A. 1999. Merde. Aurum Press, London.

Li Fan. 1984. Zhongguo Zaipei Zhiwu Fazhan Shi [Eine Geschichte der Entwicklung kultivierter Pflanzen in China]. Agricultural Press, Beijing.

Likhonos, A. 1974. A survey of the species in the genus *Malus* Mill. Trudy po Prikladnoj Botanike, Genetike i Selektsii 52: 16–34.

Lion, B. 1992. Vignes au royaume de Mari. Mémoires de Nouvelles Assyriologies Brèves et Utilitaires 1: 107–113.

Li Yunong. 1999. An investigation and studies on the origin and evolution of *Malus domestica* Borkh. in the world. Acta Horticulturae Sinica 26: 203–220.

Liu, Y. 2006. Historical and modern genetics of plant graft hybridization. Advances in Genetics 56: 101–129.

Lo, E.Y.Y. & Donoghue, M. J. 2012. Expanded phylogenetic and dating analyses of the apples and their relatives. Molecular Phylogenetics and Evolution 63: 230–243.

London, G. & Wise, H. 1699a. The Compleat Gard'ner ... by Monsieur de La Quintinye. Now Compendiously Abridg' d, and Made of More Use, with Very Considerable Improvements. London. (Kurzfassung der 1. Auflage von 1693; weitere Auflagen bis 1717.)

London, G. & Wise, H. 1699b. Fruit Walls Improved by Inclining Them to the Horizon. London.

Longus. 1989. Daphnis and Chloe. In: B. P. Reardon (ed.). Collected Ancient Greek Novels. University of California Press, Berkeley. pp. 333–334.

Loudon, J. C. 1844. Arboretum et Fruticetum Britannicum; or, the Trees and Shrubs of Britain, 8 vols. Longman, Brown, Green and Longman, London.

Luby, J., Forsline, P., Aldwinckle, H., Bus, V. & Geibel, M. 2001. Silk road apples—collection, evaluation, and utilization of Malus sieversii from Central Asia. HortScience 36: 225–231.

Lucie-Smith, E. 2001. Flora: Gardens and Plants in Art and Literature. Taschen, Köln.

Lucretius (Titus Lucretius Carus). 1907. In: De Rerum Natura, translated by H. A. J. Munro. Bell, London, and Deighton Bell, Cambridge. p. 149.

Mabberley, D. J. 1992. Tropical Rain Forest Ecology, 2nd edition. Blackie, Glasgow.

Mabberley, D. J. 2001. An Australian apple for Linnaeus. The Gardens 51: 11.

Mabberley, D. J. 2004. Citrus (Rutaceae): a review of recent advances in etymology, systematics and medical applications. Blumea 49: 481–498.

Mabberley, D. J. 2013. Launch of Tony Kanellos's 'Imitation of Life', Marble Hill, Adelaide Hills, South Australia, 17 November 2013. Unpublished typescript, Library of State Herbarium, Adelaide Botanic Garden, Adelaide.

Mabberley, D. J. 2017. Mabberley's Plant-book. 4th edition. Cambridge University Press, Cambridge, England.

Mabberley, D. J., Jarvis, C. E. & Juniper, B. E. 2001. The name of the apple. Telopea 9: 421–430.

Maberly Family. 2018. Maberly and Jesson Family Trees. www.maberly.name

Mallory, J. P. & Mair, V. H. 2000. The Tarim Mummies. Thames and Hudson, London.

Manganaris, A. G., Alston F. H., Weeden, N. F., Aldwinckle, H. S., Gustafson H. L. & Brown, S. K. 1994. Isozyme locus Pgm-1 is tightly linked to a gene (Vf) for scab resistance in apple. Journal of the American Society for Horticultural Science 119: 1286–1288.

Markham, G. 1625. A Way to Get Wealth. Lawson, London.

Markham, G. 1640. The English Husbandman, numerous separate parts, including Part 9, The countryman's recreation, or the art of planting, grafting, and gardening. London.

Marsh, R. W. 1983. The National Fruit and Cider Institute: 1903–1983. Annual Report of the Long Ashton Research Station.

Marshall, D. L. & Oliveras, D. M. 2001. Does differential seed siring success change over time or with pollination history in wild radish, *Raphanus sativus* (Brassicaceae)? American Journal of Botany 88: 2232–2242.

Martin, C. 2000. A History of Canadian Gardening. McArthur, Toronto.

Mascall, L. 1572. A Booke of the Arte and Maner, Howe to Plante and Graffe All Sortes of Trees . . . by One of the Abbey of S. Vincent in Fraunce [that is, Davy Brossard] . . . Set Forth and Englished by Leonarde Mascal, 2nd edition. London. (Weitere Auflagen 1569–1656.)

Maslin, M. A., Li, X. S., Loutre, M.-F. & Berger, A. 1998. The contribution of orbital forcing to the progressive intensification of northern hemisphere glaciation. Quaternary Science Reviews 17: 411–426.

Matheus, P. E. 1995. Diet and co-ecology of Pleistocene short-faced bears and brown bears in eastern Beringia. Journal of Quaternary Research 44: 447–453.

Mattson, D. J., Kendall, K. C. & Reinhart, D. P. 2000. Whitebark pine, grizzly bears, and red squirrels. In: D. F. Tomback, S. F. Arno & R. E. Keane (eds). Whitebark Pine Communities: Ecology and Restoration. Island Press, Washington and London. pp. 121–136.

Maund, B. 1845–1851. The Fruitist. Groombridge, London.

McGahan, J. 2001. Another apple for Snow White. Pomona 34: 10–11.

McLean, T. 1981. Medieval English Gardens. Collins, London.

McWhirter, A. & Clasen, E. 1996. Foods That Harm and Foods That Heal. Reader's Digest Association, London, New York, and Sydney.

Meager, L. 1670. The English Gardener: Or, a Sure Guide to Young Planters and Gardeners . . . of Planting All Sorts of Stocks, Fruit-Trees, and Shrubs. London. (Weitere Auflagen bis 1710.)

Meiggs, R. 1982. Trees and Timber in the Ancient Mediterranean World. Clarendon Press, Oxford.

Meiggs, R. & Lewis, D. A. 1989. A Selection of Greek Historical Inscriptions to the End of the Fifth Century B.C. Clarendon Press, Oxford.

Merryweather, R. 1992. The Bramley: A World Famous Cooking Apple. Newark and Sherwood District Council, Nottingham.

Micheletti, D., Troggio, M., Salamini, F., Viola, R., Velasco, R. & Salvi, S. 2011. On the evolutionary history of domesticated apple. Nature Genetics 43: 1044–1045.

Migot, A. 1957. Tibetan Marches, translated from the French by Peter Fleming. Penguin Books, Harmondsworth.

Miller, P. 1731. The Gardeners Dictionary; Containing the Methods of Cultivating . . . . London. (Weitere Auflagen bis 1771.)

Minamikawa, M., Kakui, H., Wang, S., Kotoda, N., Kikuchi, S., Koba, T. & Sassa, H. 2010. Apple S locus region represents a large cluster of related, polymorphic and pollen-specific F-box genes. Plant Molecular Biology 74: 143–154.

Moerman, D. E. 1998. Native American Ethnobotany. Timber Press, Portland, Oregon.

Morgan, J. 1982. Vintage apples. The Garden 107: 308–313.

Morgan, J. 1993. Fruit history: the 'Decio' apple. Fruit News Autumn: 6–7.

Morgan, J. & Richards, A. 1993. The Book of Apples. Brogdale Horticultural Trust in association with Ebury Press, London.

Morton Shand, P. 1949. Older kinds of apples. Journal of the Royal Horticultural Society 74: 60–67, 88–97.

Mudge, K., Janick, J., Scofield, S. & Goldschmidt, E. E. 2009. A history of grafting. Horticultural Reviews 35: 437–493.

Nabhan, G. P. 2009. Where our Food comes from. Retracing Nikolay Vavilov's Quest to End Famine. Island Press/Shearwater Books, Washington, Covelo and London.

Nazaroff, P. 1993. Hunted through Central Asia, translated by Malcolm Burr. Oxford University Press, Oxford.

Nikiforova, S. V., Cavalieri, D., Velascoand, R. & Gorymekin, V. 2013. Phylogenetic analysis of 47 chloroplast genomes clarifies the contribution of wild species to the domesticated maternal line. Molecular Biology and Evolution 30: 1751–1760.

Noiton, D. A. M. & Alspach, P. A. 1996. Founding clones, inbreeding, co-ancestry, and status number of modern apple cultivars. Journal of the American Society for Horticultural Science 121: 73–782.

Norelli, J. L. & Aldwinckle, H. S. 2000. Transgenic resistant varieties and rootstocks resistant to fire blight. In: J. L. Vanneste (ed.). Fire Blight: The Disease and Its Causative Agent *Erwinia amylovora*. CABI Publishing, New York. pp. 275–292.

Nybom, H. 1990a. Genetic variation in ornamental apple trees and their seedlings (*Malus,* Rosaceae) revealed by DNA 'fingerprinting' with the M13 repeat probe. Hereditas 113: 17–28.

Nybom, H. 1990b. DNA fingerprints in sports of 'Red Delicious' apples. HortScience 25: 1641–1642.

Nybom, H. & Schaal, B. A. 1990. DNA «fingerprints» applied to paternity analysis in apples (*Malus* × *domestica*). Theoretical and Applied Genetics 79: 763–768.

Nybom, H., Rogstad, S. H. & Schaal, B. A. 1990. Genetic variation detected by the use of the M13 'DNA fingerprint' probe in *Malus, Prunus* and *Rubus* (Rosaceae). Theoretical and Applied Genetics 79: 153–156.

Oraguzie, N. C., Yamamoto, T., Soejima, J., Suzuki, T. & de Silva, H. N. 2005. DNA fingerprinting of apple (*Malus* spp.) rootstocks using simple sequence repeats. Plant Breeding 124: 197–202.

Ordidge, M., Kirdwichai, P., Baksh, M. F., Venison, E. P., Gibbings, J. G. & Dunwell, J. M. 2018. Genetic analysis of a major international collection of cultivated apple varieties reveals previously unknown heteroploidy and inbred relationships. PLoS ONE 13 (9): e0202405.

O'Toole, C. 2000. The Red Mason Bee: Taking the Sting Out of Bee-Keeping. Osmia Publications, Banbury.

Outram, A.K., Stear, N. A. Bendrey, R., Olsen, S., Kasparov, A., Zaibert, V., Thorpe, N. & Evershed, R. P. 2009. The earliest horse harnessing and milking. Science 323: 1332–1335.

Page, D. 1955. An Introduction to the Study of Ancient Lesbian Poetry: Sappho and Alcaeus. Clarendon Press, Oxford.

Pakeman, R. J., Dignefe, G. & Small, J. L. 2002. Ecological correlates of endozoochory by herbivores. Functional Ecology 16: 296–304.

Palmer, J. W., Privé, J. P. & Tustin, D. S. 2003. Temperature. In: D. C. Ferree and I. J. Warrington (eds). Apples: Botany, Production, and Uses. CABI Publishing, Cambridge, Massachusetts. pp. 217–236.

Palmer, R. 1996. Ripest Apples: An Anthology of Verse, Prose and Song. Big Apple Association, Woodcroft, Putley, Ledbury, Herefordshire.

Palter, R. 2002. The Duchess of Malfi's Apricots and Other Literary Fruits. University of South Carolina Press, Columbia.

Pannell, C. M. & Kozioł, M. 1987. Arillate seeds and vertebrate dispersal in *Aglaia* (Meliaceae): a study of ecological and phytochemical diversity. Philosophical Transactions of the Royal Society, B, 316: 303–313.

Parkinson, J. 1629. Paradisi in Sole Paradisus Terrestris. London. (Weitere Auflagen bis 1656.)

Pelletier, A. 1975. Viticulture et oléiculture en pays allobroge dans l'antiquité: À propos du calendrier rustique de Saint-Romain-en-Gal. Cahiers d'Histoire 20: 21–26.

Pennington, R. T. 1996. Molecular and morphological data provide phylogenetic resolution at different hierarchical levels in *Andira*. Systematic Biology 45: 494–513.

Petzold, H. 1990. Apfelsorten: Aquarelle und Zeichnungen, 2nd edition. Neumann, Leipzig-Radebeul.

Philips, J. 1708. Cyder: a Poem in Two Books. London. (Weitere Auflagen bis 1791.)

Phillips, H. 1820. Pomarium Britannicum: an historical and botanical account of fruits known in Great Britain. Colburn, London.

Phipps, J. B. 2003. Hawthorns and Medlars. Timber Press, Portland, Oregon.

Phipps, J. B., Robertson, K. R., Smith, P. G. & Rohrer, J. R. 1990. A checklist of the subfamily Maloideae (Rosaceae). Canadian Journal of Botany 68: 2209–2269.

Phipps, J. B., Robertson, K. R., Rohrer, J. R. & Smith, P. G. 1991. Origins and evolution of subfam. Maloideae (Rosaceae). Systematic Botany 16: 303–332.

Pliny (Gaius Plinius Secundus). 1967. Historia Naturalis, translated by Rackham, H. Heinemann, London.

Poiteau, P. A. 1846. Pomologie Francaise, vol 4. Langlois et Leclercq, Paris.

Pollan, M. 2001. The Botany of Desire: a Plant's-Eye View of the World. Random House, New York.

Pollard, A. & Beech, F. W. 1957. Cider-making. Hart Davis, London.

Ponomarenko, V. V. 1986. Obsor vidov roda *Malus* Mill. [Eine Übersicht über die Arten der Gattung Malus Miller]. Trudy po Prikladnoj Botanike, Genetike i Selektsii 106: 16–27.

Ponomarenko, V. V. 1990. Wild apple in the central Kopet-Dag. Trudy po Prikladnoj Botanike, Genetike i Selektsii 134: 117–121.

Popov, M. G. 1929. Wild growing fruit trees and shrubs of Asia Media. Trudy po Prikladnoj Botanike, Genetike i Selektsii 22: 241–483.

Popova, G. & Popov, M. G. 1925. The wild apple tree in the valley of Tchimgan (western Tianschan). Bjulleten' Sredne-Aziatskogo Gosudarstvennogo Universiteta, Bulletin de l'Université de l'Asie Centrale 11: 99–103.

Postgate, J. N. 1987. Notes on fruit in the cuneiform sources. Bulletin for Sumerian Agriculture 3: 115–120, 128–132.

Potter, D., Eriksson, T., Evans, R. C., Oh, S., Smedmark, J. E. E., Morgan, D. R., Kerr, M., Robertson, K. R., Arsenault, M., Dickinson, T. S. & Campbell, C. S. 2007. Phylogeny and classification of Rosaceae. Plant Systematics and Evolution 266: 5–43.

Potts, D. T. 2004. Camel hybridization and the role of Camelus bactrianus in the ancient Near East. Journal of the Economic and Social History of the Orient 47: 143–165.

Power, B. & Cocking, E. 1991. How we saved the Bramley. The Garden 116: 90–94.

Qian, G.-Z., Liu, L.-F., Hong, D.-Y. & Tang, G.-G. 2008. Taxonomic study of *Malus* sect. Florentinae (Rosaceae). Botanical Journal of the Linnean Society 158: 223–227.

Quintinye, J., De La (1690) Instruction pour les Jardins Fruitiers et Potagers. (Nachdruck erschienen 2018 bei Hachette Livre - Bnf.)

Raimondo, F. M. 2008. A new species of *Malus* (Rosaceae, Maloideae) from Sicily. Flora Mediterranea 18: 5–10.

Raphael, S. 1990. An Oak Spring Pomona: a Selection of the Rare Books on Fruit in the Oak Spring Garden Library Upperville, Virginia. Yale University Press, New Haven.

Rea, J. 1665. Flora: Seu, de Florum Cultura. . . . (Flora.–Ceres.–Pomona), ... London. (Weitere Auflagen bis 1702.)

Regan, B. C., Julliot, C., Simmen, B., Viénot, F., Charles-Dominique, P. & Mollon, J. D. 2001. Fruits, foliage and the evolution of primate colour vision. Philosophical Transactions of the Royal Society, B, 356: 229–283.

Rehder, A. 1926. Manual of Cultivated Trees and Shrubs. Macmillan, New York.

Remmy, K., von & Gruber, F. 1993. Untersuchungen zur Verbreitung und Morphologie des Wild-Apfels *(Malus sylvestris)* (L.) Mill.). Mitteilungen der Deutschen Dendrologischen Gesellschaft 81: 71–94.

Renard, C. M., Baron, A., Guyot, S. & Drilleau, J.-F. 2001. Interactions between cell walls and native polyphenols: quantification and some consequences. International Journal of Biological Macromolecules 29: 115–125.

Renfrew, C. 1989. Archaeology and Language: The Puzzle of Indo-European Origins. Penguin, London.

Renfrew, J. M. 1987. The archaeological evidence for the domestication of plants: methods and problems. In: P. J. Ucko & G. W. Dimbleby (eds). The Domestication and Exploitation of Plants and Animals. Duckworth, London. pp. 149–172.

Richards, A. J. 1986. Plant Breeding Systems. Allen and Unwin, London.

Richards, C. M., Volk, G. M., Reilley, A. A., Henk, A. D., Lockwood, D. R., Reeves, P. A. & Forsline, P. L. 2009. Genetic diversity and population structure in *Malus sieversii,* a wild progenitor species of domesticated apple. Tree Genetics and Genomes 5: 339–347.

Richthofen, Baron F., von. 1883. China: Ergebnisse Eigener Reisen und Darauf Gegrundeter Studien, 1877–1882, Vol. 4 (of 5). Berlin.

Rivers, T. 1870. The Miniature Fruit Garden. Longman, Brown, Green and Longman, London.

Roach, F. A. 1985. Cultivated Fruits of Britain. Blackwell, Oxford.

Robb-Smith, A. H. T. 1956. Blenheim Orange variants, false Blenheims and Blenheim seedlings. In: P. M Synge & L. Roper (eds). The Fruit Year Book 9. Royal Horticultural Society, London. pp. 1–23.

Roberts, R. H. 1949. Theoretical aspects of graftage. Botanical Review 15: 423–463.

Robinson, J. P. & Harris, S. A. 2000. Amplified fragment length polymorphisms and microsatellites: a phylogenetic perspective. In: E. M. Gillet (ed.). Which DNA Marker for Which Purpose? Institut für Forstgenetik und Forstpflanzenzüchtung, Göttingen. pp. 95–121.

Robinson, J. P., Harris, S. A. & Juniper, B. E. 2001. Taxonomy of the genus *Malus* Mill. (Rosaceae) with emphasis on the cultivated apple, *Malus domestica* Borkh. Plant Systematics and Evolution 226: 35–58.

Rohrer, J. R., Robertson, K. R. & Phipps, J. B. 1994. Floral morphology of Maloideae (Rosaceae) and its systematic relevance. American Journal of Botany 81: 574–581.

Rom, R. C. & Carlson, R. F. (eds). 1987. Rootstocks for Fruit Crops. John Wiley and Sons, New York.

Ronalds, H. 1831. Pyrus Malus Brentfordiensis. Or, a Concise Description of Selected Apples. With a Figure of Each Sort Drawn [by Elizabeth Ronalds] from Nature on Stone. Longman etc., London.

Room, A. 1998. Brewer's Dictionary of Phrase and Fable, 15th edition. Cassell, London.

Ruel, J. 1536. De Natura Stirpium Libri Tres. Paris.

Ruhsam, M., Jessop, W., Cornille, A., Renny, J. & Worrell, R. (2018). Crop-to-wild introgression in the European wild apple *Malus sylvestris* in northern Britain. Forestry 92: 85–96.

Sanders, R. 1988. The English Apple. Royal Horticultural Society in association with Phaidon Press, London.

Sargent, C. S. 1922. Manual of the Trees of North America (Exclusive of Mexico), 2nd edition. (1961 Nachdruck, Dover, New York.)

Savolainen, V., Corbaz, R., Moncousin, C., Spichiger, R. & Manenj, J.-F. 1995. Chloroplast DNA variation and parentage analysis in 55 apples. Theoretical and Applied Genetics 90: 1138–1141.

Sax, K. 1931. The origin and relationships of the Pomoideae. Journal of the Arnold Arboretum 12: 3–22.

Schiemann, E. 1932. Entstehung der Kulturpflanzen. In: E. Baur & M. Hartmann (eds). Handbuch der Vererbungswissenschaft, Vol. 3. Borntraeger, Berlin.

Schmidt, W. C. & Holtmeier, F. K. (eds). 1994. Proceedings—International Workshop on Subalpine Stone Pines and Their Environment: The Status of Our Knowledge. U.S. Forest Service General Technical report iNT-GTr-309. Ogden, Utah.

Schneider, C. & Moritz, C. 1999. Rainforest refugia and evolution in Australia's wet tropics. Proceedings of the Royal Society of London, B 266: 191–196.

Schneider, C. J., Smith, T. B., Larison, B. & Moritz, C. 1999. A test of alternative models of diversification in tropical rainforests: ecological gradients vs. rain forest refugia. Proceedings of the National Academy of Sciences U. S. A. 96: 13869–13873.

Schuyler, E. 1876. Turkistan: Notes of a Journey in Russian Turkistan, Khokand, Bukhara, and Kuldja, Vol. 1. Sampson Low, Marston, Searle & Rivington, London.

Schweingruber, F. H. 1979. Wildapfel und Prähistorische Apfel. Archaeo-Physika 8: 283–294.

Scott, J. 1873. The Orchardist or Catalogue of Fruits Cultivated at Merriott, Somerset. Pollett, London.

Sherratt, A. 1984. History and the horse. Ashmolean 5: 4–7.

Sherratt, A. 2004. The horse and the wheel: the dialectics of change in the circum-Pontic region and adjacent areas, 4,500–1,500 B.C.. In: M. Levine, C. Renfrew & K. Boyle (eds). Prehistoric Steppe Adaptation and the Horse: Ancient Interactions: East and West in Eurasia. McDonald Institute Monographs, Cambridge. pp. 233–252.

Shouse, B. 2001. Spreading the word, scattering the seeds. Science 294: 988–989.

Simmonds, A. 1946. A Horticultural Who Was Who. Royal Horticultural Society, London.

Simon-Louis, Frères. 1896. Catalogue Général, Descriptif et Raisonné des Espèces et Variétés de Fruits Composant les Collections de l'Établissement Horticole des Frères Simon-Louis. F. Blanc, Metz.

Simoons, F. 1991. Food in China. CRC Press, Boca Raton, Florida.

Smith, M. W. G. 1971. National Apple Register of the United Kingdom. Ministry of Agriculture, Fisheries and Food, Castle Point Press, Dunbeatty, Scotland.

Society for New York City History. 1995. Why Do They Call It «The Big Apple»? http://salwen.com/apple.html

Soest, L. J. M. van, Baimatov, K. I., Chapurin, V. F. & Pimakhov, A. P. 1998. Multicrop collecting mission to Uzbekistan. Plant Genetic Resources Newsletter 116: 32–35.

Spengler, R. N., Maksudov, F., Bullion, E., Merkle, A., Hermes T. & Franchetti, M. 2018. Arboreal crops on the medieval Silk Road: archaeobotanical studies at Tashbulak. PLoS ONE 13 (8): e0201409.

Spiers, V. 1996. Burcombes, Queenies and Colloggetts: The Makings of a Cornish Orchard, illustrated by Mary Martin. West Brendon.

Spooner, D. M., McLean, K., Ramsay, G., Waugh, R. & Bryan, G. J. 2005. A single domestication for potato based on multilocus AFLP genotyping. Proceedings of the National Academy of Sciences of the U. S. A. 102: 14694–14699.

Stafford, H. 1755. A Treatise of Cyder Making. London.

Stein, M. A. 1903. Sand-Buried Ruins of Khotan. Unwin, London.

Stein, M. A. 1907. Ancient Khotan, 2 vols. Clarendon Press, Oxford.

Stein, M. A. 1921. Serindia, 4 vols. Clarendon Press, Oxford.

Stevens, P. F. 1991. George Bentham and the Kew Rule. In: D. L. Hawksworth (ed.). Improving the Stability of Names: Needs and Options. Regnum Vegetabile 123: 157–168.

Stevens, P. F. 2018. Angiosperm Phylogeny Website. http://www.mobot.org/MOBOT/Research/APweb/welcome.html

Switzer, S. 1724. The Practical Fruit-Gardener. London. (Weitere Auflagen bis 1763.)

Szewc-McFadden, A. K., Bleik, A. K. S., Alpha, C. G., Lamboy, W. F. & McFerson, J. R. 1995. Identification of simple sequence repeats in Malus (apple) (abstract). HortScience 30: 855.

Szewc-McFadden, A. K., Lamboy, W. F., Hokanson, S. C. & McFerson, J. R. 1996. Utilization of identified simple sequence repeats (SSRs) in Malus ×domestica (apple) for germplasm characterization (abstract). HortScience 31: 619.

Tallents, S. 1956. The Sir Isaac Newton apple. Fruit Year Book 9: 35–40. Royal Horticultural Society, London.

Taylor, D. 1999. Ornithological Society of the Middle East Trip Report: Kazakhstan, 27 May–5 June, 1999. (Siehe www.osme.org)

Taylor, H. V. 1948. The Apples of England. Crosby, Lockwood, London.

Theophrastus. 1916. Enquiry into Plants, 2 vols. Loeb Classical Library, London and Cambridge, Massachusetts.

Thesiger, W. 1979. Desert, Marsh and Mountain: The World of a Nomad. Harper Collins, London.

Tobutt, K. R., Bošković, R. & Roche, P. 2000. Incompatibility and resistance to woolly apple aphid in apple. Plant Breeding 119: 65–69.

Traveset, A. 1998. Effect of seed passage through vertebrate frugivores' guts on germination: a review. Perspectives in Plant Ecology, Evolution and Systematics 1: 151–190.

Traveset, A. & Wilson, M. F. 1997. Effect of birds and bears on seed germination of fleshy-fruited plants in temperate rainforests of southeast Alaska. Oikos 80: 89–95.

Tukey, H. B. 1964. Dwarfed Fruit Trees for Orchard, Garden and Home. Collier-Macmillan, London and New York.

Tusser, T. 1557. A Hundreth Good Pointes of Husbandrie. London.

Tusser, T. 1573. Five Hundred Points of Good Husbandrie United to as Many of Good Huswiferie. London. (Auch spätere Auflagen.)

Twiss, S. 1999. Apples: a Social History. National Trust, London.

Tydeman, H. M. 1937. The wild fruit trees of the Caucasus and Turkestan: their potentialities as rootstocks for apples and pears. 1. A first report on some wild quinces from the Caucasus. East Malling Research Station Annual Report 1937: 103–116.

Ucko, P. J. & Dimbleby, G. W. (eds). 1969. The Domestication and Exploitation of Plants and Animals. Duckworth, London.

Upshall, W. H. (ed.) 1976. History of fruit growing and handling in United States of America and Canada 1860–1972. American Pomological Society, University Park, Pennsylvania.

Vavilov, N. I. 1926. [Untersuchungen zum Ursprung kultivierter Pflanzen]. Trudy po Prikladnoj Botanike i Selektsii 16: 139–245.

Vavilov, N. I. 1930. Wild progenitors of the fruit trees of Turkistan and the Caucasus and the problem of the origin of fruit trees. In: Proceedings, International Horticultural Congress. Royal Horticultural Society, London. pp. 271–286.

Vavilov, N. I. 1951. The Origin, Variation, Immunity and Breeding of Cultivated Plants, translated by K. Starr Chester. Chronica Botanica, Waltham, Massachusetts.

Vavilov, N. I. 1992. Origin and Geography of Cultivated Plants, translated by D. Löve. Cambridge University Press, Cambridge.

Velasco, R., Zharkikh, A., Affourtit, J., Dhingra, A., Cestaro, A., Kalyanaraman, A., Fontana, P., Bhatnagar, S. K., Troggio, M., Pruss, D., Salvi, S., Pindo, M., Baldi, P., Castelletti, S., Cavaiuolo, M., Coppola, G., Costa, F., Cova, V., Dal Ri, A., Goremykin, V., Komjanc, M., Longhi, S., Magnago, P., Malacarne, G., Malnoy, M., Micheletti, D., Moretto, M., Perazzolli, M., Si-Ammour, A., Vezzulli, S., Zini, E., Eldredge, G., Fitzgerald, L. M., Gutin, N., Lanchbury, J., Macalma, T., Mitchell, J. T., Reid, J., Wardell, B., Kodira, C., Chen, Z., Desany, B., Niazi, F., Palmer, M., Koepke, T., Jiwan, D., Schaeffer, S., Krishnan, V., Wu, C., Chu, V. T., King, S. T., Vick, J., Tao, Q., Mraz, A., Stormo, A., Stormo, K., Bogden, R., Ederle, D., Stella, A., Vecchietti, A., Kater, M. M., Masiero, S., Lasserre, P., Lespinasse, Y., Allan, A. C., Bus, V., Chagné, D., Crowhurst, R. N., Gleave, A. P., Lavezzo, E., Fawcett, J. A., Proost, S., Rouzé, P., Sterck, L., Toppo, S., Lazzari, B., Hellens, R. P., Durel, C. E., Gutin, A., Bumgarner, R. E., Gardiner, S. E., Skolnick, M., Egholm, M., Van de Peer, Y., Salamini, F. & Viola, R. 2010. The genome of the domestic apple (*Malus × domestica* Borkh). Nature Genetics 42 (10): 833–839.

Venette, N. 1685. The Art of Pruning Fruit-Trees . . . with an Explanation of Some Words Which Gardiners Make Use of in Speaking of Trees. And a Tract of the Use of the Fruits of Trees, for Preserving Us in Health, or for Curing Us When We Are Sick. Translated from the French Original, Set Forth in the Last Year by a Physician of Rochelle. London.

Vickery, R. 1995. A Dictionary of Plant-Lore. Oxford University Press, Oxford and New York.

Vila, C., Leonard, J. A. Gotherstrom, A., Marklund, S., Sandberg, K., Liden, K., Wayne, R. K. & Ellegren, H. 2001. Widespread origin of domestic horse lineages. Science 291: 474–477.

Villaret-von Rochow, M. 1969. Fruit size variability of Swiss prehistoric *Malus sylvestris*. In: P. J. Ucko & G. W. Dimbleby (eds). The Domestication and Exploitation of Plants and Animals. Duckworth, London. pp. 201–206.

Volk, G. M., Chao, C. T., Norelli, J., Brown, S. K., Fazio, G., Peace, C., McFerson, J., Zhong, G-Y. & Bretting, P. 2015. The vulnerability of US apple *(Malus)* genetic resources. Genetics Resources and Crop Evolution 62: 765–795.

Wagner, I., Schmitt, H. P., Maurer, W. & Tabel, U. 2004. Isozyme polymorphism and genetic structure of *Malus sylvestris* (L.) Mill. native in western areas of Germany with respect to *Malus × domestica* Borkh. Acta Horticulturae 663: 545–550.

Wagner, I., Maure, W. D., Lemmen, P., Schmitt, H. P., Wagner, M., Binder, M. & Patzak, P. 2014. Hybridization and genetic diversity in wild apple (*Malus sylvestris* (L.) Mill.) from various regions in Germany and from Luxembourg. Silvae Genetica 63: 81–93.

Walker, A. 1998. Aurel Stein: Pioneer of the Silk Road. Murray, London.

Walters, S. M. 1961. The shaping of angiosperm taxonomy. New Phytologist 60: 74–84.

Ward, R. A. 1988. Harvest of Apples. Penguin, London.

Ward, R. 1992. Lord of the cider apples. The Garden 117: 512–513.

Wasserman, H., Pastoureau, M., Preaud, M., Ky, T., Drouard, F., Buren, R. & Lachenal, L. 1990. La Pomme: Histoire Symbolique et Cuisine. Sang de la Terre, Paris.

Watkins, R. 1995. Apple and pear. In: J. Smartt & N. W. Simmonds (eds). Evolution of Crop Plants. Longman, London. pp. 418–422.

Way, R. D. 1976. The largest apple variety collection in the United States. New York's Food Life Sciences 9: 11–13.

Way, R. D., Aldwinckle, H. S., Lamb, R. C., Rejman, A., Sansavini, T., Shen, T., Watkins, R., Westwood, M. N. & Yoshida, Y. 1990. Apples (Malus). In: J. N. Moore & R. Ballington, R. (eds). Genetic Resources of Temperate Fruits and Nuts. International Society of Horticultural Science, Leuven, Belgium. pp. 1–62.

Webster, A. D. & Wertheim, S. J. 2003. Apple rootstocks. In: D. C. Ferree & I. J. Warrington (eds). Apples: Botany, Production, and Uses. CABI Publishing, Cambridge, Massachusetts. pp. 91–124.

Welch, C. A., Keay, J., Kendall, K. C. & Robbins, C. T. 1997. Constraints on frugivory in bears. Journal of Ecology 78: 1105–1119.

Wen, J. 1999. Evolution of eastern Asian and eastern North American disjunct distributions in flowering plants. Annual Review of Ecology and Systematics 30: 421–455.

Wertheim, S. J. & Webster, A. D. 2003. Propagation and nursery tree quality. In: D. C. Ferree & I. J. Warrington (eds). Apples: Botany, Production, and Uses. CABI Publishing, Cambridge, Massachusetts. pp. 125–151.

Westwood, M. N. 1995. Temperate Zone Pomology: Physiology and Culture, 3rd edition. Timber Press, Portland, Oregon.

Whitaker, T. 1805. History and Antiquities of the Deanery of Craven, in the County of York. London.

White, R. 2010. Mistletoe and the honeybee. The Independent 29 November 2010: 7.

Wilkes, G. A. 1990. A Dictionary of Australian Colloquialisms. New edition published by Sydney University Press in association with Oxford University Press Australia, South Melbourne, Australia.

Williams, R. R. 1987. Cider and Juice Apples: Growing and Processing. University of Bristol Press, Bristol.

Williams, R. R. & Child, R. D. 1965. The identification of cider apples. Long Ashton Research Station Annual Report 1965: 71–89.

Willis, K. J. 1996. Where did all the flowers go? The fate of temperate European flora during glacial periods. Endeavour 20: 110–114.

Willmer, P. 2011. Pollination and Floral Ecology. Princeton University Press, Princeton and Oxford.

Wilson, E. H. 1913. A Naturalist in Western China. (1986 Nachdruck, Cadogan Books, London.)

Wiltshire, P. E. J. 1995. The effect of food processing on the palatability of wild fruits with high tannin content. In: H. Kroll & R. Pasternak (eds), Res Archaeobotanicae International Workgroup for Paleoethnobotany 1992. Oetker-Voges, Kiel. pp. 385–397.

Winterbottom, M. & Thomson, R. M. 2007. Gesta Pontificum Anglorum of William of Malmesbury c. 1125, Vol. 1. Oxford University Press, Oxford.

Witt, R. de. 2000. Pomegranate, not apple, likely fruit in Garden of Eden. World of Wood August 2000: 6–7.

Worlidge, J. 1669. Systema Agriculturae, the Mystery of Husbandry Discovered. London.

Worlidge, J. 1676. Vinetum Britannicum: Or, a Treatise of Cider and Other Wines and Drinks Extracted from Fruits . . . London. (Weitere Auflagen bis 1691.)

Wright, J. 1892. The Fruit Grower's Guide. J. S Virtue & Co. London

Wu, G. A., Prochnik, S., Jenkins, J., Salse, J., Hellsten, U., Murat, F., Perrier, X., Ruiz, M., Scalabrin, S., Terol, J., Takita, M. A., Labadie, K., Poulain, J., Couloux, A., Jabbari, K., Cattonaro, F., Del Fabbro, C., Pinosio, S., Zuccolo, A., Chapman, J., Grimwood, J., Tadeo, F. R., Estornell, L. H., Muñoz-Sanz, J. V., Ibanez, V., Herrero-Ortega, A., Aleza, P., Pérez-Pérez, J., Ramón, D., Brunel, D., Luro, F., Chen, C., Farmerie, W. G., Desany, B., Kodira, C., Mohiuddin, M., Harkins, T., Fredrikson, K., Burns, P., Lomsadze, A., Borodovsky, M., Reforgiato, G., Freitas-Astúa, J., Quetier, F., Navarro, L., Roose, M.,

Wincker, P., Schmutz, J., Morgante, M., Machado, M. A., Talon, M., Jaillon, O., Ollitrault, P., Gmitter, F. & Rokhsar, D. 2014. Sequencing of diverse mandarin, pummelo and orange genomes reveals complex history of admixture during citrus domestication. Nature Biotechnology 32: 656–662.

Wünsch, A. & Hormaza, J. I. 2002. Molecular characterization of sweet cherry (*Prunus avium* L.) genotypes using peach [*Prunus persica* (L.) Batsch] SSR sequences. Heredity 89: 55–63.

Xiang, Y., Yuang, C.-H., Hu, Y., Wen, J., Li, S., Yi, T., Chen, H., Xiang, J. & Ma, H. 2016. Evolution of Rosaceae fruit types based on nuclear phylogeny in the context of geological times and genome duplication. Molecular Biology and Evolution 34: 262–281.

Yang, H.-J., Cui, D.-F., Xu, Z. & Lin, P.-J. 2003. Analysis on the components and reserve situation of seed plants in the wild fruit forest in Tianshan Mountain in China. Journal of Plant Resources and Environment 12 (2): 39–45.

Yao, J.-L., Dong, Y.-H. & Morris, B. A. M. 2001. Parthenocarpic apple fruit production conferred by transposon insertion mutations in a MADs-box transcription factor. Proceedings of the National Academy of Sciences U. S. A. 98: 1306–1311.

Zemanek, A. & de Koning, J. 1998. Plant illustrations in the Libri Picturati (A18–30) and new currents in renaissance botany. In: Z. Mirek and A. Zemanek (eds). Studies in Renaissance Botany. Guidebook series 20. Polish Academy of Sciences, Krakow. pp. 161–193.

Zhang, S.-D, Jin, J.-J., Chen, S.-Y., Chase, M. W., Soltis, D. E., Li, H.-T., Yang, J.-B., Li, D.-Z. & Yi, T.-S. 2017 Diversification of Rosaceae since the Late Cretaceous based on plastid phylogenomics. New Phytologist 214: 1355–1367.

Zhang, W., Zhang, J. & Hu, X. 1993. Distribution and diversity of *Malus* germplasm resources in Yunnan, China. HortScience 28: 978–980.

Zhou, B., Liu, T. & Zhang, Y. 2000. Rock varnish microlaminations from northern Tian Shan, Xinjiang and their paleoclimatic implications. Chinese Science Bulletin 45: 369–372.

Zhou, Z. Q. 1999. Apple genetic resources in China: the wild species and their distributions, informative characteristics and utilization. Genetic Resources and Crop Evolution 46: 599–609.

Zhou, Z. Q. & Li, Y. N. 2000. The RAPD evidence for the phylogenetic relationship of the closely related species of cultivated apple. Genetic Resources and Crop Evolution 47: 353–357.

Zohary, D. & Hopf, M. 2000. Domestication of Plants in the Old World. Oxford University Press, Oxford.

Zohary, D. & Spiegel-Roy, P. 1975. Beginnings of fruit growing in the Old World. Science 187: 319–327.

'Pomme de chataignier' aus Poiteau: *Pomologie Francaise*, 1846.

Register

Fett gesetzte Seitenzahlen verweisen auf Abbildungen.